国家科学技术学术著作出版基金资助出版

"十三五"国家重点出版物出版规划项目
能源革命与绿色发展丛书
储能科学与技术丛书

电力储能技术及应用

POWER ENERGY STORAGE TECHNOLOGIES AND APPLICATIONS

第五届
中国出版
政府奖

唐西胜 齐智平 孔力 著

机械工业出版社
CHINA MACHINE PRESS

本书关注电力储能系统及其应用技术，凝聚了作者近年来在电力储能、分布式发电、微电网及智能电网等领域的理论积累与实践经验。全书分为3篇，第1篇为概论，面向电力系统的变革性发展，分析了储能应用于系统调频、调峰、可再生能源消纳、输配电阻塞管理、分布式发电与微电网等的作用，介绍了目前典型储能的技术原理与应用发展态势。第2篇重点介绍了电池和飞轮储能的系统构成、电网接入拓扑及其控制技术，分析了复合储能的理论基础与控制方法，以及储能大数据分析方法与应用。第3篇分析了基于储能的微电网双模式运行与对等控制方法，储能应用于可再生能源发电波动平抑与调频调压特性改善的方法，以及基于储能的虚拟电厂优化调度方法。

本书旨在从电力系统的未来发展出发，为储能技术和电力系统之间搭起一座桥梁，以适宜的储能，更好的技术经济性，满足电力系统的应用需求。本书可供电气工程、新能源发电、智能电网等相关领域的工程技术人员，以及高等院校相关专业的师生阅读使用。

图书在版编目（CIP）数据

电力储能技术及应用/唐西胜，齐智平，孔力著. —北京：机械工业出版社，2019.12（2023.11 重印）

（能源革命与绿色发展丛书. 储能科学与技术丛书）

国家科学技术学术著作出版基金资助出版 "十三五"国家重点出版物出版规划项目

ISBN 978-7-111-64218-3

Ⅰ. ①电… Ⅱ. ①唐… ②齐… ③孔… Ⅲ.①电力系统-储能-研究 Ⅳ. ①TM7

中国版本图书馆 CIP 数据核字（2019）第 268476 号

机械工业出版社（北京市百万庄大街22号 邮政编码100037）
策划编辑：付承桂 责任编辑：付承桂 闾洪庆
责任校对：杜雨霏 封面设计：鞠 杨
责任印制：刘 媛
涿州市般润文化传播有限公司印刷
2023 年 11 月第 1 版第 4 次印刷
169mm×239mm · 16.5 印张 · 2 插页 · 320 千字
标准书号：ISBN 978-7-111-64218-3
定价：79.00 元

电话服务 网络服务
客服电话：010-88361066 机 工 官 网：www.cmpbook.com
010-88379833 机 工 官 博：weibo.com/cmp1952
010-68326294 金 书 网：www.golden-book.com
封底无防伪标均为盗版 机工教育服务网：www.cmpedu.com

前　言

电力系统稳定与高效运行的关键，是要处理好能量的瞬时平衡与时空协调，由于可再生能源发电的规模化接入显得尤为突出，而储能则是维系这种平衡与协调的重要手段。近年来多种新型储能技术逐步实用化，如先进抽水蓄能、新型压缩空气储能、锂离子电池、铅碳电池、液流电池、钠硫电池，以及飞轮储能和超级电容器等，它们具有各自独特的技术经济特点，大大丰富了电力储能技术的内涵，也为其应用增添了更多选择。

目前关于储能应用于电力系统的研究、示范和运营越来越多，多种储能技术及其系统正在其适宜的领域不断完善。但由于电力储能系统涉及多学科和专业，如何根据不同的应用需求选择适宜的储能技术、设计合理的应用系统，并实现高效调控，是提高其技术经济性的重要保证。

本书从电力系统应用需求出发，介绍了典型的电力储能技术、系统组成、控制架构，结合储能在微电网、虚拟电厂、可再生能源发电波动平抑与调频调压等方面的应用，重点从系统设计、运行控制等方面展开分析，并给出了储能大数据分析及应用方法。

本书是中国科学院电工研究所电网技术实验室多年来研究成果的总结，冯之钺、童建忠、裴玮、韦统振、黄胜利、周龙、霍群海、邓卫、刘文军、苗福丰、周国鹏、孙玉树、张天骄、李毓烜、李宁宁、张国伟、师长立、高超、胡枭、张国驹、殷正刚、汪建威、范梦寒等都对本书的研究做出了很大贡献。感谢机械工业出版社付承桂编辑对本书的大力支持！感谢领域内众多专家和企业的大力支持！

由于作者水平有限，书中难免存在不当之处，敬请读者批评指正。

目　录

第1篇 概 论

　　本部分围绕未来电力系统的发展，介绍了储能在电力系统主要环节中的作用与典型应用模式，并结合目前电力储能的主流技术方向，简要地介绍了其技术原理和典型应用情况。

第 1 章

储能在电力系统中的作用

传统电力系统是集电力生产、传输、分配和消耗于一体的连续系统，储能的应用为传统电力系统增加了存储电能的环节，使电力系统由"刚性"系统变成了"柔性"系统，大大提高了电力系统的安全性、灵活性和可靠性[1-3]。特别地，面对可再生能源规模化接入与消纳、智能电网和能源互联网发展的内在需求，储能被寄予了"基石"般的角色定位。

储能，本书主要指电力储能，在技术上一般分为机械储能、电磁储能和电化学储能。机械储能将电能转换为机械能进行存储，在需要时再重新转换为电能，主要包括抽水蓄能、压缩空气储能和飞轮储能。电磁储能将电能转换为电磁能进行存储，主要包括超导储能和超级电容器储能。电化学储能将电能转换为化学能进行存储，目前应用较多的有铅酸电池、锂离子电池、液流电池和钠硫电池等。

不同的储能技术在容量等级、充放电能力、循环寿命、效率和成本等指标上相差很大，因此其适用的应用场景也有很大区别。当前应用较多的为抽水蓄能、铅酸电池和锂离子电池，其他储能的研发应用也在快速推进。

理论上，储能在电力系统"发、输、配、用"的各个环节均可发挥重要作用，可以提高电力系统运行稳定性、供电可靠性和电能质量，可以提高电力资产利用率和运行经济性，可以增强对可再生能源的接纳能力。当然，储能到底在电力系统的哪个环节中能规模化应用，还取决于其自身的技术经济性，电力市场的支撑，以及与其他技术手段的博弈。

1.1 参与电力系统辅助服务

电力系统辅助服务，是为了平衡很短时期内较小的电能供需差和应对系统中的突发事件，包括调频备用和运行备用。辅助服务一般由集中辅助服务市场完成，根据市场出清容量和价格，对承诺提供服务备用的资源，包括发电机组、可调节负荷、储能装置等进行补偿[4]。

由于辅助服务功能配置的目的是解决短时间内的电能供需平衡问题，因而总的辅助服务容量相对于系统的总负荷量比较小，一般不超过总负荷量的 15%，当然这要取决于实际电力系统的电源和网架结构。

调频分上调和下调，是用于不断地、自动地平衡非常短时间（通常在 1s 到几秒）内的较小的电能供需偏差，即不平衡能量。通常由市场控制区域内部装有 AGC（自动发电控制）装置的发电机组提供，也可以由能够响应 AGC 信号的需求侧资源，比如需求响应资源和储能提供。运行备用是为了应对负荷增加或系统突发事件，可分为旋转或同步备用，由正在在线发电并有能力增加出力的发电机组提供；非旋转备用或非同步备用，由没有在线发电但能在给定时间（通常在 10~30min）内启动并提供电力的发电机组提供。

调频主要包含一次调频和二次调频。一次调频是由系统中的负荷和有旋转备用容量的发电机组共同自发完成的有差调节；二次调频主要是通过实时调节电网中调频电源的有功功率，对频率和联络线功率进行控制，解决区域电网的功率不平衡问题，以实现无差调节。

一般电网调频需求主要由燃煤机组、水电机组及燃气机组等提供。火电、水电通过不断地调整机组出力来响应电网频率变化，实现对电力系统频率的调节。但是，无论是火电调频机组还是水电调频机组，均由旋转的机械部件组成，受机械惯性和磨损等作用，会影响电网频率的安全与品质[5]。例如，火电机组响应时滞长，不适合参与更短周期的调频，受蓄热制约而存在调频量不足的问题；而水电机组的调频容量则易受地域与季节性的制约。同时，传统电源在控制中要考虑机组对响应功率的幅值与方向改变频次的限制，甚至对同一方向的功率信号持续时间规定一个限值，在此时间段内封锁反向功率信号。以上限制均会导致调节的延迟、偏差及反向等问题，而对调频信号不能准确响应。

储能系统通过充放电控制，可以在一定程度上削减电力系统的有功功率不平衡或区域控制偏差，从而参与一次调频和二次调频。相比传统电源在电力系统调频中的不足，储能系统具有一定的技术优势[6-8]：

1）响应速度快。可在百毫秒范围内满功率输出，响应能力完全满足调频时间尺度内的功率变换需求。

2）控制精度高。储能可以快速精确地跟踪调度指令，相应地减少调频响应功率储备裕度。

3）运行效率高。储能系统，尤其是各类电池储能系统，充放电效率高，使得调频过程中的损耗低。

4）可双向调节。储能系统可以不受频次限制实现上调和下调的交替，调节能力强。

因此，采用储能系统进行调频，调频曲线能够很好地跟踪指令曲线，避免调节反向、偏差和延迟等问题。此外，相比火电机组，储能应用于调频的主要价值体现在其调控的灵活性和运行的高效上。以飞轮储能为例，相关研究指出其调频能力为水电机组的 1.7 倍，燃气机组的 2.7 倍，火电机组和联合循环机组的近 20 倍[9]。

在运行成本上，由于 AGC 上下调节的过程可以近似为能量平衡的过程，因此储能系统运行成本较低，主要为储能系统自身的能量消耗与维护费用。尽管储能对电力系统总调频成本的影响还较难估测，但因其快速精确的跟踪特性，可显著减少电力系统所需的旋转备用容量，而节省的旋转备用容量可用于电网调峰、事故备用等，能够产生一定的间接效益。由此可见，与传统电源相比，储能系统参与调频的技术经济性优势较明显。因此，在合适的场景下，配置一定的储能系统参与调频，能有效提升以火电机组为主的电网整体调频能力，提高频率及 ACE（区域控制误差）控制的合格率，进而保证电网安全稳定。

行业内针对大规模储能参与电网调频等辅助服务展开了很多示范验证。自 2008 年开始，已建成多个示范项目，涉及锂离子电池等多种储能类型，单个电站容量从 1MW 到几十 MW 逐步放大[10-12]，对系统设计、设备性能、操作运维、标准制定等方面进行了很好的探索。近年来，一些商业化运营项目逐步开始建设、运营，并随着各地辅助服务市场改革的推进，储能在区域电网辅助服务中发挥着越来越明显的作用。

1.2　参与电力系统调峰

满足负荷的供电可靠性和电能质量需求是电力系统长期努力的方向，由于负荷的不可控性和随机性，电力系统应具有随时满足负荷需求的能力。但是，用户对电力的需求在白天和黑夜、不同季节之间存在较大的峰谷差，而可再生能源发电接入比例的不断增大，将进一步加剧这种现象，这使得电力系统必须为满足峰值负荷而预留很大的备用容量，导致电力设备运行效率低。有效调节电力系统的峰谷差，提高负荷率，是提高电力系统资产利用率的重要手段。

调峰电源是在用电高峰时期向电网输送电能，在用电低谷时期从电网获取电能，实现"削峰填谷"和调节电网负荷的电力设备。调峰电源在现代电力系统中的作用越来越重要和不可或缺，是实现电网安全、可靠、经济、高效的必要手段。

1.2.1　常规调峰手段

因为系统的峰谷负荷是可以精确预测的，调峰问题可以由日前能量市场或运行调度部门做出的日计划解决。目前电力系统中削峰填谷主要采用火电机组、水电机组、负荷管理和抽水蓄能电站等几种方式实现。

1. 利用火电机组进行削峰填谷

当前我国的电源结构以火电为主，通过调节火电机组以适应负荷的峰谷变化是当前电网中最主要的峰谷调节方式。但是，火电机组进行峰谷调节存在以下问题：

首先，利用火电机组进行削峰填谷的经济性差。火电机组频繁起停和深度调峰使点火用油和助燃用油大幅增加，同时，峰谷调节时火电机组运行会偏离经济运行点，使火电机组总体经济性下降。

其次，利用火电机组进行削峰填谷会提高火电机组的故障概率，反复起停调峰的火电机组容易出现各种设备问题，使维护工作量和维护费用增加。

第三，火电机组的调节速度较慢，难以适应电力系统负荷变化的要求。

此外，从电网规划来讲，单纯依靠火电机组进行削峰填谷的电网为了满足调峰要求往往要增加装机容量，这样势必造成系统闲置容量过大，资产利用率低。

2. 利用水电机组进行削峰填谷

相对于火电机组而言，水电机组起停速度快，经济性好，污染少，适宜用作调峰电源。但是水电有一个明显的缺点就是丰、枯水期发电能力差别大，水电站弃水调峰现象时有发生，因此造成很大浪费。

3. 利用负荷管理进行削峰填谷

通过负荷管理可以实现对电力系统峰谷差的调节，采用分时电价的方法可以使用户主动改变消费行为和用电习惯，同时减小电量消耗和电力需求。

4. 利用抽水蓄能电站进行削峰填谷

抽水蓄能电站采用在用电低谷时抽水蓄能、在用电高峰时放水发电的方式进行峰谷调节。抽水蓄能电站机组的调节容量较大，且具有快速起停的特点，是电力系统峰谷调节的优质调节手段。但是，建造抽水蓄能电站需要特定的地理条件，而且建设工期长，工程投资较大，给抽水蓄能电站的发展带来一定的制约。

1.2.2　用户侧储能调峰

利用布置于负荷侧的储能系统，在分时电价或实时电价的引导下，主动通过对用户用电进行削峰或移峰，可以为用户节约用电费用，并在客观上起到对电力系统进行峰谷调节的效果。储能参与峰谷调节的优势如下：

1）响应快。储能装置具有双向功率调节功能，其充放电转换速度可以达到百毫秒级以下，远快于传统电源。

2）效率高。各类电池储能系统的充放电循环效率一般较高，用于峰谷调节的电量损失小。

3）损耗小。储能可以分散式布置于用户侧，直接与邻近负荷进行时空匹配,可以避免远距离输送的网络损耗。

以某地区某三班制加工型企业为例,对安装储能系统的作用进行分析,图1-1为该企业用户的分时电价,图1-2为其典型工作日负荷曲线。

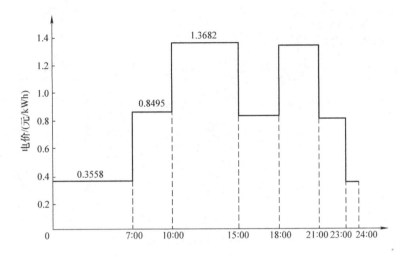

图1-1 某企业用户的分时电价

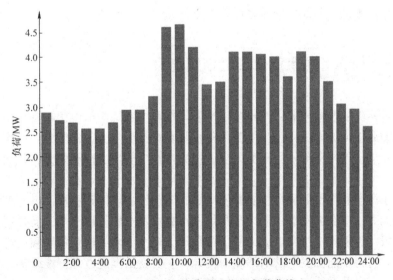

图1-2 某企业的典型工作日负荷曲线

针对企业用电负荷的峰谷特点,采用电池储能系统进行削峰填谷,其运行时序如图1-3所示。

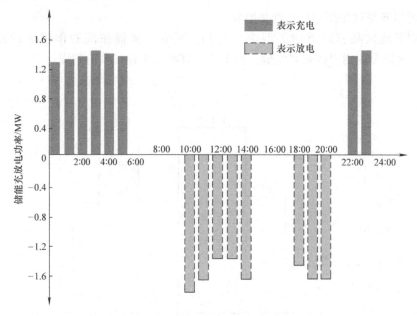

图 1-3　电池储能系统充放电时序

采用图 1-3 所示的充放电策略，可以较好地实现企业用电的削峰填谷，从而降低用电费用。随着电池储能系统的技术成熟和成本下降，以及电力市场改革的推进，用户侧储能的发展前景将越来越好。

1.3　提高可再生能源发电消纳能力

经过多年的快速发展，可再生能源发电在电力系统中的占比越来越高。结合各国的能源电力规划，可再生能源将逐步从补充能源变为替代能源。可再生能源规模化发展对电网提出了更高的要求，提高可再生能源的消纳能力，是亟须解决的问题。

由于风电和光伏等可再生能源发电具有波动性和难以预测性，电力系统要维持调节能力、应对突发事件能力和高供电可靠性及电能质量水平，需要更准确的天气预报，更强的机组爬坡能力和负荷跟踪能力，更大的调频备用和运行备用服务容量。可再生能源发电的消纳能力提升，主要就是围绕电源特性改善、输电通道阻塞管理以及系统安全稳定控制等方面展开。

1.3.1　改善可再生能源发电特性

利用储能控制灵活和响应快速的特点，可以改善可再生能源发电的电源特性,如平抑发电出力波动、跟踪预测误差和计划出力、参与电力系统调频调压等,提高其并网的友好性[13]。

图1-4为储能平抑风电出力波动的效果图。可以看出,经过平抑后,风电输出功率得到了明显的平滑。当然,对于风电场输出功率的波动率限制,根据装机容量和区域电网特点的不同会有所差异,这也是储能的容量配置依据。

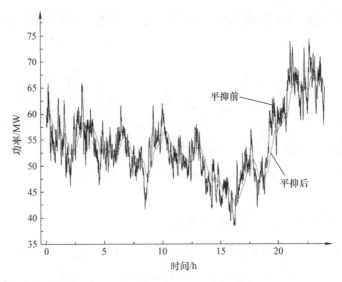

图1-4　储能平抑风电波动效果图[14, 15]

为了实现可再生能源发电特性的改善,储能系统需要在功率和能量两个维度满足控制要求,体现在储能系统功率输出大小及其作用时长。对于短时间尺度、高频次的储能需求,可以由功率型储能实施;而长时间尺度、低频次的储能需求,可以由能量型储能实施。

此外,由于储能系统大多通过功率变换器接入电网,因而可以充分发挥电力电子及其控制特性,使储能系统具有灵活的四象限运行能力,在必要时通过无功功率的吞吐控制,提高电网接入点的电压调控能力。

1.3.2　通过时移消纳弃风弃光

由于输配电通道容量的限制,可再生能源发电往往会被限发。但是,无论是风电还是光伏,其发电出力较高的时段往往集中于一天中的几个小时,更多的时间则处于不发电或少量发电状态。利用储能的时移能力,当风电或光伏发电过剩时,通过储能系统存储弃风、弃光的电能,提供类似移峰的功能,缓解可再生能源发电集中外送在一天中某几个小时的线路阻塞,提高可再生能源发电的消纳能力,提高输配电通道的利用率。

图 1-5 中，当白天光照条件好、光伏发电出力大时（绿色曲线），由于外送通道容量限制需要弃光，此时可以利用弃掉的光伏发电给储能系统充电（蓝色曲线），在傍晚以后光伏发电减弱或停止发电后，储能系统再将存储的电量送出（紫色曲线），光伏与储能的整体发电曲线（黄色曲线）可以控制在计划的范围之内。

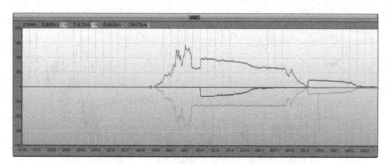

图 1-5 储能实现光伏时移消纳（彩图见插页）

1.3.3 提高电力系统的供电充裕度

由于电网中的负荷时刻处于波动状态，机组的起停也会时而发生，系统运行过程中的功率平衡总是相对的，而不平衡却是绝对的。因此，为了满足系统中电力负荷的需求，必须保证系统具有一定的供电充裕性。在传统电力系统中，供电充裕性是以负荷静态特性为基础来保证的，它以静态电力负荷实时平衡为目标，通过负荷预测、电源和电网规划，以及电源运行的实时调度完成。其中，负荷静态特性的预测是基础，电源和电网规划是在负荷"准确"预测的前提下，合理规划电源布局，使在所有可能的运行方式下，系统都留有足够的供调度用的备用电源。

备用电源的调度通常采用 3 种方法[16]：①起停具有在线快速响应特性的电源作为调频电源（分钟级）；②起停具有快速响应特性的电源（如水电、燃气发电等）作为负荷跟踪电源（小时级）；③起停具有慢速响应特性的电源（如火电、核电等）作为基荷电源（日级）。

在可再生能源高渗透的电力系统中，除了同样存在传统电力系统由于电力负荷波动和机组起停引起的电力平衡问题外，还增加了可再生能源静态出力的波动性和不确定性问题，这就对电力系统的供电充裕性提出了新的挑战[17,18]。以风力发电为例，风电并网后，系统中的负荷减去风电出力构成了系统的净负荷，这个净负荷必须由常规发电机组的出力来提供。在大规模风电占比较大的电网中，系统的净负荷表现出明显不同于传统电网负荷的静态特性，风电出力使净负荷特性发生如下两个方面的变化：①净负荷波动速率和范围增加；②净负荷波动速率和范围的不确定性增加。

　　研究表明，当风电占比相对较低时，净负荷特性的变化将增加系统对负荷跟踪电源的需求；当风电占比较高时，净负荷特性的变化将进一步影响到系统对基荷电源的需求，使得各种类型常规电源的载荷水平降低、起停频繁，最终降低电力系统设备的运行效率。可见，从保证电网运行的供电充裕性角度考虑，大规模风电并网将对系统中常规发电静态出力特性的灵活性提出更高要求[3]。储能具有快速响应能力和控制灵活性，可以很好地提高电力系统供电充裕度。

1.4　延缓输配线路升级改造

　　输配电线路中难免存在局部落后环节，面对负荷特殊需求的供电能力不足，甚至会导致系统发生局部故障，并延及上级和邻近电网。通过输配电线路的升级改造可以解决这一问题，但可能会存在投资大、收益低，或者现场条件制约无法升级改造等问题。

　　我国农网在经过多年的改造升级之后，供电能力和可靠性大大提升。但是，仍然不断面临着一些新问题，如外出务工人员节假日集中返乡，导致用电量激增；一些山区的炒茶、烤烟等农作在时间和区域上也相对集中。如果为满足这些用电需求大幅增加输配电投资，由于峰值负荷的时间很短，由此增加的输配电容量年利用率过低。

　　在城市一些运营时间较久的功能区，如商业区、金融街、写字楼等，面临着电力负荷快速增长，原有配电线路负荷过重的问题。由于这些地区负荷密度大，地下管廊空间有限，系统增容改造的可能性很小，或者几乎不可能。如何满足一天中用电高峰时段的电力安全供应，也是亟须解决的问题。

　　通过配置储能系统，可以精确解决上述地区供电的"卡脖子"问题，延缓或避免原有输配电系统的升级改造压力，大幅提高了电力设备利用率。而储能系统可以结合负荷需要和输配电系统特点，分散安装、紧凑布置，减少配电系统基础建设所需的土地和空间资源。这将有效改变现有电力系统的粗放型建设模式，促进其向内涵增效转型。

　　以某地区 10kV 配电站的典型日负荷数据为例进行分析，图 1-6 为其典型日负荷的有功和无功功率曲线。

　　由图 1-6 可以看出，在 0:00 ~ 8:00，负荷为谷段，在 9:00 ~ 12:00 为负荷峰段，18:00 ~ 20:00 为第二个负荷峰段。为消减负荷峰段的配电系统压力，可考虑使用电池储能在负荷谷段进行充电，在峰段放电，同时，为补充无功功率，使

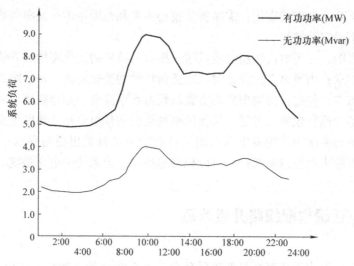

图1-6　配电站典型日负荷的有功和无功功率曲线

储能尽量发出无功功率，如图1-7、图1-8所示。

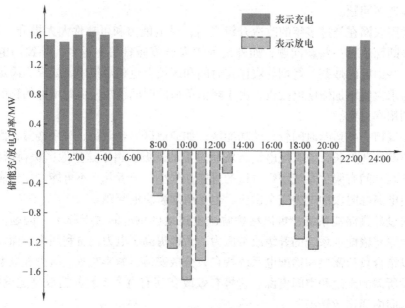

图1-7　电池储能的充/放电功率

　　采用电池储能系统补偿后，该配电站的负荷曲线如图1-9所示。可以看出，电池储能够较好地实现局部配电系统在特定时段的供电压力，避免配电系统过载运行。随着电力市场改革，各售电主体从提质增效的角度出发，通过储能优化局部的供电薄弱环节，优化资产使用效率，是有效的方式。

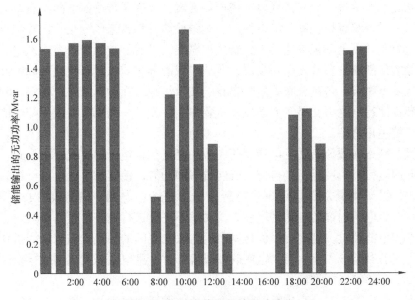

图 1-8　电池储能提供的无功功率

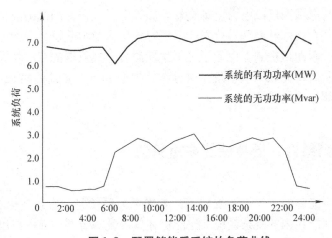

图 1-9　配置储能后系统的负荷曲线

1.5　分布式发电和微电网

以分布式光伏和分散式风电为主的分布式发电技术，以靠近用户、发电利用效率高、与用户多种用电或用能需求有机结合等优点，得到了越来越多的发展和应用，成为可再生能源发电的主要应用形式之一，也是未来电力系统的重要特点和面临的主要挑战。分布式发电的规模化发展，改变了传统配电网潮流单向流动的特点，对系统运行控制、继电保护、运维检修等都带来了变化，已有配电网需要适应分布式发电的规模化接入，新建配电网需要更好地融合分布式发电。

储能伴随着分布式发电而发展，分散布置的分布式储能系统，可以很好地与分布式发电融合，解决分布式发电自身的技术短板，在配电网安全稳定、潮流优化、高效运行、电力交易等方面发挥重要作用。光伏+储能，将成为配电网和电力市场的主角之一。

微电网是实现分布式发电和负荷高效、高可靠性运行的高级组织形式，微电网可并网运行和离网运行，自身具有能量管理功能，使其对于大电网可视为一个"可控单元"。尤其对于以可再生能源发电为主的微电网，储能成为必备单元。储能可对微电网内部的有功功率和无功功率不平衡进行调控，提高微电网运行的稳定性和电能质量。储能可以优化微电网与大电网间的潮流，响应调度指令或实现电力交易利益最大化。当大电网故障或检修时，微电网可以离网运行，保证内部重要负荷的供电可靠性。

虚拟电厂是随着分布式发电和电力市场的发展而出现的，通过先进的通信技术和软件系统整合分布式电源、储能、可控负荷，形成一个有机聚合体和电力市场主体，以参与电网调度或电力市场交易。虚拟电厂在更大的范围内整合多种分布式资源，使其在技术性能和运行方式上更好地融入电力系统，匹配电力系统的运行调控需求，因而从机制上引导了可再生能源分布式发电的有序发展。储能作为虚拟电厂的重要单元和调节手段，对分布式发电和可控负荷的短板进行弥补，是虚拟电厂整体性能的保障。

1.6 主辅结合，展现储能多重价值

随着可再生能源的大规模开发利用，未来电力系统是一个包含火电、水电、风电、光伏及储能在内的复杂系统。储能将在其中发挥重要的支撑作用，其功能将贯穿发电、输电、配电、用电等各个环节。储能在能量和信息方面的灵活可控性使其能够更为广泛地参与电力系统诸如调频、调峰、调压、应急支撑和可再生能源波动平抑等多方面的应用。储能在电力系统中的作用见表 1-1[19-22]。

但是同时也要看到，储能系统往往投资成本高、建设场地受限，因而无论从投资者还是使用者角度出发，都应该将其作为稀缺性资源，充分发挥其价值。而各类储能技术，尤其是电池储能，也具备同时实现多种功能的能力。比如，在用户侧配置的储能，往往主要功能是根据电价差进行用电削峰填谷，以节约电费，但同时也可以参与电力系统需求响应，获得额外收益，还可以为用户的重要负荷

提供应急供电，节约投资。在风电场和光伏电站配置的储能，可以同时参与发电出力波动平抑、跟踪预测误差和计划出力、调频调压辅助功能等，以提升可再生能源发电的并网性能。主辅功能的结合，能更好地发挥储能的技术经济性优势，提高投资收益率。

表 1-1　储能在电力系统中的作用

应用领域	功能作用	实现的作用
发电侧	辅助火电机组运行	提高火电机组参与电网调节的效率 可作为火电机组的黑启动电源 增加备用容量
	提高可再生能源发电的并网消纳能力	平滑风电或光伏出力，削减预测误差 跟踪风电或光伏计划出力 时移消纳，减少弃风弃光
	替代或延缓新建机组	对于尖峰负荷高的区域，电网储能可以替代新建发电机组，减少投资
电网侧	提高系统运行稳定性	增加电力系统灵活性资源和系统惯性，提高供电质量、可靠性和动态稳定性
	提高系统运行经济性	优化系统潮流，减小网损，提高系统运行经济性 降低电网在负荷高峰时的压力
	延缓电网升级改造	储能可以对电网进行阻塞管理，延缓输配电系统升级改造，提高资产利用率
用户侧	削峰填谷	根据峰谷电价差，利用储能进行削峰填谷，降低用电成本
	负荷跟踪	利用储能跟踪用户用电尖峰负荷，可以削减用电容量，降低用电成本
	不间断电源	作为备用电源实现用户重要负荷的不间断供电，可以替代备用柴油发电机组
	分布式发电与微电网	提升高渗透分布式发电的运行稳定性 提升微电网中功率控制和能量管理能力 提升分布式发电设备的有序并网能力
辅助服务	调频	可以参与电力系统一次调频和 AGC 辅助可再生能源发电的调频运行，提高调频性能
	调压	可以参与 AVC（自动电压控制）运行，提高系统电压稳定性和电压质量 辅助可再生能源发电的调压运行，提高调压性能
	备用	旋转备用和非旋转备用，提升系统应对突发扰动和事故的能力
	黑启动	可作为黑启动电源

第 2 章
主要电力储能技术

广义的储能包括基础燃料的存储（煤、石油、天然气等）、二次燃料的存储（煤气、氢、太阳能燃料等）、电力储能和储热等。从狭义上讲，储能是指利用化学或物理的方法将产生的能量存储起来的一系列措施[26]。本书讨论的范围为储电，即电力储能，主要包括抽水蓄能、压缩空气储能、各种电化学储能、飞轮储能、超级电容器等。

2.1 抽水蓄能

抽水蓄能是以一定的水量作为能量载体，通过势能和电能之间的能量转换，向电力系统提供电能的一种特殊形式的水力发电系统。抽水蓄能电站配备有上、下游两个水库，在负荷低谷时段，抽水储能电站工作在电动机状态，将下游水库里的水抽到上游水库保存。在负荷高峰时，抽水蓄能电站工作在发电机状态，上游水库中存储的水经过水轮机流到下游水库，并推动水轮机发电。由于水只在上、下游两个水库之间循环，在第一次蓄水完成后就可以不需要大量注水，只需补充少量因为蒸发、渗漏等引起的水分流失，抽水蓄能电站建造地点要求水头高，发电库容大，渗漏小，压力输水管道短，距离负荷中心近[23,24]。

抽水蓄能的特点是存储能量非常大，其存储的能量释放时间为几小时至几天，综合效率为 70%～85%，非常适合电力系统调峰和用作备用电源的长时间场合[25]。从发展方向看，抽水蓄能机组朝着经济性较好的高水头、大容量方向发展，采用变速抽水蓄能机组、利用海水的抽水蓄能机组，甚至在平原地区修建地下水库的抽水蓄能电站也是主要方向。

抽水蓄能作为目前唯一大规模应用于电力系统的储能技术，其全球装机容量约占总发电装机容量的 3%，截至 2018 年，全球抽水蓄能装机容量达到170.7GW，占储能总装机容量的 94.3%[26]，承担调峰、调频、调相、事故备用、黑启动等任务。日本、美国、西欧等国家和地区在 20 世纪 60～70 年代进入抽水蓄能电站建设的高峰期，部分国家的抽水蓄能电站装机容量占总发电装机容量的 10% 以上，其中法国为 18.7%，奥地利为 16.3%，瑞士为 12%，意大利为 11%，日本为 10%。我国抽水蓄能电站建设起步较晚，20 世纪 90 年代才正式进入发展阶段，兴建了广州抽蓄一期、北京十三陵、浙江天荒坪等一批大型抽水蓄能电站[3]。进入"十三五"时期以来，我国抽水蓄能迅猛发展，截至 2017 年底，我国的抽水蓄能电站在运规模 2849 万 kW，在建规模 3871 万 kW，在运和在建装机容量均居世界第一[27]。同时，我国的抽水蓄能电站施工技术达到世界先进水平，大型机电设备原来依赖进口，经过近几年的技术引进、消化和吸收，基本具备了生产能力。

按照 2014 年国家发展改革委《关于完善抽水蓄能电站价格形成机制有关问题的通知》，在电力市场形成前，抽水蓄能电站实行两部制电价。其中，容量电价主要体现抽水蓄能电站提供备用、调频、调相和黑启动等辅助服务价值，按照弥补抽水蓄能电站固定成本及准许收益的原则核定，逐步对新投产抽水蓄能电站实行标杆容量电价。电量电价主要体现抽水蓄能电站通过抽发电量实现的削峰填谷效益。主要弥补抽水蓄能电站抽发电损耗等变动成本。电价水平按当地燃煤机组标杆上网电价执行。电网企业向抽水蓄能电站提供的抽水电量，电价按燃煤机组标杆上网电价的 75% 执行。

2.2 压缩空气储能

传统的压缩空气储能系统是基于燃气轮机技术的储能系统，充电时将空气压缩并存于储气室中，使电能转化为空气的内能存储起来；用电时高压空气从储气室释放，进入燃气轮机燃烧室燃烧，驱动透平发电。传统压缩空气储能系统必须与燃气轮机电站配套使用，仍然依赖燃烧化石燃料提供热源[28-30]，储能效率相对较低。此外，与抽水蓄能电站类似，压缩空气储能系统也需要特殊的地理条件建造大型储气室，如岩石洞穴、盐洞、废弃矿井等，建站条件较为苛刻。

传统的压缩空气储能系统均为大型系统，其单机可达 100MW 级。目前，世界上已有大型压缩空气储能电站投入商业运行。第一座是 1978 年投入商业运行的德国 Huntorf 290MW×2h 电站（后经改造提升至 321MW），该电站从热备用状态到达最大储能量只需要几分钟启动时间。第二座是于 1991 年投入商业运行的美国亚拉巴马州 McIntosh 110MW×26h 压缩空气储能电站。第三座位于日本的 Sunagawa，建于 1997 年，装机容量为 35MW×6h[20]。

针对传统的压缩空气储能的不足，近年来各种先进的压缩空气储能技术不断发展，如绝热压缩空气储能、液化空气储能、超临界压缩空气储能、与可再生能源耦合的压缩空气储能等。

尽管我国目前尚未有投入商业运行的压缩空气储能电站，但已经部署力量对新型压缩空气储能技术开展研究和小型实验验证。从 2014 年开始，中国科学院工程热物理研究所先后建成了国际首套 1.5MW 级超临界压缩空气储能系统集成实验与示范平台；完成了 10MW 先进压缩空气储能系统示范运行，开展了相关实验，并优化升级了 10MW 透平膨胀机；完成了 100MW 级压缩空气储能系统方案及关键部件设计，部分部件已开始加工[31]。

2.3 电化学储能

电化学储能是通过电能与化学能之间的相互转换而实现电能存储的。迄今为止，电化学储能技术已经发展并应用了 100 多年，从传统的铅酸电池，到镍镉电池、镍氢电池、锂离子电池等，广泛应用于各类中小功率储能场合。近年来，随着材料和工艺的不断进步，一些新型储能技术也逐步成熟，包括锂离子电池、铅碳电池、液流电池、钠硫电池、锂碳电池等。

1. 铅酸电池

铅酸电池是利用铅在不同价态之间的固相反应实现充放电的可充电电池，至今已有 150 多年历史，是最早规模化使用的二次电池。铅酸电池原材料来源丰富，价格低廉，性能优良，安全性好，废旧电池回收体系成熟，是目前产量最大和在工业、通信、交通、电力领域应用最广的二次电池[41]。

近年来，一些铅酸电池新技术得到了发展，如铅碳电池，通过将特种碳材料添加到负极中，弥补了传统铅酸电池循环寿命短的缺点，其循环寿命可达传统铅酸电池的 4 倍以上，非常适宜于电力储能。

铅酸电池用于电力储能系统也有较多应用，美国加利福尼亚州 Chino 市于 1988 建成当时世界上最大的 10MW/40MWh 铅酸电池储能电站。目前，我国铅酸电池产量超过世界电池产量的 1/3，成为世界电池的主要生产地，研发生产技术已达到国际先进水平。基于铅酸电池的大容量储能系统也纷纷建成，尤其在用户侧削峰填谷和微电网的应用上，如无锡新加坡工业园区 160MWh 铅碳电池储能电站，江苏中能硅业 12MWh 铅碳电池储能电站，国家风光储输示范电站 12MWh 管式胶体铅酸电池储能系统，西藏尼玛县可再生能源局域网工程的 36MWh 铅碳电池储能系统，西藏羊易光伏电站 19.2MWh 铅碳电池储能系统等。

铅酸电池的缺点是充放电速度慢，一般需要 6~8h，而且能量密度低，过充电容易析气导致寿命下降等。因此，铅酸电池有其适宜的应用场景，如对场地空间要求不高，有较长的充放电时间，铅酸电池仍然是非常有竞争力的储能技术。对于大容量铅酸电池储能电站，环境温度，尤其是温差对电池的一致性具有重要影响，因此需要加强储能系统的动环控制。此外，定期的均衡充电对于活性物质的充分活化、提高循环寿命非常有必要。

2. 锂离子电池

锂离子电池以锂离子为活性离子，充电时正极材料中的锂原子失电子变成锂离子，通过电解质向负极迁移，在负极与外部电子结合并嵌插存储于负极，以实现储能，放电时过程可逆。锂离子电池的电化学性能主要取决于所用电极材料和电解质材料的结构和性能，负极材料主要为碳或钛酸锂，正极材料主要为锰酸锂、钴酸锂、磷酸铁锂、镍钴锰三元材料、镍钴铝三元材料等。

锂离子电池具有能量密度高、自放电率小、无记忆效应、工作温度范围宽、可快速充放电、使用寿命长等优势[32]。目前商业化的锂离子电池比能量已超过 200Wh/kg，动力电池比功率可达到 3000W/kg 以上。与铅酸电池相比，锂离子电池大电流放电能力强，循环次数可达 3000 ~ 5000 次，储能效率达到 90% 以上。但锂离子电池耐过充/放能力差，组合及保护电路复杂，成本相对较高。锂离子电池已在消费类电子产品、电动汽车、军事装备、航空航天等领域广泛应用[33]。在电力系统中，锂离子电池在电力系统调频、调峰、可再生能源消纳、微电网等领域具有广阔前景。

1991 年日本索尼公司首先实现锂离子电池商业化，锂离子电池在电子产品领域首先得到了广泛应用。美国 A123 公司于 2008 年率先建成 2MW 的锂离子电池储能系统，用于电能质量调节和备用电源。目前的锂离子电池储能系统有我国南方电网公司深圳宝清储能电站一期建设 4MW/16MWh 锂离子电池储能系统，国家风光储输示范电站一期建设 16MW/60MWh 锂离子电池储能系统，青海格尔木光伏储能电站建设 15MW 锂离子电池储能系统，江苏镇江电网侧 101MW/202MWh 锂离子电池分布式储能电站；澳大利亚南澳大利亚州 Hornsdale 100MW/129MWh 锂离子电池储能系统（Hornsdale Power Reserve，HPR）等。锂离子电池储能系统的规模越来越大，在电力系统中的作用也逐步体现出来了。

从大规模推广应用的角度来说，高性能、低成本是锂离子电池及其关键材料的发展方向，涉及关键材料/电池制造、关键装备开发、电池系统集成以及电池梯级利用和废旧电池回收等多方面的技术开发和产业化。由于锂离子电池在电动汽车和电力储能中的良好应用价值，目前已成为储能产业的发展重点，大容量储能越来越青睐于锂离子电池。继续提高电芯、模组和系统的安全性，降低成本，形成完善的评价体系，是锂离子电池应用于电力系统的关键。

3. 钠硫电池

钠硫电池是以金属钠为负极，以硫为正极，以陶瓷管为电解质隔膜的熔融盐二次电池。钠硫电池的比能量可达铅酸电池的 3 ~ 4 倍，可以大电流放电，其放电电流密度一般可达 200 ~ 300mA/cm²，充放电效率高。由于采用固体电解质，所以不存在液体电解质电池的自放电及副反应。钠硫电池比能量高、功率特性好、循环寿命长、无自放电等优势使其成为早期电化学储能的主力军。但钠硫电池工作时要求温度为 300 ~ 350℃，核心反应元件陶瓷电极一旦损坏，会形成剧烈的燃烧，而且电池工作在充电状态下需要一定的加热保温，在放电状态下还需要良好的散热设计，存在运行环境要求苛刻、散热要求高等问题。钠硫电池比较适用于大功率、大容量的储能应用场合，全球已经有超过 100 个 MW 级以上的应用。

日本 NGK 公司是目前唯一实现钠硫电池商业化量产的公司，与东京电力公司（TEPCO）合作开发，以固定式应用作为突破口，在 20 世纪 90 年代后期完成了众多钠硫电池储能系统示范工程，并于 2002 年实现了商业化。目前已有 200 座以上功率大于 500kW、总容量约 300MW 的储能电站在运行中。中国科学院硅酸盐研究所推出了 650Ah 钠硫电池单体原型产品，建成了 2MW 规模的中试线，以及 100kW/800kWh 钠硫电池储能系统[34,35]。当前，钠硫电池的瓶颈主要在于较高的制造成本以及长期运行的可靠性，需要继续在材料和结构上进行改进。此外，由于电池在较高温度条件下运行，熔融态钠和硫直接反应过程中的安全问题也一直是其在安装和使用过程中的隐患。

4. 液流电池

液流电池通过电解质内离子的价态变化实现电能存储和释放，主要包括锌 - 溴体系电池、多硫化钠/溴体系电池、铁铬电池及全钒氧化还原液流电池[36]。液流电池输出功率和容量相互独立，系统设计灵活，过载能力和深放电能力强，循环寿命长；但需要泵来维持电池运行，因而电池系统维护要求较高，低载荷时的效率较低。

全钒液流电池是目前已经开始规模应用的液流电池技术，以钒离子溶液作为电池反应的活性物质，利用不同价态离子对的氧化还原反应来实现化学能和电能相互转换。全钒液流电池的循环寿命可长达 10000 次，主要问题是环境适应性（10 ~ 35℃）和低温时正极材料 V_2O_5 的析出等。

全钒液流电池的研发和制造主要集中在日本、加拿大、中国和澳大利亚等几个国家[4]。在工程方面，加拿大 VRB 公司 2008 在爱尔兰风电场建成 2MW × 6h 储能系统，北京普能公司收购 VRB 公司后为国家风光储输示范电站提供 2MW × 4h 全钒液流电池储能系统。日本住友电工 2013 年 7 月与北海道电力公司联合承建了南早来变电站 15MW 全钒液流电池储能系统，以实现对风电和光伏发电波动的平抑。中国科学院大连化学物理研究所 2008 年成功研制出 10kW 电池模块，并集成出国内首台全钒液流储能电池系统，容量为 100kW/200kWh；大连融科储能公司为辽宁法库县卧牛石50MW风电场配套5MW/10MWh液流电池储能系统，并于2016年正式启动大连200MW/800MWh液流电池储能调峰电站国家示范工程。

锌溴液流电池是另一种实现了商业化应用的液流电池技术，是基于溴化锌溶液的循环往复运动原理设计而成的电化学储能体系，反应基底为溴化锌电解液。锌溴液流电池的能量密度和功率密度比全钒液流电池更高，成本更低，但也存在因电极反应产生络合物而引起自放电率高的问题。目前美国ZBB能源公司已实现商业化量产，建成了很多容量从数kWh至数MWh的锌溴电池储能系统，包括一套1MW/3MWh的移动储能电站。

2.4　飞轮储能

飞轮储能是利用电机带动飞轮高速运转，将电能转化成机械能存储起来，并在需要时飞轮带动电机发电的一种物理储能技术。飞轮储能的储能量由飞轮转子的质量和转速决定，其功率输出由电机和变流器特性决定。理论上，其储能量和输出功率可以独立设计和控制。飞轮储能技术主要分为两类：一是以接触式机械轴承为代表的低速飞轮，其主要特点是存储功率大，但支撑时间较短，一般用于高功率场合；二是以磁悬浮轴承为代表的高速飞轮，其主要特点是结构紧凑、效率高，但单体容量较小，可用于较长时间的功率支撑。

飞轮储能的一个突出优势是功率密度高，可达电池储能的5～10倍以上[37,38]，还具有响应速度快、寿命长等优点。在工业UPS（不间断电源）、轨道交通制动能量回收、电网调频、电能质量控制等场合具有较好的应用前景。

飞轮储能系统需要很强的工业基础支撑，欧美国家在飞轮储能系统的研发和产业化上取得了较大的进展。美国Active Power公司的100～2000kW CleanSource系列UPS、Pentadyne公司的65～1000kVA VSS系列UPS、Beacon Power公司的20MW Smart Energy Matrix、波音公司Phantom工厂的高温超导磁悬浮轴承100kW/5kWh飞轮储能，以及SatCon公司的315～2200kVA系列Rotary UPS，已经开始应用于多个储能项目。我国对飞轮储能的研发相对滞后，目前主要是关键技术研发与示范，但近年来产业化发展加快[39]。2008年，原解放军第306医院安装了一台容量为250kW的飞轮储能装置，采用磁悬浮轴承，可以提供15s的供电支撑，可与备用的柴油发电机相配合，尽管核心装置进口，但这是飞轮储能首次在我国配电系统中安装使用。

飞轮储能在大容量储能场合应用还需要继续提高其能量密度，将标准化、模块化和系列化的飞轮并联起来，组成飞轮阵列，可以提高系统经济性，是大容量飞轮储能的发展方向[40]。美国 Beacon Power 公司的 20MW 调频电厂，就是由 200 个 25kWh/100kW 的单体飞轮装置，通过智能控制组合成阵列运行。美国纽约地铁的飞轮储能系统由 10 个 100kW/1.6kWh 的飞轮组成，用于吸收列车制动能量并提供启动支撑。美国能源部和加利福尼亚州能源委员会支持建成了一个用于电网支撑和频率控制的飞轮储能系统，包括 7 个 15kW 的飞轮，总功率可达 105kW，最终将建成一个 1MW/250kWh 的飞轮阵列系统。

飞轮储能应用的典型项目越来越多，如 2011 年 7 月，美国 Beacon Power 公司的 20MW 飞轮储能系统在纽约州 Stephen Town 建成，采用碳纤维复合飞轮转子，可从电网中快速吸收电力并快速释放，吸收并释放 1MWh 的电能仅需 15min，整个系统可满足纽约州 10% 的调频需要[26]。2013 年美国 Beacon Power 公司在宾夕法尼亚州 Hazle 建设了另一个 20MW 飞轮储能电站，参与 PJM 区域电网的调频服务。美国 Vycon 公司 2010 年 7 月完成了一个 7MW 飞轮储能系统的建设，服务于 Northeast 数据中心，2014 年初为得克萨斯州的一个数据中心提供 8MW 飞轮储能系统，此外，还为洛杉矶地铁 WESS 变电站提供飞轮用于制动能量回收[41]。我国的盾石磁能公司引进了 KTSI 飞轮储能技术，其 MW 级飞轮储能于 2019 年在北京地铁的制动能量回收中实现了商业化应用[42]。

2.5 超级电容器

超级电容器，按储能机制可以分为三类：正、负电极都为双电层的双电层电容器，正、负电极都为准电容的法拉第赝电容电容器，以及两电极分别为双电层和法拉第准电容的混合型电化学电容器。基于多孔碳材料的双电层电容器中的电荷以静电方式存储在电极和电解质之间的双电层界面上，只进行电化学极化而不发生电化学反应，因此具有充放电速度快、循环寿命长、充放电效率高、高低温性能好、安全可靠、环境友好等优点，是目前商品化超级电容器产品的主流，在混合动力汽车、轨道交通、通信、航空航天和仪器仪表等方面得到了广泛应用[43]。由于超级电容器的能量密度低，因而除了高功率需求场合外，在其他应用中大多需要与能量型储能技术相结合，以提高储能系统的整体技术经济性能。

日本、美国、德国等国家在超级电容器的研究和开发方面优势明显，日本的 Nippon Chemi - Con、NEC - Tokin、Matsushita、NEC、Elna、Tokin、Murata 等公司占据全球超级电容器生产总量的一半以上。Maxwell 是美国主要的超级电容器生产商，生产大、中型 C/C 有机电解液双电层电容器。韩国 NessCap、德国 EP-COS AG、澳大利亚 Cap - XX 等公司生产的 C/C 有机电解液体系超级电容器，俄罗斯 ESMA 生产的大型 C/Ni(OH)₂ 混合型超级电容器也都具有很高的性能水平。

我国在超级电容器的研发与产业化上也有较多部署，双电层电容器和法拉第赝电容电容器均有产品应用。

在超级电容器储能应用方面，2005 年美国加利福尼亚州建造了一台 450kW 超级电容器储能装置，用以减小 950kW 风电机组向电网输送功率的波动。西门子公司 2011 年成功开发出储能量达到 21MJ/1MW 的超级电容器储能系统，安装在德国科隆市地铁 750V 直流供电网络。美国纽约州 Malverne 于 2013 年建设了一座容量为 2MW 的超级电容器储能电站，主要目的是为当地电力系统提供电压支撑。我国也进行了一些超级电容器储能系统的应用，如国电集团于 2012 年在辽宁锦州和风北镇的风电场项目建设 1MW 超级电容器储能系统，与锂离子电池和全钒液流电池一起对风电的电源特性进行改善；浙江鹿西岛建有 500kW × 15s 超级电容储能系统，与铅酸电池一起用于并网型微电网的运行管理。

2.6　超导储能

超导储能（SMES）是利用超导体制成的线圈，由电网供电励磁而产生的磁场存储能量，是一种不需要经过能量转换而直接存储电能的方式。目前超导线圈大多用常规的铌钛（NbTi）或铌三锡（Nb_3Sn）等材料组成的导线绕制而成，它们都要运行在液氦的低温区（4.2K），储能容量较大；也有采用 Bi 系（一代）高温超导材料绕制储能线圈的，但在液氮温区的磁场特性较差，储能容量难以做大。超导储能的响应速度快，约几毫秒至几十毫秒，还具有极高的功率密度和能量转换效率、长的使用寿命等优点，主要用于电力系统稳定控制，尤其是抑制低频振荡，改善电能质量等场合。

目前，基于低温超导材料和高温超导材料的超导储能系统的研发并行发展，容量大多在 MJ/MVA 级。20 世纪 90 年代以来，超导储能在提高电能质量方面的功能被高度重视并得到积极开发，美国、德国、意大利、韩国等都开展了 MJ 级的超导储能的研发工作，并投入了实际电力系统试运行。作为典型的超导储能系统应用，美国 2000 年建成了 6 台 3MJ/8MVA 基于低温超导材料的小型超导储能系统，安装在威斯康星州的北方环形输电网，实现有功和无功功率调节，以改善该地区的供电可靠性和电能质量；2002 ~ 2004 年将 8 台 3MJ/8MVA 小型超导储能系统，安装在田纳西州 500kV 输电网中，以维持地区电网的稳定性。德国 AC-CEL Instrument GmbH 公司和 EUS GmbH 公司联合开发了 2MJ 超导磁体用于实验室的 UPS 系统，其平均功率为 200kW，最大可达 800kW。2007 年，日本 Chubu Electric Power 公司和日本新能源产业技术综合开发机构（NEDO）启动一项用于电网支撑的 10MW/20MJ 超导储能装置研发项目，并于 2008 年实现试验运行。

在我国，中国科学院电工研究所、清华大学、华中科技大学等主要科研单位开展了超导储能系统的研发工作[44]。中国科学院电工研究所在多功能集成的新型超导电力装置上取得了突破，提出集成限流和电能质量调节于一体的超导限流－储能系统，研制了世界首套 100kJ/25kVA 超导限流－储能系统样机，并于2008 年底实现了我国首套 1MJ/0.5MVA 高温超导储能系统试验运行。清华大学于 2005 年研制出一套 500kJ/150kVA 的超导储能系统，华中科技大学研制出35kJ/7kVA 微型高温超导储能系统，并用于电力系统动态模拟[41]。

2.7　其他

还有一些储能新材料新技术正在研发之中，尽管目前还不能准确判断这些新材料新技术的可行性及规模化应用前景，但值得持续关注。例如，纳米技术的出现，很可能会颠覆现有一些电池的结构，极大地提高电池的功率密度、能量密度，提高电/热性能的稳定性，并有助于降低成本，在能源和电力系统中发挥更大的作用。在这里，特别关注固态锂离子电池、金属－空气电池、液态空气储能、金属液体电池、相变储能、储氢等[45,46]，由于储能技术本身不是本书介绍的重点，在此不做赘述。

第2篇 电力储能系统

　　储能是个系统工程，电力储能系统除了需要关注各种储能本体技术外，还要考虑并网接入、运行控制、设备管理等各个环节。储能系统作为一个整体，任何环节存在短板都会给其应用带来影响，甚至隐患。本部分从储能系统或成套设备本身出发，以目前典型的电池储能系统和飞轮储能系统为主，分析了储能系统的构成、设计、控制与运维管理等要点。

第 3 章

电池储能系统

电池储能应用于电力系统，需要将大量单体电池进行串联、并联组合，并通过电力电子变换电路接入电网。因此，准确把握电池的特点与应用需求，进行优化设计，是电池储能系统的关键。本章主要针对锂离子电池和铅碳电池等电池储能系统，介绍系统构成、电网接入及运行控制方式。

3.1 电池储能系统组成

电池储能系统包括电池组、电池管理系统（BMS）、功率变换系统（PCS）、监控管理系统和动环系统。大规模储能电站往往由多个配置与功能基本独立的储能系统并联组成，储能系统的标准化、模块化和系列化，对于缩短储能电站建设周期、运行可靠性、维护水平等具有很好的支撑作用。

一个典型的电池储能系统主体结构如图 3-1 所示。作为一个由多个分系统构成的整体，任何一个分系统出现问题都会影响电池储能系统整体的性能和功能，因而，各分系统都应实现优化设计和相互适配，避免系统出现短板。电池簇的设计应充分考虑单体电芯和电池组的性能及一致性水平；BMS 的配置应考虑到电池组的构成及监控需求；PCS 则要兼顾电网并网的功能和直流电池侧的电气要求。

此外，动环系统也是电池储能系统的重要组成部分，动环系统实现对储能电站的动力系统、环境系统、消防系统、保安系统、网络系统等进行集中监控管理，主要监视各设备的运行状态及工作参数，发现参数异常或故障，及时采取多种报警和故障处理方式，记录历史数据和报警事件，具有远程监控管理以及 Web 浏览等功能。动环系统的优化，是电池储能系统的重要保障，通过储能电站监控管理系统，将动环系统状态与储能的运行过程有机结合，是储能电站安全、优化、高效运行的前提。

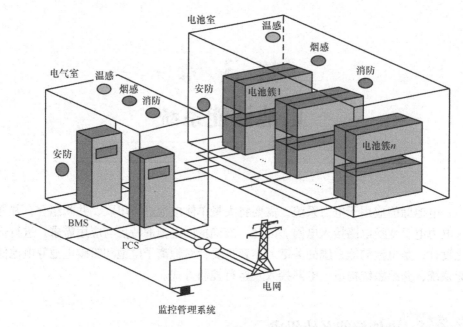

图 3-1　电池储能系统结构

1. 锂离子电池储能系统

由于锂离子电池的电芯一般容量较小，需要多个电芯并联或多个电池簇并联运行。关于电池簇与 PCS 的配置关系，主要考虑储能系统所需的充放电功率及其时间（能量）。对于大容量储能系统，有两种主要技术路线：一种是多个电池簇并联接至大功率 PCS；另一种是少量电池簇并联接至小功率 PCS，再由多个小功率 PCS 并联而成大功率系统。对于前者，多个电池簇的并联，对电池的一致性要求高，否则会出现较大的环流，虽然目前也有一些方法解决簇间不平衡的问题，但操作难度较大。对于后者，可以有效规避电池簇间的环流问题，但设备成本会有所增加，而且多个 PCS 并联，也需要解决并联均衡和输出端谐振等问题。随着技术的发展，将两种路线进行折中应该是有效的方案，即适量的电池簇并联配置适当功率的 PCS，以实现大容量储能的合理配置，当然，这取决于电池、BMS 和 PCS 的特性与功能。

BMS 是锂离子电池储能系统的重要组成部分，BMS 对锂离子电池电芯、模组、电池包（PACK）、电池簇及电池系统进行电、热等参数的测量，实时估算电池系统的荷电状态（SOC），实现簇内和簇间电池的均衡，并进行各种电、热管理和保护。同时，储能系统还需要配置空调、消防等配套设施。

以图 3-2 所示的某 2.2MWh 标准储能系统为例，系统采用某铝壳磷酸铁锂电池，单体电芯为 3.2V/120Ah。2 并 15 串（2P15S）组成一个电池包，16 个电池包串联为一个电池簇,共 12 簇;每 6 簇并联接入一台 500kW PCS 形成一个独立的储能单元;两个单元通过双分裂变压器组成一个储能系统接入中压电网,其容量为 1MW/2. 2MWh。

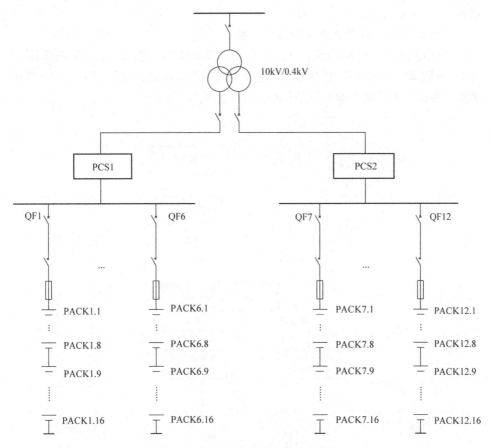

图 3-2　锂离子电池储能系统电气图

2. 铅碳电池储能系统

铅碳电池储能系统与锂离子电池储能系统在组成上类似。由于铅碳电池单体容量可以较大,因而在容量配置上有更多选择,可以通过选择大容量单体电池而避免多个小容量电池的并联。对于大容量储能系统,可以选用大容量电池串联为一簇,多簇并联接入 PCS 为一个储能单元,多个单元并联组成储能系统。

铅碳电池在运行过程中大部分时间处于部分荷电状态(PSOC),无需浮充,安全性好,这是铅碳电池适宜于储能的重要特点。但是,铅碳电池需要定期进行均衡充电维护(一般每隔 2 ~ 3 个月),以对活性物质进行一次充分活化,提升电池的循环性能。在均衡充电过程中,可以有效均衡电池间的不一致性,并对荷电状态（SOC）和健康状态（SOH）进行参数校正。因此，应用于铅碳电池储能的BMS可以在功能配置上适当简化。同时，将均衡充电过程与对BMS的参数校正有机结合，并融入储能系统的能量管理中，是提升系统整体性能的重要措施。

以某1.2MWh铅碳电池储能系统为例，系统配置LLC – 1000铅碳电池600只，单体电池为2V/1000Ah，300串2并（300S2P），接至125kW或250kW PCS；配置BMS，实现对电池电压、温度、内阻等的监测，以及SOC、SOH等的估算。铅碳电池储能系统电气结构如图3-3所示。

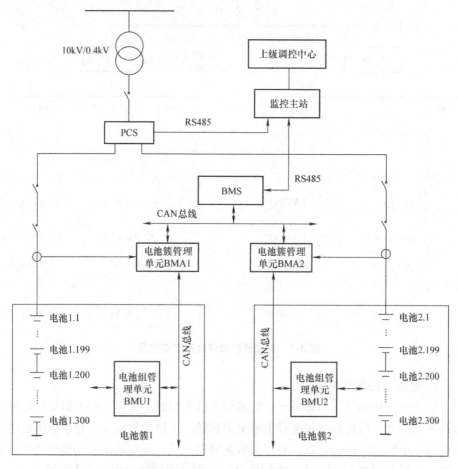

图3-3　铅碳电池储能系统电气图

3. 监控管理系统

储能的监控管理系统一般可以分为站控层和间隔层，如图3-4所示。站控层包括监控主机、数据服务器、数据通信网关等，实现信息收集和实时显示、设备的远程控制、数据的存储、查询和统计，并可与相关系统通信；间隔层包括就地监控装置、测控装置等。站控层和间隔层之间通过通信网络连接。

储能系统的监控，主要是对储能系统各单元如电池及模组、BMS、PCS、计量电表、动环系统等主要设备进行监测与控制；对储能系统的并网点电网状态进行监测，包括频率、电压、交换功率等；监控系统包括数据交互、指令传达、数据存储、预警与保护，以及人机界面等。同时，预留与上位机的通信接口，接受上级主站或调度的指令。

储能系统的能量管理，主要是对储能系统内部各分系统的运行状态进行预测，根据各分系统的 SOC 与 SOH，确定储能系统整体的 SOC 与 SOH，以及在特定充放电功率下的可用容量，为储能系统的运行控制提供决策依据。同时，对各储能分系统进行优化管理，实现定期与不定期运维，优化储能系统整体状态，提高运行可靠性和可利用率。

对于规模较大的储能电站，往往由功能相对独立的各储能单元组成，各储能单元一般通过配置的就地监控管理装置，实现信息采集、分析、控制和与上位机的通信等功能。就地监控管理装置将特定的信息、分析计算结果上传给上级监控管理系统，实现间隔层与站控层间的合理任务分工、资源优化和管控及时。

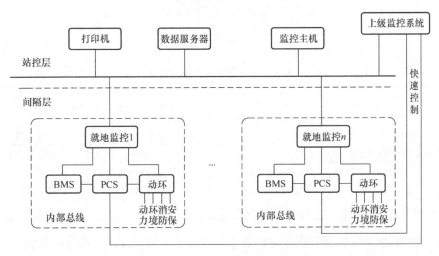

图 3-4 电池储能系统监控管理架构

IEC 61970《能量管理系统应用程序接口（EMS – API）》，实现了 EMS 应用软件的无缝集成，促进了现代电力系统自动化的发展。对应用于电力系统的储能系统而言，以 IEC 61970 中的公共信息模型（CIM）规范储能系统的接口语义，是储能系统高效接入 EMS 的基础。

储能系统作为能量双向流动的特殊机组，无法从单向的能量输出模型 GenerationUnit 中继承，参考文献［47］新建类 EnergyStorageUnit 用以描述能量输入和输出双向调度的机组模型。电池储能系统的 BatteryEnergyStorageUnit 可以从 EnergyStorageUnit 中扩展。储能系统 CIM 由电池本体、电池类型、控制系统、运行状态、储能电站等构成，如图 3-5 和表 3-1 所示。

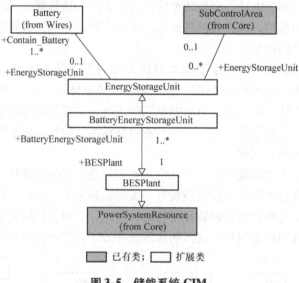

图 3-5　储能系统 CIM

表 3-1　电池储能系统扩展类

新类	父类	所属包	描述
Battery	RegulationCondEg	Wires	电池
Battery Type		Domain	电池类型
BatteryOperationModel		Domain	电池运行状态
BESPlant	PowerSystemResource	Production	电池储能电站
EnergyStorageUnit	SubControlArea	Production	能量存储单元
BatteryEnergyStorageUnit	EnergyStorageUnit	Production	电池储能单元

　　上述模型涉及的交互信息主要集中在监控系统所需的储能系统状态信息、测量/计量值，并接受监控系统的设置值、控制命令等。而具体的状态信息、设置、控制以及测量/计量值等信息模型的构建，需要根据实际情况设定。

3.2　储能 PCS 主电路拓扑

　　储能的并网接入设备，即 PCS，按照并网接入电网的电压等级，可以分为低压接入 PCS 和中高压接入 PCS。在拓扑结构的选择上，需要考虑并网/离网、非线性/不平衡负荷、电气隔离等因素。不同的拓扑结构，对上述功能的适应性有所不同。

PCS 要适应当地电网的特点，包括供电制式、电压等级、接地方式、继电保护等。对于一般的低压电网，常采用三相四线制或三相五线制，可给三相或单相负载供电，因此，PCS 大多采用三相四线制拓扑。而三相四线制变流器的拓扑结构选择，关键在于输出的交流系统电压中点的形成方式[48]。

3.2.1 基于△/丫变压器拓扑

通过△/丫变压器获得中点的三相 PCS 主电路如图 3-6 所示，变压器的二次侧采用丫联结，其中点与电网的中点相连，给不对称负载的零序电流提供了通路。

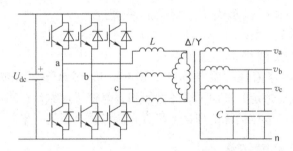

图 3-6 基于△/丫变压器的主电路拓扑

由于 PCS 输出阻抗及变压器漏感的存在，不平衡负载将引起输出电压的不对称。因此，△/丫变压器的存在，不能从根本上解决 PCS 输出电压不对称问题，只能用在三相负载不对称度较小的场合。由于储能 PCS 不可避免地存在离网运行及不平衡负载，因而要解决这种场景下的输出电压对称问题，需要将主电路拓扑与三相不平衡控制方法有机结合起来。

3.2.2 三单相变压器组合式拓扑

组合式拓扑，由三个单相变压器组合而成，如图 3-7 所示。通过把三个单相变压器的一端连接起来形成系统输出电压的

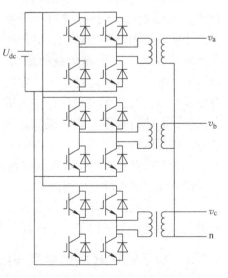

图 3-7 三单相变压器组合式主电路拓扑

中点，组成了三相四线制变压器。由于三个单相变压器相互独立，因此可以应用常规单相变压器控制方法，具有带不对称负载能力强，控制简单，直流母线电压利用率高等优点，比较适合于大功率场合[49,50]。

该拓扑的主要缺点是，需要三个输出变压器，导致设备体积大、成本高；而且设备中使用的开关管数量多达 12 个，成本较高，在中、小功率的应用场合不太适合。

3.2.3　基于直流母线分裂电容拓扑

基于直流母线分裂电容的主电路拓扑，通过将两组直流滤波电容器串联，在直流母线侧形成分裂电容，构成第四线作为系统输出电压的中点，提供零序电流通道，以解决不平衡负载的问题，如图 3-8 所示。

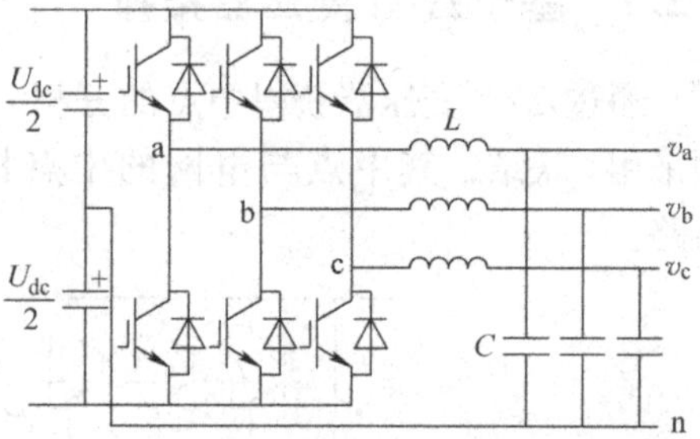

该拓扑的主要缺点是，直流母线侧串联的直流电容值往往需要很大，

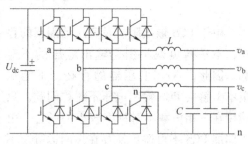

图 3-8　基于直流母线分裂电容的主电路拓扑

以维持中点电位的恒定，增加了设备的体积，降低了可靠性；而且直流电压利用率低，交流输出相电压的峰值理论上只有直流母线电压的一半。

3.2.4　三相四桥臂拓扑

三相四桥臂拓扑是在传统的三相桥式变流器的基础上再增加一个桥臂，用来直接控制中点电压，且产生中点电流以调节不平衡负载的影响，如图 3-9 所示。由于增加了一个控制自由度，因而可产生三相独立电压输出，使其有能力在不平衡负载条件下维持三相电压的对称。

图 3-9　基于三相四桥臂的主电路拓扑

三相四桥臂拓扑可实现较高的直流电压利用率，为了改善整体滤波效果，也可在中性线上串入滤波电感。

当然，三相四桥臂 PCS 的控制过程相对复杂[51,52]，控制器的设计和调试比较困难，而且由于增加了一个桥臂，成本也会增加。

3.2.5　基于级联 H 桥的中高压拓扑

大容量储能系统往往需要接入 10kV 及以上的更高等级电网。中高压并网可采用低压变流器配置升压变压器实现，但采用该方案的设备体积重量庞大，整体效率较低。

　　中高压储能变流器常采用以下几种拓扑结构。一种是采用两电平或三电平拓扑，并将电力电子开关器件串联以得到更高的电压。这种方案对器件均一性要求高，器件同时触发的控制难度大，直流母线侧的电压也需要匹配得很高。另一种方案则在交流侧采用级联 H 桥（CHB）的方式实现中高压交流输出。每个 H 桥的直流侧可以直接接入电池组，也可以通过隔离式 DC/DC 变流器后再接入电池组。此外，模块化多电平变流器（MMC）也是一种适合于中高压的拓扑结构，可以用于电池储能系统，但需进行环流抑制等较为复杂的控制。

　　在上述几种中高压接入方案中，储能电池组不经 DC/DC 变流器而直接接入 CHB 中高压储能系统，具有结构简单、控制灵活的优点，实用性较好，如图 3-10 所示。此外，由于 CHB 单元数目较多，当某个单元出现故障退出运行后，基本不影响整个桥臂和系统工作，也是该拓扑的一个优点。

　　基于 CHB 的中高压储能变流器进行充放电控制时，可以采用基于电网电压定向的矢量控制，也可以使用直接功率控制。由于储能电池分散布置于各个 H 桥单元内，各个电池组 SOC 需要保持均衡，包括相间均衡和相内各电池单元的均衡。调节相间 SOC 均衡可通过

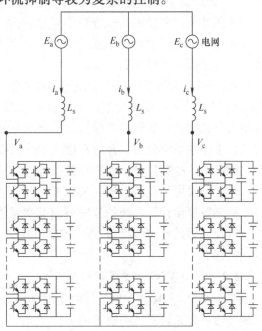

图 3-10　基于 CHB 的中高压储能系统拓扑

在三相电压中叠加零序电压实现，调节相内 SOC 均衡可以在各单元调制波上叠加适当的修正量。

3.3　储能 PCS 控制技术

　　孤岛运行与并网运行是电池储能应用于电力系统的基本运行模式，孤岛运行模式下储能 PCS 的功能类似于组网主电源，同时其还实时检测电网电压的状态，当条件具备时随时准备切换到并网运行模式。在孤岛运行模式下，储能 PCS 的

控制目标是输出三相对称的正弦波电压，其研究重点是输出的电压波形控制，以及多单元的并联控制技术。

3.3.1 PCS 数学模型

PCS 一般采用三相电压源型变流器（VSC），VSC 的数学模型是分析和设计储能并网接入系统的基础。从不同的角度出发可以建立不同形式的数学模型，对应的控制方法也往往不同。三相 VSC 的一般数学模型可采用以下两种形式[53]：

1）采用开关函数描述的一般数学模型。

2）采用占空比描述的一般数学模型。

采用开关函数描述的一般数学模型是对 VSC 开关过程的精确描述，较适用于 VSC 的波形仿真。然而，由于该开关函数模型中包括了开关过程中的高频分量，因而很难用于控制器的设计。

当 VSC 开关频率远高于交流输出基波频率时，为简化 VSC 的一般数学模型，可忽略 VSC 开关函数模型中的高频分量，即只考虑其中的低频分量，从而获得采用占空比描述的低频数学模型。这种采用占空比描述的 VSC 低频数学模型非常适合于控制系统分析，并可直接用于控制器设计。但是，由于这种模型略去了开关过程中的高频分量，因而不能进行精确的动态波形仿真。

总之，采用开关函数描述的以及采用占空比描述的 VSC 一般数学模型，在 VSC 控制系统设计和系统仿真中各自起着重要作用。常用后者对 VSC 控制系统进行设计，然后再用前者对 VSC 控制系统进行仿真，从而校验控制系统设计的性能指标。

3.3.1.1 三相 VSC 开关函数模型

对于一个 PWM 脉冲信号控制下的 VSC，同一桥臂上的上下两个功率开关管交替导通，定义其开关函数 S 如下：

$S_i = 1$（i = a，b，c）：i 桥臂的上管导通，下管关断。

$S_i = -1$（i = a，b，c）：i 桥臂的下管导通，上管关断。

以基于直流母线分裂电容的储能 PCS 拓扑为例，在其主电路结构中，由于系统的参考点为直流母线滤波电容的中点，因而三相桥输出相电压为

$$\begin{bmatrix} u_a \\ u_b \\ u_c \end{bmatrix} = \begin{bmatrix} S_a \\ S_b \\ S_c \end{bmatrix} \cdot \frac{U_{dc}}{2} \tag{3-1}$$

把负载电流作为扰动，设状态变量为三相滤波电容相电压 v_a、v_b、v_c 和三相滤波电感电流 i_{la}、i_{lb}、i_{lc}，输入变量为三相桥输出相电压 u_a、u_b、u_c 和三相滤波电感电流 i_{la}、i_{lb}、i_{lc}，输出变量为三相滤波电容相电压 v_a、v_b、v_c 和三相负载

电流 i_a、i_b、i_c。根据基尔霍夫定律，给出滤波电容和滤波电感的电流和电压方程为

$$\begin{cases} C\dfrac{dv_a}{dt} = i_{la} - i_a \\[2mm] C\dfrac{dv_b}{dt} = i_{lb} - i_b \\[2mm] C\dfrac{dv_c}{dt} = i_{lc} - i_c \\[2mm] L\dfrac{di_{la}}{dt} = u_a - v_a - ri_{la} \\[2mm] L\dfrac{di_{lb}}{dt} = u_b - v_b - ri_{lb} \\[2mm] L\dfrac{di_{lc}}{dt} = u_c - v_c - ri_{lc} \end{cases} \tag{3-2}$$

转换成状态空间矩阵的形式为

$$\begin{bmatrix} \dot{v}_a \\ \dot{v}_b \\ \dot{v}_c \\ \dot{i}_{la} \\ \dot{i}_{lb} \\ \dot{i}_{lc} \end{bmatrix} = \begin{bmatrix} 0 & 0 & 0 & 1/C & 0 & 0 \\ 0 & 0 & 0 & 0 & 1/C & 0 \\ 0 & 0 & 0 & 0 & 0 & 1/C \\ -1/L & 0 & 0 & -r/L & 0 & 0 \\ 0 & -1/L & 0 & 0 & -r/L & 0 \\ 0 & 0 & -1/L & 0 & 0 & -r/L \end{bmatrix} \begin{bmatrix} v_a \\ v_b \\ v_c \\ i_{la} \\ i_{lb} \\ i_{lc} \end{bmatrix} +$$

$$\begin{bmatrix} 0 & 0 & 0 & -1/C & 0 & 0 \\ 0 & 0 & 0 & 0 & -1/C & 0 \\ 0 & 0 & 0 & 0 & 0 & -1/C \\ 1/L & 0 & 0 & 0 & 0 & 0 \\ 0 & 1/L & 0 & 0 & 0 & 0 \\ 0 & 0 & 1/L & 0 & 0 & 0 \end{bmatrix} \begin{bmatrix} u_a \\ u_b \\ u_c \\ i_a \\ i_b \\ i_c \end{bmatrix} \tag{3-3}$$

把式（3-1）代入式（3-3）得

$$
\begin{bmatrix}
\dot{v}_a \\
\dot{v}_b \\
\dot{v}_c \\
\dot{i}_{la} \\
\dot{i}_{lb} \\
\dot{i}_{lc}
\end{bmatrix}
=
\begin{bmatrix}
0 & 0 & 0 & 1/C & 0 & 0 \\
0 & 0 & 0 & 0 & 1/C & 0 \\
0 & 0 & 0 & 0 & 0 & 1/C \\
-1/L & 0 & 0 & -r/L & 0 & 0 \\
0 & -1/L & 0 & 0 & -r/L & 0 \\
0 & 0 & -1/L & 0 & 0 & -r/L
\end{bmatrix}
\begin{bmatrix}
v_a \\
v_b \\
v_c \\
i_{la} \\
i_{lb} \\
i_{lc}
\end{bmatrix}
+
$$

$$
\begin{bmatrix}
0 & 0 & 0 & -1/C & 0 & 0 \\
0 & 0 & 0 & 0 & -1/C & 0 \\
0 & 0 & 0 & 0 & 0 & -1/C \\
U_{dc}/2L & 0 & 0 & 0 & 0 & 0 \\
0 & U_{dc}/2L & 0 & 0 & 0 & 0 \\
0 & 0 & U_{dc}/2L & 0 & 0 & 0
\end{bmatrix}
\begin{bmatrix}
S_a \\
S_b \\
S_c \\
i_a \\
i_b \\
i_c
\end{bmatrix}
$$

(3-4)

三相 VSC 在 *abc* 静止坐标系下的开关函数模型结构如图 3-11 所示，可以看出，三相四线制 VSC 既可以三相独立控制，也可以采用统一矢量控制。

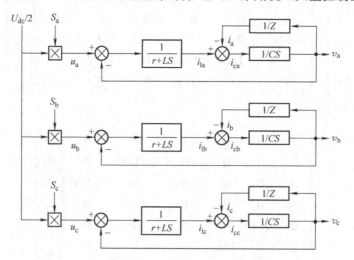

图 3-11　三相 VSC 在 *abc* 静止坐标系下的开关函数模型

3.3.1.2　三相 VSC 状态空间平均模型

采用开关函数描述的三相 VSC 数学模型是对功率器件开关过程的精确描述，然而，由于该开关模型中包含了功率器件开关过程中的高频分量，因此很难用于指导控制器的设计。当变流器的输出基波频率以及 *LC* 滤波器的谐振频率与功率器件的开关频率相比足够小时，VSC 可以看作一个恒定增益的放大器，可以采用状态空间平均法来建立 VSC 的线性化模型。

状态空间平均法在一个开关周期内，用变量的平均值代替其瞬时值，从而得到连续的状态空间平均模型。在该模型下，可用规则采样法代替自然采样法。此时，在一个开关周期内，PWM 开关函数波形如图 3-12 所示。

图中，高频载波为双极性三角波 U_c，其幅值为 U_{cm}，频率为 f_{sw}。调制波为工频正弦波 U_{ir}（$i=a$，b，c），其幅值为 U_{rm}。图 3-12a 中，在一个开关周期内，d_i（$i=a$，b，c）为对应相的 PWM 占空比，且 $d_i \leqslant 1$。开关函数 S_i 在一个开关周期上的平均值 $\overline{S_i}$ 为

$$\overline{S_i} = \frac{1 \times t_{on} + 0 \times (1/f_{sw} - t_{on})}{1/f_{sw}} = \frac{1 \times d_i/f_{sw} + 0 \times (1/f_{sw} - d_i/f_{sw})}{1/f_{sw}} = d_i \quad (3\text{-}5)$$

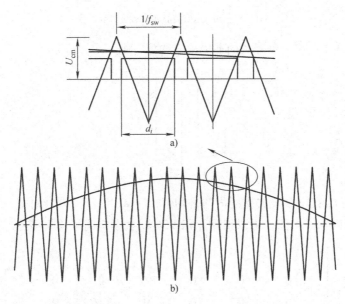

图 3-12　PWM 开关函数波形图

由式（3-5）可知，PWM 占空比 d_i 实际上是在一个开关周期上开关函数 S_i 的平均值。在图 3-12a 中，根据三角函数关系，得到 PWM 占空比 d_i 为

$$d_i = \frac{1}{2}\left(\frac{U_{ir}}{U_{cm}} + 1\right) \quad (3\text{-}6)$$

即

$$\begin{cases} d_\mathrm{a} = \dfrac{1}{2}\left(\dfrac{U_\mathrm{rm} \cdot \sin\omega t}{U_\mathrm{cm}} + 1\right) \\[3mm] d_\mathrm{b} = \dfrac{1}{2}\left(\dfrac{U_\mathrm{rm} \cdot \sin(\omega t - 2\pi/3)}{U_\mathrm{cm}} + 1\right) \\[3mm] d_\mathrm{c} = \dfrac{1}{2}\left(\dfrac{U_\mathrm{rm} \cdot \sin(\omega t + 2\pi/3)}{U_\mathrm{cm}} + 1\right) \end{cases} \tag{3-7}$$

定义 PWM 的调制比为 $m = \dfrac{U_\mathrm{rm}}{U_\mathrm{cm}}$，且 $m \leqslant 1$，则式（3-7）为

$$\begin{cases} d_\mathrm{a} = \dfrac{1}{2}m \cdot \sin\omega t + 0.5 \\[3mm] d_\mathrm{b} = \dfrac{1}{2}m \cdot \sin(\omega t - 2\pi/3) + 0.5 \\[3mm] d_\mathrm{c} = \dfrac{1}{2}m \cdot \sin(\omega t + 2\pi/3) + 0.5 \end{cases} \tag{3-8}$$

对式（3-1）在一个开关周期内求平均值，则

$$\begin{bmatrix} \overline{u}_\mathrm{a} \\[2mm] \overline{u}_\mathrm{b} \\[2mm] \overline{u}_\mathrm{c} \end{bmatrix} = \begin{bmatrix} \dfrac{d_\mathrm{a}}{2} \\[3mm] \dfrac{d_\mathrm{b}}{2} \\[3mm] \dfrac{d_\mathrm{c}}{2} \end{bmatrix} \cdot U_\mathrm{dc} \tag{3-9}$$

式中，$\overline{u}_i$ 为 u_i 在一个开关周期内的平均值，$i = \mathrm{a,\ b,\ c}$。同样对式（3-4）在一个开关周期内求平均值，可以得到三相 VSC 的状态空间平均模型：

$$\begin{bmatrix} \dot{v}_\mathrm{a} \\ \dot{v}_\mathrm{b} \\ \dot{v}_\mathrm{c} \\ \dot{i}_\mathrm{la} \\ \dot{i}_\mathrm{lb} \\ \dot{i}_\mathrm{lc} \end{bmatrix} = \begin{bmatrix} 0 & 0 & 0 & 1/C & 0 & 0 \\ 0 & 0 & 0 & 0 & 1/C & 0 \\ 0 & 0 & 0 & 0 & 0 & 1/C \\ -1/L & 0 & 0 & -r/L & 0 & 0 \\ 0 & -1/L & 0 & 0 & -r/L & 0 \\ 0 & 0 & -1/L & 0 & 0 & -r/L \end{bmatrix} \begin{bmatrix} v_\mathrm{a} \\ v_\mathrm{b} \\ v_\mathrm{c} \\ i_\mathrm{la} \\ i_\mathrm{lb} \\ i_\mathrm{lc} \end{bmatrix} +$$

$$\begin{bmatrix} 0 & 0 & 0 & -1/C & 0 & 0 \\ 0 & 0 & 0 & 0 & -1/C & 0 \\ 0 & 0 & 0 & 0 & 0 & -1/C \\ U_{dc}/2L & 0 & 0 & 0 & 0 & 0 \\ 0 & U_{dc}/2L & 0 & 0 & 0 & 0 \\ 0 & 0 & U_{dc}/2L & 0 & 0 & 0 \end{bmatrix} \begin{bmatrix} d_a \\ d_b \\ d_c \\ i_a \\ i_b \\ i_c \end{bmatrix} \quad (3\text{-}10)$$

根据式（3-10）可以得出三相 VSC 在 abc 静止坐标系下的状态空间平均模型结构如图 3-13 所示。

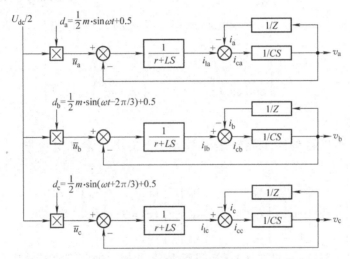

图 3-13　三相 VSC 在 abc 静止坐标系下的状态空间平均模型

3.3.1.3　三相 VSC 在 $dq0$ 同步坐标系下的数学模型

3.3.1.2 节对三相静止坐标系 abc 下的 VSC 一般数学模型进行了分析。三相 VSC 的一般数学模型具有物理意义清晰、直观等特点。但该模型中，VSC 交流侧各量均为交流时变量，不利于控制器的设计。

在三相交流电机和三相变流器的建模中，Park 变换得到了广泛的应用。通过 Park 变换，三相交流量变为两相直流量，降低了变量的数目，简化了系统模型，方便了控制器的设计。三相静止坐标系中的 VSC 一般数学模型经过 Park 变换后，即得到 $dq0$ 模型[54-56]。

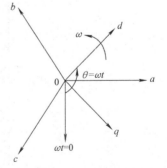

图 3-14　abc 与 $dq0$ 坐标系之间的关系

三相静止坐标系 abc 和同步旋转坐标系 $dq0$ 之间的关系如图 3-14 所示，其中 d 轴以角速度 ω 逆时针旋转，$\omega = 2\pi f$，f 为电网频率 50Hz，以静止坐标系中滞后于 a 轴 90°位置为相角 θ 的起始时刻，$\theta = \omega t$，q 轴滞后于 d 轴 90°。

按照等量变换原则，上述变换关系可以用变换矩阵 $\boldsymbol{T}$ 及其逆矩阵 $\boldsymbol{T}^{-1}$ 描述：

$$\boldsymbol{T} = \frac{2}{3}\begin{bmatrix} \sin\omega t & \sin\left(\omega t - \frac{2\pi}{3}\right) & \sin\left(\omega t + \frac{2\pi}{3}\right) \\ -\cos\omega t & -\cos\left(\omega t - \frac{2\pi}{3}\right) & -\cos\left(\omega t + \frac{2\pi}{3}\right) \\ \frac{1}{\sqrt{2}} & \frac{1}{\sqrt{2}} & \frac{1}{\sqrt{2}} \end{bmatrix} \tag{3-11}$$

$$\boldsymbol{T}^{-1} = \begin{bmatrix} \sin\omega t & -\cos\omega t & 1/\sqrt{2} \\ \sin\left(\omega t - \frac{2\pi}{3}\right) & -\cos\left(\omega t - \frac{2\pi}{3}\right) & 1/\sqrt{2} \\ \sin\left(\omega t + \frac{2\pi}{3}\right) & -\cos\left(\omega t + \frac{2\pi}{3}\right) & 1/\sqrt{2} \end{bmatrix} \tag{3-12}$$

由此，可以得到同步旋转坐标系 $dq0$ 下的电压量和电流量，$\begin{bmatrix} u_d \\ u_q \\ u_0 \end{bmatrix} = \boldsymbol{T} \cdot$

$\begin{bmatrix} u_a \\ u_b \\ u_c \end{bmatrix}$，$\begin{bmatrix} v_d \\ v_q \\ v_0 \end{bmatrix} = \boldsymbol{T} \cdot \begin{bmatrix} v_a \\ v_b \\ v_c \end{bmatrix}$，$\begin{bmatrix} i_{ld} \\ i_{lq} \\ i_{l0} \end{bmatrix} = \boldsymbol{T} \cdot \begin{bmatrix} i_{la} \\ i_{lb} \\ i_{lc} \end{bmatrix}$，$\begin{bmatrix} i_d \\ i_q \\ i_0 \end{bmatrix} = \boldsymbol{T} \cdot \begin{bmatrix} i_a \\ i_b \\ i_c \end{bmatrix}$。

根据式（3-11），对式（3-2）进行 Park 变换，把各交流量转换到 $dq0$ 坐标系中，可得

$$\begin{cases} C\dfrac{dv_d}{dt} = i_{ld} - i_d - \omega C v_q \\[2mm] C\dfrac{dv_q}{dt} = i_{lq} - i_q + \omega C v_d \\[2mm] C\dfrac{dv_0}{dt} = i_{l0} - i_0 \\[2mm] L\dfrac{di_{ld}}{dt} = u_d - v_d - r i_{ld} - \omega L i_{lq} \\[2mm] L\dfrac{di_{lq}}{dt} = u_q - v_q - r i_{lq} + \omega L i_{ld} \\[2mm] L\dfrac{di_{l0}}{dt} = u_0 - v_0 - r i_{l0} \end{cases} \tag{3-13}$$

从式（3-13）可以得到在 S 域中，输出 LC 滤波器在同步旋转坐标系下的模

型结构如图 3-15 所示，可以看出，$dq0$ 坐标下变量之间存在着强耦合关系。

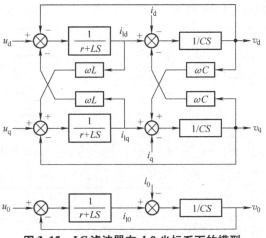

图 3-15　LC 滤波器在 $dq0$ 坐标系下的模型

同样利用式（3-11），对式（3-1）进行 Park 变换，这样开关函数就从三相静止坐标系 abc 中转换到同步旋转坐标系 $dq0$ 中，即

$$\begin{bmatrix} u_d \\ u_q \\ u_0 \end{bmatrix} = \begin{bmatrix} S_d \\ S_q \\ S_0 \end{bmatrix} \cdot \frac{U_{dc}}{2} \tag{3-14}$$

式中，$\begin{bmatrix} S_d \\ S_q \\ S_0 \end{bmatrix} = \boldsymbol{T} \cdot \begin{bmatrix} S_a \\ S_b \\ S_c \end{bmatrix}$。

把式（3-14）代入式（3-13），可得

$$\begin{cases} C\dfrac{dv_d}{dt} = i_{ld} - i_d - \omega C v_q \\[2mm] C\dfrac{dv_q}{dt} = i_{lq} - i_q + \omega C v_d \\[2mm] C\dfrac{dv_0}{dt} = i_{l0} - i_0 \\[2mm] L\dfrac{di_{ld}}{dt} = \dfrac{U_{dc}}{2}S_d - v_d - r i_{ld} - \omega L i_{lq} \\[2mm] L\dfrac{di_{lq}}{dt} = \dfrac{U_{dc}}{2}S_q - v_q - r i_{lq} + \omega L i_{ld} \\[2mm] L\dfrac{di_{l0}}{dt} = \dfrac{U_{dc}}{2}S_0 - v_0 - r i_{l0} \end{cases} \tag{3-15}$$

由式（3-15）可以得到，在 S 域中，三相 VSC 在同步旋转坐标系 $dq0$ 下的开关函数模型结构如图 3-16 所示。

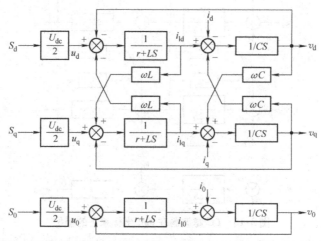

图 3-16　三相 VSC 在 $dq0$ 坐标下的开关函数模型结构图

式（3-15）和图 3-16 描述的是三相 VSC 在同步旋转坐标系 $dq0$ 下的开关函数模型，由于开关函数（S_d，S_q，S_0）的存在，该模型仍然呈典型的非线性，不利于控制器的设计。

在三相静止坐标系 abc 下，利用同样的方法，对 VSC 一般数学模型中的另一种形式——状态空间平均模型进行 Park 变换，就得到了三相 VSC 在同步旋转坐标系 $dq0$ 下的状态空间平均模型。

利用式（3-11），对式（3-8）进行 Park 变换，将三相静止坐标系 abc 下的 PWM 占空比 $[d_a, d_b, d_c]^T$ 变换为同步旋转坐标系 $dq0$ 下的 $[d_d, d_q, d_0]^T$，即

$$\begin{bmatrix} d_d \\ d_q \\ d_0 \end{bmatrix} = \begin{bmatrix} \dfrac{m}{2} \\ 0 \\ \dfrac{\sqrt{2}}{2} \end{bmatrix} \tag{3-16}$$

同样，对式（3-9）进行 Park 变换，得到基于状态空间平均法表示的三相桥输出电压在同步旋转坐标系 $dq0$ 下的变量 $[\bar{u}_d, \bar{u}_q, \bar{u}_0]^T$，即

$$\begin{bmatrix} \bar{u}_d \\ \bar{u}_q \\ \bar{u}_0 \end{bmatrix} = \begin{bmatrix} d_d \\ d_q \\ d_0 \end{bmatrix} \cdot \frac{U_{dc}}{2} \tag{3-17}$$

将式（3-17）代入式（3-13），可得

$$\begin{cases} C\dfrac{dv_{\mathrm{d}}}{dt} = i_{\mathrm{ld}} - i_{\mathrm{d}} - \omega C v_{\mathrm{q}} \\[2mm] C\dfrac{dv_{\mathrm{q}}}{dt} = i_{\mathrm{lq}} - i_{\mathrm{q}} + \omega C v_{\mathrm{d}} \\[2mm] C\dfrac{dv_{0}}{dt} = i_{\mathrm{l0}} - i_{0} \\[2mm] L\dfrac{di_{\mathrm{ld}}}{dt} = \dfrac{U_{\mathrm{dc}}}{2}d_{\mathrm{d}} - v_{\mathrm{d}} - r i_{\mathrm{ld}} - \omega L i_{\mathrm{lq}} \\[2mm] L\dfrac{di_{\mathrm{lq}}}{dt} = \dfrac{U_{\mathrm{dc}}}{2}d_{\mathrm{q}} - v_{\mathrm{q}} - r i_{\mathrm{lq}} + \omega L i_{\mathrm{ld}} \\[2mm] L\dfrac{di_{\mathrm{l0}}}{dt} = \dfrac{U_{\mathrm{dc}}}{2}d_{0} - v_{0} - r i_{\mathrm{l0}} \end{cases} \quad (3\text{-}18)$$

根据式（3-18）可以得到在 S 域中，三相 VSC 在同步旋转坐标系 $dq0$ 下的状态空间平均模型结构如图 3-17 所示。

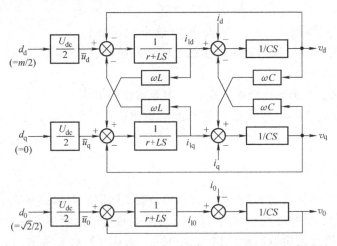

图 3-17 三相 VSC 在 $dq0$ 坐标下的状态空间平均模型结构图

式（3-18）和图 3-17 描述的是三相 VSC 在同步旋转坐标系 $dq0$ 下的状态空间平均模型，式（3-18）显然为一组线性的一阶常系数微分方程，图 3-17 在 S 域下，各量均为直流量，因此，该模型非常便于 VSC 控制器的设计。

3.3.2　V/f 控制

储能 PCS 的恒压恒频 V/f 控制，其目的是提供稳定的电压和频率支撑，可作为离网运行系统的平衡节点。通过设定电压与频率的参考值，实时检测 PCS 输

出端口电压与频率作为反馈，在同步坐标系 $dq0$ 下通过 PI 调节器的作用实现无差跟踪。

设定 d 轴电压 $u_d = U_m$，q 轴电压 $u_q = 0$，在三相对称情况下，$u_0 = 0$。控制器包括输出电压外环及滤波电感电流内环的双闭环结构，如图 3-18 所示。其中，电压外环是为实现输出电压跟踪给定值，电流内环则是为提高控制系统带宽及动态特性。

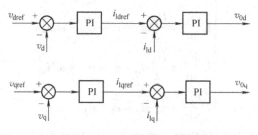

图 3-18 V/f 控制策略框图

图中，v_{dref}、v_{qref} 为 dq 轴电压给定值，v_d、v_q 为 dq 轴输出电压实际值，i_{ld}、i_{lq} 为 dq 轴电感电流实际值。V/f 控制下的 PCS 可视为理想电压源与输出阻抗串联模型，如图 3-19 所示。

图中，$G(s)$ 为电压增益，$Z_0(s)$ 为等效输出阻抗，u_{ref} 为电压给定值，u_0 与 i_0 分别为 PCS 的输出电压、电流实际值。

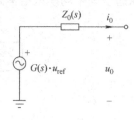

图 3-19 V/f 控制下的 PCS 戴维南等效模型

3.3.3 PQ 控制

储能 PCS 的恒功率 PQ 控制，其目的是提供给定的有功功率 P_{ref} 和无功功率 Q_{ref}，可作为系统中的 PQ 节点。其实现思路是将功率给定值 P_{ref}、Q_{ref} 转化为有功电流给定值与无功电流给定值 i_{dref}、i_{qref}，如式（3-19）和式（3-20）所示，再通过 PI 控制器进行闭环控制。控制框图如图 3-20 所示[57]。

$$P_{ref} = \frac{3}{2}(u_d \cdot i_d + u_q \cdot i_q) = \frac{3}{2}u_d \cdot i_d$$

$$Q_{ref} = \frac{3}{2}(u_q \cdot i_d - u_d \cdot i_q) = -\frac{3}{2}u_d \cdot i_q \tag{3-19}$$

故，

$$i_d = \frac{2}{3}\frac{P_{\text{ref}}}{u_d}$$

$$\text{(3-20)}$$

$$i_q = -\frac{2}{3}\frac{Q_{\text{ref}}}{u_q}$$

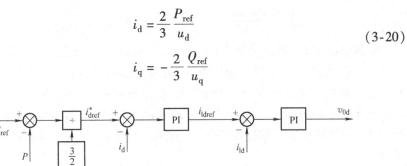

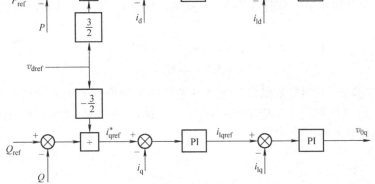

图 3-20　PQ 控制策略框图

图中，P 和 Q 分别为 PCS 输出的有功功率和无功功率值，i_d 和 i_q 分别为输出电流 dq 轴分量，i_{ld} 和 i_{lq} 分别为滤波电感电流 dq 轴分量。PQ 控制下 PCS 可等效为理想电流源与输出并联阻抗的形式，如图 3-21 所示。

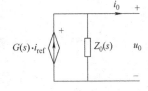

图 3-21　PQ 控制下的 PCS 诺顿等效模型

图中，$G(s)$ 为电流增益，$Z_0(s)$ 为等效输出阻抗，i_{ref} 为电流给定值，u_0 与 i_0 分别为 PCS 的输出端的电压、电流实际值。

3.3.4　下垂控制

下垂控制通过模拟传统同步发电机组的静态功频特性，使 PCS 在外端口上具备类似同步发电机组的下垂特性。在这种控制下，PCS 具备类似于常规同步发电机组的一次调频能力，既可单独为系统提供电压和频率支撑，也可以通过多个单元并联运行共同提供电压和频率支撑。

PCS 接入交流母线的等效模型如图 3-22 所示。传统的下垂思路是假设连接线路呈感性，即 $X \gg R$，此时 $\theta = 90°$，PCS 的功率传输表达式为

$$P = \frac{EV}{X}\sin\phi$$

$$\text{(3-21)}$$

$$Q = \frac{EV\cos\phi - V^2}{X} \qquad (3-22)$$

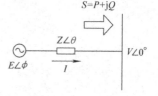

图 3-22 PCS 接入交流
母线等效模型

实际中 ϕ 很小，所以近似认为 $\sin\phi \approx \phi$，$\cos\phi \approx 1$，可见有功功率 P 主要取决于电压相角 ϕ，而无功功率 Q 主要取决于电压幅值 E。由于相角 ϕ 是角频率 ω 的积分（$\omega = \mathrm{d}\phi/\mathrm{d}t$），故可以通过调节 ω 来动态调节 ϕ。因此确定下垂特性如图 3-23 所示，其关系式为

$$\omega = \omega^* + m(P_0 - P) \qquad (3-23)$$

$$E = E^* + n(Q_0 - Q) \qquad (3-24)$$

式中，ω^* 和 E^* 为 PCS 空载输出电压的角频率与幅值，m 和 n 为相应的下垂系数。在 $X \gg R$ 的情况下，应用 $P-\omega/Q-v$ 下垂法能够较好地实现负荷电流在并联单元间的平均分配[58,59]。

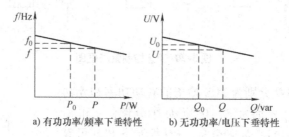

a) 有功功率/频率下垂特性   b) 无功功率/电压下垂特性

图 3-23 $P-\omega/Q-v$ 下垂曲线

然而，在低压电网中，线路呈阻性[60]，如果仍采用式（3-23）和式（3-24）的下垂关系，则会导致并联 PCS 间产生无功环流，严重时甚至会发生某些单元倒吸无功功率的情况[61]。在 $R \gg X$ 的情况下，PCS 输出的功率为

$$P = \frac{E(E\cos\phi - V)}{R} \qquad (3-25)$$

$$Q = \frac{EV}{R}\sin\phi \qquad (3-26)$$

可以看出，有功功率 P 主要取决于电压幅值 E，而无功功率 Q 主要取决于电压幅值 ϕ。因此适合的下垂特性如图 3-24 所示，其关系式应为

$$\omega = \omega^* + m(Q_0 - Q) \qquad (3-27)$$

$$E = E^* + n(P_0 - P) \qquad (3-28)$$

从理论上讲，上述 $P-v/Q-\omega$ 下垂能较合理地实现低压电网中并联 PCS 间的均衡，但在实际应用中仍然存在许多问题。首先，低压线路中，虽然阻抗往往大于感抗，但一般难以达到 $R \gg X$ 状态，使得采用 $P-v/Q-\omega$ 下垂的均流效果

变差；其次，电网中的有功载荷往往远高于无功载荷，因此更希望通过全局量 ω 来精确分配电源间有功出力 P。而 E 作为局部量，受线路差异影响较大，难以用来精确调节 P，会造成有功环流，这要远比无功环流更严重；再者，由于 $P-v/Q-\omega$ 下垂与

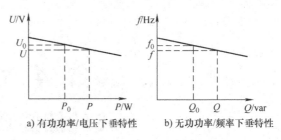

a) 有功功率/电压下垂特性　　b) 无功功率/频率下垂特性

图 3-24　$P-v/Q-\omega$ 下垂曲线

同步发电机组的特性相反，使得 PCS 与同步发电机组并联运行存在控制上的困难。

表 3-2　不同电压等级下的典型线路参数表

类型	电阻 $r/(\Omega/km)$	电阻 $X/(\Omega/km)$	阻抗比 r/X
低压线路	0.642	0.101	6.35
中压线路	0.161	0.190	0.85
高压线路	0.060	0.191	0.31

综上所述，不论 $P-\omega/Q-v$ 下垂还是 $P-v/Q-\omega$ 下垂，在中低压电网中的应用都存在问题。其根本原因是由于线路阻抗特性（见表 3-2）发生变化，导致功率传输特性与大电网中不同。为解决此问题，可以引入虚拟阻抗技术，对线路阻抗特性进行修正，抑制并联单元间的环流，这些将在后面章节详述。

第 **4** 章

飞轮储能系统

飞轮储能将电能以机械能的形式存储在高速旋转的转子中，其技术核心是转子材料、支撑轴承与机电控制系统。本章主要介绍飞轮储能系统的主体结构、机电控制系统，以及充放电控制过程[62]。

4.1 飞轮储能系统的结构

飞轮储能系统一般由飞轮转子、支撑轴承、电机、保护外壳以及电力电子变换设备构成。充电时，电力变换电路控制电机运行在电动机模式，带动同轴连接的飞轮转子高速旋转，将电能转化为机械能，当飞轮转速达到设计上限时，认为系统已经充满能量，停止输入外部电能，进入待机状态；需要释放能量时，电力变换电路控制电机运行在发电机模式，将飞轮转子存储的机械能转化为电能向外供电。放电的具体表现为飞轮转速降低，直到设计下限，认为能量放尽，系统停止放电并准备重新进入充电状态。

由于飞轮储能具有高功率密度和能量密度、无环境污染、转换效率高、待机损耗小、使用寿命长、运行温度范围宽等特点，已在不间断电源、电能质量调节、电力系统调频、卫星姿态控制、轨道交通的制动能量回收、高功率负荷等领域获得了一定的应用。

一个典型的飞轮储能系统主体结构如图 4-1 所示[63]，其内部的电机既可以作为电动机运行，也可以作为发电机运行，电机与转子同轴连接，也可以设计为一体。由于采用真空容器和磁悬浮轴承，系统在待机状态的能量损耗非常低。

飞轮存储的能量可以表示为

$$\Delta E = \frac{1}{2}J(\omega_{max}^2 - \omega_{min}^2) \qquad (4-1)$$

式中，J 为转子的转动惯量，ω 为转子旋转角速度。

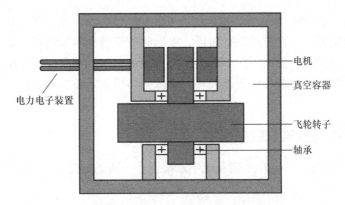

图 4-1　飞轮储能系统结构示意图

4.2　飞轮储能系统的主电路拓扑

飞轮储能系统通过电机控制器，对外也呈现出一定的直流电源特性，因而可以通过电压源型变流器 VSC 接入交流电网。

4.2.1　主电路拓扑

图 4-2 为基于背靠背双 PWM 变流器的飞轮储能系统主电路拓扑，由电网侧 LCL 滤波器、背靠背双 PWM 变流器、永磁同步电机、飞轮转子等组成。LCL 滤波器由电网侧电感 L_g、变流器侧电感 L_{conv}、滤波电容 C 组成；背靠背双 PWM 变流器由电网侧变流器、电机侧变流器、直流母线电容 C_{dc} 等组成。

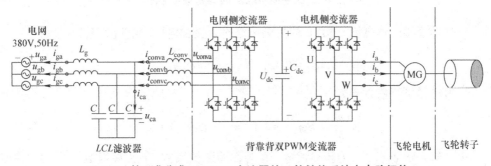

图 4-2　基于背靠背双 PWM 变流器的飞轮储能系统主电路拓扑

基于上述主电路拓扑结构，飞轮储能系统的并网充放电控制由电网侧变流器控制和电机侧变流器控制两部分组成，并先后经过预充电、预并网和并网运行 3 个阶段。其中，需要解决好飞轮转子转速控制、直流母线电压控制、并网质量跟踪控制等几个关键环节。在预充电、预并网阶段，电网侧变流器均采用不控整流的方式；电机侧变流器在预充电阶段采用速度外环控制方式，在预并网阶段采用电压外环控制方式。在并网运行阶段，电网侧变流器控制采用基于电网侧电感电流外环、变流器侧电感电流内环的直接功率控制策略，控制并网有功功率；电机侧变流器控制采用直流母线电压外环、电流内环的双闭环控制策略，控制直流母线电压。

4.2.2 永磁同步电机数学模型

在 dq 坐标系下，飞轮储能系统中永磁同步电机的电压电流关系为

$$\begin{cases} u_{md} = R_s i_{md} + L_d \dfrac{di_{md}}{dt} - \omega_e L_q i_{mq} \\ u_{mq} = R_s i_{mq} + L_q \dfrac{di_{mq}}{dt} + \omega_e L_d i_{md} + \omega_e \psi_f \end{cases} \quad (4\text{-}2)$$

式中，u_{md}、u_{mq} 分别为定子电压直轴和交轴分量，R_s 为定子电阻，i_{md}、i_{mq} 为直轴和交轴电枢电流，L_d、L_q 为直轴和交轴电感，ω_e 为电机的电角速度，ψ_f 为转子励磁磁链。

永磁同步电机直轴和交轴的等效电路分别如图 4-3a、b 所示。

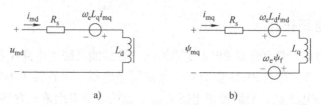

图 4-3 永磁同步电机 dq 轴等效电路图

采用直轴电枢电流 i_{md} 为 0 的控制策略时，交轴电压 – 电流关系为

$$u_{mq} = R_s i_{mq} + L_q \frac{di_{mq}}{dt} + \omega_e \psi_f \quad (4\text{-}3)$$

电机转矩平衡方程为

$$J \frac{d\omega_e}{dt} + B\omega_e = p \times T_e = \frac{3}{2} p^2 \psi_f i_{mq} = K_t i_{mq} \quad (4\text{-}4)$$

式中，$K_t = 3p^2 \psi_f / 2$，J 为转动惯量，B 为黏滞摩擦系数，p 为极对数，T_e 为电磁转矩。

4.2.3 电机侧控制器参数设计与稳定性

飞轮储能系统在并网运行控制时，电机侧控制器包括直流母线电压外环控制器和电流内环控制器[64]。

4.2.3.1　电流内环控制器参数设计及稳定性

根据式（4-3）、式（4-4），可得到电机侧交轴电流控制器如图4-4所示。

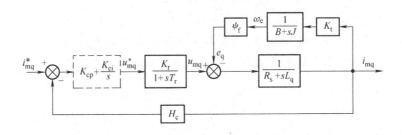

图 4-4　电机侧交轴电流控制器结构图

可推出交轴电流环闭环传递函数为

$$\frac{i_{mq}(s)}{i_{mq}^*(s)} = \frac{N_c(s)}{D_c(s)} \tag{4-5}$$

式中，

$$N_c(s) = K_a K_r (1 + sT_m)(K_{ci} + sK_{cp})$$
$$D_c(s) = (1 + sT_a)(1 + sT_m)(1 + sT_r)s + H_c K_a K_{ci} K_r (1 + sT_m) +$$
$$H_c K_a K_{cp} K_r (1 + sT_m)s + K_a K_m K_t \psi_f (1 + sT_r)s$$

其中，

$$K_a = 1/R_s, \quad T_a = L_q/R_s, \quad K_m = 1/B, \quad T_m = J/B$$

在带宽频率处，下列条件近似成立：

$$(1 + sT_r) \approx 1, \quad (1 + sT_m) \approx sT_m, \quad (1 + sT_a)(1 + sT_r) \approx 1 + sT_{ar}$$

式中，$T_{ar} = T_a + T_r$。

根据上述近似条件，式（4-5）可化简为

$$\frac{i_{mq}(s)}{i_{mq}^*(s)} = \frac{N'_c(s)}{D'_c(s)} \tag{4-6}$$

式中，

$$N'_c(s) = K_a K_r T_m K_{ci} (1 + sK_{cp}/K_{ci})$$
$$D'_c(s) = (T_{ar} T_m s^2 + T_m s + K_a K_m K_t \psi_f) + H_c K_a K_r T_m K_{ci} (1 + sK_{cp}/K_{ci})$$
$$= K_a K_m K_t \psi_f (1 + sT_1)(1 + sT_2) + H_c K_a K_r T_m K_{ci} (1 + sK_{cp}/K_{ci})$$
$$T_1 = 2T_{ar} T_m / (T_m + \sqrt{T_m^2 - 4T_{ar} T_m K_a K_m K_t \psi_f})$$
$$T_2 = 2T_{ar} T_m / (T_m - \sqrt{T_m^2 - 4T_{ar} T_m K_a K_m K_t \psi_f})$$

令

$$K_{cp}/K_{ci} = T_i \tag{4-7}$$

式（4-6）经过零极点对消可进一步化简为

$$\frac{i_{mq}(s)}{i_{mq}^*(s)} = \frac{K_i}{1+sT_i} = G_i(s) \tag{4-8}$$

式中，

$$K_i = K_a K_r T_m K_{ci} / (K_a K_m K_t \psi_f + H_c K_a K_r T_m K_{ci})$$

$$T_i = K_a K_m K_t \psi_f T_2 / (K_a K_m K_t \psi_f + H_c K_a K_r T_m K_{ci})$$

可得

$$K_{ci} = \frac{K_m K_t \psi_f (T_2 - T_i)}{H_c K_r T_m T_i} \tag{4-9}$$

经过简化，交轴电流环可从式（4-5）所示的 4 阶系统降为式（4-8）所示的 1 阶系统。由于 1 阶系统的调节时间：

$$t_s = 3T_i \tag{4-10}$$

故可根据系统所要求的电流环调节时间 t_s 确定 T_i，再根据 T_i 就可以按式（4-9）确定 K_{ci}，然后根据式（4-7）可确定 K_{cp}。

由 1 阶简化电流闭环传递函数式（4-8）可得，电流内环控制系统特征方程为 $1 + sT_i = 0$，其根为负数，因此可知电流内环控制系统稳定。

4.2.3.2 电压外环控制器参数设计及稳定性

电压外环控制器参数可先按预并网阶段设计，然后在实验中进行微调。在预并网阶段，电压控制环结构如图 4-5 所示，其中 $K_{Te} = 3p\psi_f/2$，由此可推出电压开环传递函数为

$$G_{u\_ol} = \frac{K_{ug} K_{up} (1 + sT_u)}{T_u s^2 (1 + sT_i)} \tag{4-11}$$

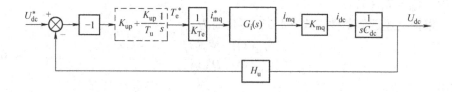

图 4-5 电机侧电压控制环结构图

电压闭环传递函数为

$$\frac{U_{dc}}{U_{dc}^*} = \frac{1}{H_u} \frac{(1 + sT_u)}{\dfrac{T_i T_u}{K_{ug} K_{up}} s^3 + \dfrac{T_u}{K_{ug} K_{up}} s^2 + (1 + sT_u)} \tag{4-12}$$

式中，$K_{ug} = \dfrac{H_u K_i K_{mq}}{K_{Te} C_{dc}}$

将电压闭环传递函数式（4-12）等效为如式（4-13）所示的阻尼比为 0.707 的对称优化函数。

$$\frac{U_{dc}(s)}{U_{dc}^*(s)} = \frac{1}{H_u} \frac{(1+sT_u)}{(\frac{1}{16}T_u^3)s^3 + (\frac{3}{8}T_u^2)s^2 + (1+sT_u)} \tag{4-13}$$

比较式（4-12）与式（4-13）可得

$$K_{up} = \frac{4}{9K_{ug}T_i}$$

$$K_{ui} = \frac{K_{up}}{T_u} = \frac{2}{27K_{ug}T_i^2}$$

$$T_u = 6T_i$$

由电压闭环传递函数式（4-13）可得，电机侧变流器控制系统的特征方程为

$$D_u(s) = (\frac{1}{16}T_u^3)s^3 + (\frac{3}{8}T_u^2)s^2 + T_u s + 1 = 0 \tag{4-14}$$

列出劳斯表，可得第一列元素分别为 $T_u^3/16$，$3T_u^2/8$，$5T_u/6$ 及 1。由于 $T_u = 6T_i > 0$，因此劳斯表的第一列元素均大于 0，根据劳斯稳定判据可知电机侧变流器控制系统是稳定的。

4.3　飞轮储能系统的运行控制

飞轮储能系统的并网控制过程由电网侧变流器和电机侧变流器两部分配合完成。整个控制过程的实现先后经过并网准备阶段（预充电、预并网）和并网运行阶段。

4.3.1　并网准备

并网准备阶段经历了上电开始后的预充电和随后的预并网过程。在预充电阶段，电网侧变流器采用不控整流的方式；电机侧变流器采用速度外环、电流内环的控制方式将飞轮电机加速至设定的转速。飞轮储能系统处于预充电阶段时，图 4-6 中逻辑开关 S 置位于 a 处。

当飞轮电机加速至设定的转速后，电网侧变流器控制方式不变，仍采用不控

整流；但电机侧变流器由速度外环切换到电压外环控制方式，此时飞轮储能系统进入预并网阶段。

由于电网不控整流得到的直流母线电压低于飞轮储能并网运行所需的直流母线电压，因此，电机侧变流器电压外环控制中的直流母线电压指令值 U_{dc}^* 需大于电网不控整流所得的直流母线电压值。由于电网线电压峰值低于飞轮电机正常运行所需的直流电压，电网电压被不控整流桥的二极管反向阻断，可以将电网侧变流器等效为开路，因此预并网阶段的飞轮电机可以看作是以电压外环空载放电。飞轮储能系统处于预并网阶段时，图 4-6 中逻辑开关 S 置位于 b 处。

4.3.2 并网运行

在进入预并网阶段后，使能电网侧变流器的 PWM 控制，而电机侧变流器以电压外环的控制方式不变，飞轮储能系统即进入并网运行阶段。

飞轮储能系统并网运行控制方法如图 4-7 所示。其中，电网侧变流器采用基于电网侧电感电流外环、变流器侧电感电流内环的直接功率控制策略，控制直流母线与电网之间的功率交换。电机侧变流器采用直流母线电压外环、电流内环的双闭环控制策略，维持直流母线电压恒定，并间接控制直流母线与飞轮电机之间的功率交换，以满足电网侧变流器对直流母线的功率需求。

当并网有功功率指令值 P^* 为正时，飞轮储能系统并网放电；当 P^* 为负且绝对值大于系统损耗时，飞轮储能系统并网充电。当不需要飞轮储能系统与电网进行无功功率交换时，可令并网无功功率指令值 $Q^*=0$。

当 P^* 为负时，电网向飞轮储能系统输入的有功功率大小为 $|P^*|$，而系统的总损耗 P_{loss}（$|P^*|$，ω_m）与 $|P^*|$ 及飞轮电机转速 ω_m 有关。这样，当 $|P^*|=P_{loss}(|P^*|,\omega_m)$ 时，电网向飞轮储能系统输入的有功功率与飞轮储能系统总损耗相等，飞轮电机转速将稳定在 ω_m。因此，当 $|P^*|=P_{loss}(|P^*|,\omega_m)$ 时，飞轮储能系统并网待机运行，所对应的待机转速为 ω_m。

4.3.3 飞轮储能实验

4.3.3.1 实验平台及主要参数

搭建飞轮储能系统实验平台，由三套飞轮系统组成阵列，包括飞轮储能控制器如图 4-8 所示，飞轮能量存储模块（包括永磁同步电机及飞轮转子）如图 4-9 所示。其中，永磁同步电机及飞轮转子主要参数见表 4-1，系统主电路参数见表 4-2，控制器参数见表 4-3。

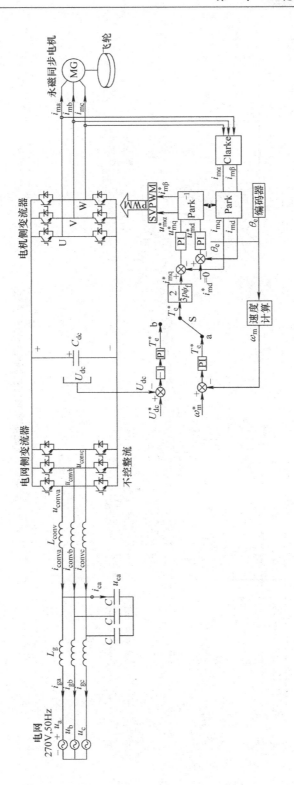

图 4-6　飞轮储能系统预充电与预并网控制方法

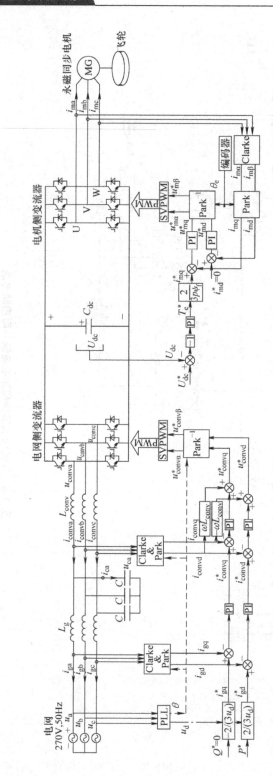

图 4-7 飞轮储能系统并网运行控制方法

图 4-8　飞轮储能控制器　　　　图 4-9　飞轮能量存储模块

表 4-1　永磁同步电机及飞轮转子参数

极对数 p	2	额定转速	5000r/min
额定电流	25A	额定转矩	14Nm
定子电阻 R_s	0.097Ω	励磁磁链 ψ_f	0.1286Wb
直轴电感 L_d	1.435mH	交轴电感 L_q	2.085mH
飞轮转动惯量 J	2.063kgm²	黏滞摩擦系数 B	0.0005Nm/(rad/s)

表 4-2　系统主电路参数

电网线电压有效值	270V	电网频率	50Hz
L_g	0.3mH	L_{conv}	0.8mH
C	60μF	U_{dc}^*	500V

表 4-3　控制器参数

电网侧变流器控制系统		电机侧变流器控制系统	
电网侧电流外环	变流器侧电流内环	直流母线电压外环	电流内环
$K_{gp} = 0.2$	$K_{ip} = 153$	$K_{up} = 0.8$	$K_{cp} = 48.5$
$K_{gi} = 300$	$K_{ii} = 307230$	$K_{ui} = 210$	$K_{ci} = 2226$

结合 K_r、T_r、K_{mq}、C_{dc}、H_c、H_u 等已知参数，可得电机侧变流器控制系统

参数。

设定电流内环要求的调节时间 $t_s = 2\text{ms}$，根据4.2节可得 $T_i = 0.000667\text{s}$，$T_1 = 0.0218$，$T_2 = 1.9949$，以及 $K_{ci} = 2226$，$K_{cp} = 48.5$。

将 $K_{cp} = 48.5$、$K_{ci} = 2226$ 及表中的数据分别代入式（4-5）和式（4-8），可以分别得出电机侧的4阶电流闭环传递函数伯德图、1阶简化电流闭环传递函数伯德图，如图4-10所示。可见，1阶简化模型在幅频特性与相频特性上与4阶精确模型较为接近，说明基于1阶简化模型的设计参数较为准确。

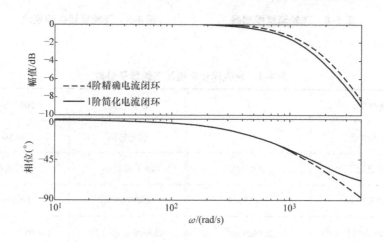

图4-10 4阶与1阶简化电机侧电流环伯德图

确定电流内环控制器的参数后，再进行直流母线电压外环控制器的参数设计。根据4.2节，可得 $K_i = 0.9997$，$K_{ug} = 793.86$，$K_{up} = 0.8$，$K_{ui} = 210$。图4-11为电压外环开环传递函数伯德图。

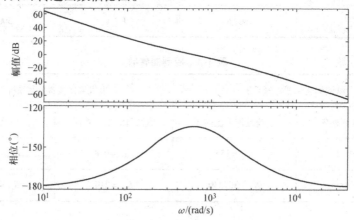

图4-11 电机侧电压开环伯德图

图中，幅频曲线的高频段衰减较快，系统具有较强的抗高频噪声的能力。此外，相频曲线始终在 $-180°$ 线以上，保证了系统的稳定性。

4.3.3.2 实验结果

在飞轮储能系统实验平台上，进行了预充电、预并网和并网运行实验研究，验证所提飞轮储能系统并网控制方法。

1. 预充电与预并网

预充电与预并网阶段的电网电压 u_a、并网电流 i_{ga}、直流母线电压 U_{dc}、飞轮电机转速 n 的波形如图 4-12 所示。

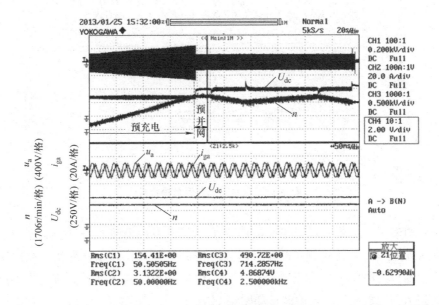

图 4-12　预充电与预并网实验波形

图中，在预充电阶段，飞轮电机以速度外环加速至预先设定的转速 4200r/min；在由预充电进入预并网瞬间，直流母线电压值由预充电阶段的约 380V（电网不控整流所得）跃变为飞轮电机以电压外环所控制的 500V。此外，在预并网阶段，虽然电网侧变流器相当于开路，但由于 LCL 滤波器中滤波电容 C 的存在，并网电流 i_{ga} 为一定的无功电流。

2. 并网运行

在预并网阶段将并网功率给定值 P^* 设为 $P^* = 1.6kW$，此时使能电网侧变流器 PWM 脉冲，系统即由预并网进入并网放电阶段。系统由预并网进入并网放电瞬间，电网电压 u_a、并网电流 i_{ga}、直流母线电压 U_{dc}、飞轮电机转速 n 的波形如图 4-13 所示。

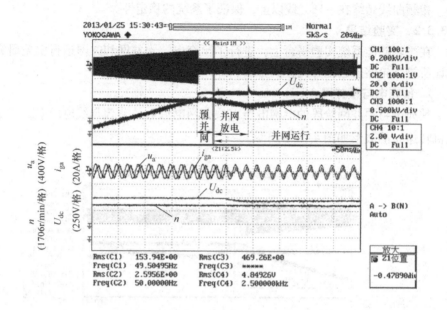

图 4-13 预并网到并网放电过渡

可以看出，使能电网侧变流器 PWM 脉冲后，并网电流 i_{ga} 很快调整至与电网电压 u_a 同相位，系统由预并网模式转入并网放电模式，响应速度快。在过渡过程中直流母线电压虽然会出现短暂下降，但能在短时间内回升并维持在 500V。系统进入并网放电后的实验波形如图 4-14 所示。

可以看出，在并网放电时，电网电压 u_a 与并网电流 i_{ga} 同相位，飞轮储能系统向电网提供恒定的有功功率；直流母线电压始终保持在 500V，飞轮转速由 4200r/min 下降至 3400r/min。

在飞轮转速下降至 3400r/min 时，将 $P^* = 1.6kW$ 变为 $P^* = -2kW$，系统即由并网放电转为并网充电，并网充电实验波形如图 4-15 所示。

可以看出，在并网充电时，电网电压 u_a 与并网电流 i_{ga} 相角相差 180°，飞轮储能系统从电网吸收恒定的有功功率；直流母线电压保持在 500V，飞轮转速由 3400r/min 又上升至 4200r/min，完成了一个并网充放电循环周期。并网放电到并网充电切换瞬间的实验波形如图 4-16 所示。

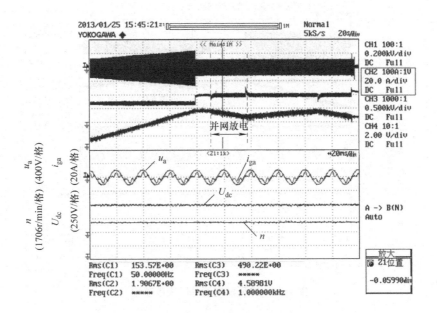

图 4-14　并网放电实验波形

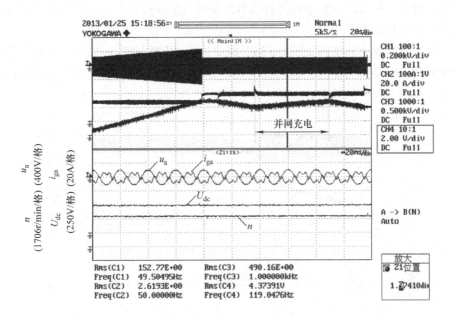

图 4-15　并网充电实验波形

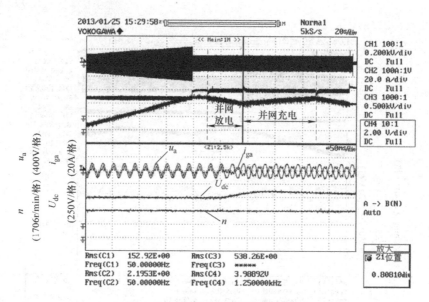

图 4-16　并网放电到并网充电过程

可以看出，系统能在很短时间（约 10ms）内由并网放电切换到并网充电，响应速度快；在过渡过程中直流母线电压虽然会出现短暂上升，但能在较短时间内恢复并保持在 500V。

在飞轮转速上升至 4200r/min 时，将 $P^* = -2kW$ 又变回 $P^* = 1.6kW$，系统即由并网充电又转为并网放电。并网充电到并网放电切换的实验波形如图 4-17 所示。

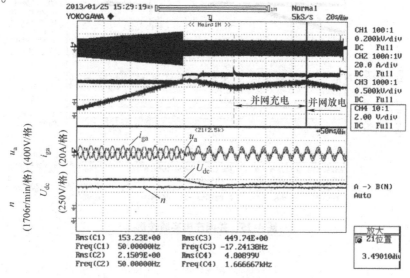

图 4-17　并网充电到并网放电过程

可以看出，系统可以快速由并网充电切换到并网放电，转换过程快；在过渡过程中直流母线电压虽然会出现短暂下降，但能在较短时间内回升并维持在 500V。

由此可见，飞轮储能作为典型的机电控制系统，具有功率密度大、运行效率高、充放电切换快、运行稳定性高、循环寿命长等优点。当然，也存在整体结构复杂、机械要求高、控制系统复杂等问题。根据飞轮储能应用领域的特点，做好产品定位，实现模块化、系列化生产，并发挥多单元组合运行的飞轮阵列技术，可以提高飞轮储能的技术经济性。

第 5 章
复合储能系统

根据应用需求，将两种或以上性能互补的储能系统组合使用，是解决目前单一储能技术经济性不足的有效途径。本章分析了复合储能在总体性能上的提升，以及相应的组合控制策略。

5.1 复合储能的提出

供电系统或电源系统面临着越来越多的脉动性负载需求，如电动汽车、移动数字设备、定向能武器，以及电力系统的多种辅助服务等，其典型特征是峰值功率很高，但平均功率较低。比如，一辆轻型客车，在行驶过程中的平均功率约为 10kW，但当客车加速时，所需的峰值功率约为 60kW[65]，是平均功率的 6 倍，但持续时间一般仅为几秒钟。

各类电化学电池作为广泛应用的储能技术，由于在能量的存储过程中要发生电化学反应，并受到参与反应的离子扩散速度的影响，其大功率输出和输入能力不足。如果采用蓄电池作为脉动负载的主电源，需要配置很大的容量，才能满足负载的峰值功率需求，造成了较大的容量浪费和成本增加，并导致电源系统庞大而笨重。此外，当驱动大功率负载时，蓄电池的内部损耗和发热量大，端电压出现较大的跌落，甚至会过早出现过放电保护而停止供电。

超级电容器、飞轮等功率型储能技术的优点是功率密度大，充放电速度快，储能效率高，循环寿命长，但缺点是能量密度偏低，不适宜于大容量、长时间的电力储能应用。可见，超级电容器等功率型储能与蓄电池在技术性能上具有较强的互补性，如果将两者组合使用，使蓄电池能量密度大与超级电容器功率密度大、充放电速度快、储能效率高，以及循环寿命长等特点相结合，将会给储能系统带来很大的性能提升。

大量研究表明，超级电容器通过一定的方式与蓄电池组合使用，可以使储能装置具有很好的负载适应能力，能够提高供电的可靠性，缩小储能装置的体积，减轻重量，改善储能装置的经济性能等[66-68]。与超级电容器组合使用，可以减小蓄电池的输出电流峰值，降低内部损耗，延长放电时间，还可以优化蓄电池的充放电过程，延缓老化和失效进程。参考文献［69，70］将超级电容器作为功率缓冲器，与蓄电池并联使用，应用于电动汽车或混合动力汽车，以对蓄电池在汽车加速、减速时所需的输出、吸收瞬时大功率进行缓冲，以减小电机对蓄电池的峰值功率需求，减小蓄电池的安装容量，延长使用寿命。参考文献［71－73］指出，由于超级电容器蓄电池复合电源具有良好的脉冲功率特性，用于移动通信设备上具有较大的性能优势。参考文献［74］将超级电容器和 Ni－MH 蓄电池复合储能应用于固定通信台站独立光伏系统，蓄电池的体积和重量可以缩减50%。此外，在独立光伏系统中采用复合储能，可以减少蓄电池的充放电循环次数，优化充电过程，提高系统的能量转化效率[75－78]。

由此可见，采用性能互补性强的复合储能技术，是解决单一储能技术不足，提高供电系统或电源系统技术经济性的重要途径。本章以蓄电池和超级电容器为例，对其复合后的性能进行分析论证。

5.2 复合储能系统模型与分析

5.2.1 复合储能系统建模

为了简化分析过程，可以将蓄电池的模型简化为理想电压源与等效内阻的串联，将超级电容器模型简化为理想电容器与等效内阻的串联，由于主要考虑系统的动态性能，对并联内阻可以不予考虑。超级电容器蓄电池的直接并联储能模型如图 5-1a 所示[43]。

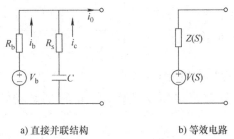

a) 直接并联结构   b) 等效电路

图 5-1 超级电容器蓄电池直接并联等效电路模型

图中，R_s 为超级电容器的等效串联内阻，R_b 为蓄电池的等效串联内阻，i_c 为超级电容器支路的电流，i_b 为蓄电池支路的电流，i_0 为负载电流。

将图 5-1a 中的电路模型进行拉普拉斯变换，并进行戴维南简化，可以得到图 5-1b 所示的简化模型，其中，

$$V(S) = \frac{V_b}{S} + \frac{R_b}{R_b + R_s} \frac{V_{co} - V_b}{S + \dfrac{1}{(R_b + R_s)C}} \tag{5-1}$$

$$Z(S) = R_b // \left(R_s + \frac{1}{SC} \right) = \frac{R_b R_s}{R_b + R_s} \frac{S + \dfrac{1}{R_s C}}{S + \dfrac{1}{(R_b + R_s)C}} \tag{5-2}$$

对于脉动功率负载，设脉动周期为 T，占空比为 D，电流峰值为 I_0，则电流 $i_0(t)$ 可表示为

$$i_0(t) = I_0 \sum_{k=0}^{N-1} \left[\varphi(t - kT) - \varphi(t - (k+D)T) \right] \quad k = 0, 1, 2\cdots \tag{5-3}$$

式中，$\varphi(t)$ 是标准阶跃函数。将式（5-3）进行拉普拉斯变换，可以得到脉动负载电流的频域表达式：

$$I_0(S) = I_0 \sum_{k=0}^{N-1} \left[\frac{e^{-kTS}}{S} - \frac{e^{-(k+D)TS}}{S} \right] \tag{5-4}$$

脉动电流在复合储能系统的等效内阻上产生脉动电压降 $V_Z(S)$：

$$V_Z(S) = \frac{R_b R_s I_0}{R_b + R_s} \sum_{k=0}^{N-1} \left[\frac{S + \dfrac{1}{R_s C}}{S + \dfrac{1}{(R_b + R_s)C}} \frac{e^{-kTS} - e^{-(k+D)TS}}{S} \right] \tag{5-5}$$

则脉动电流在负载上产生的电压降 $V_0(S)$：

$$V_0(S) = \frac{V_b}{S} + \frac{R_b}{R_b + R_s} \frac{V_{co} - V_b}{S + \dfrac{1}{(R_b + R_s)C}} -$$

$$\frac{R_b R_s I_0}{R_b + R_s} \sum_{k=0}^{N-1} \left[\frac{S + \dfrac{1}{R_s C}}{S + \dfrac{1}{(R_b + R_s)C}} \frac{e^{-kTS} - e^{-(k+D)TS}}{S} \right] \tag{5-6}$$

式中，V_{co} 为理想电容器 C 的初始电压。

将式（5-6）进行拉普拉斯反变换，可以得到脉动负载电压降的时域表达式：

$$v_0(t) = v_b + \frac{R_b}{R_b + R_s}(V_{co} - V_b) e^{-\frac{t}{(R_b + R_s)C}} -$$

$$R_b I_0 \sum_{k=0}^{N-1} \left[\left(1 - \frac{R_b}{R_b + R_s} e^{-\frac{t - kT}{(R_b + R_s)C}} \right) \varphi(t - kT) - \right.$$

$$\left. \left(1 - \frac{R_b}{R_b + R_s} e^{-\frac{t - (k+D)T}{(R_b + R_s)C}} \right) \varphi(t - (k+D)T) \right] \tag{5-7}$$

由此，可得蓄电池支路的电流：

$$i_b(t) = -\frac{(V_{co} - V_b)}{R_b + R_s}e^{-\frac{t}{(R_b+R_s)C}} +$$

$$I_0 \sum_{k=0}^{N-1} \left[\left(1 - \frac{R_b}{R_b + R_s}e^{-\frac{t-kT}{(R_b+R_s)C}} \right)\varphi(t - kT) - \right.$$

$$\left. \left(1 - \frac{R_b}{R_b + R_s}e^{-\frac{t-(k+D)T}{(R_b+R_s)C}} \right)\varphi(t - (k + D)T) \right] \tag{5-8}$$

超级电容器支路的电流：

$$i_c(t) = \frac{V_{co} - V_b}{R_b + R_s}e^{-\frac{t}{(R_b+R_s)C}} + I_0 \sum_{k=0}^{N-1} \left[\frac{R_b}{R_b + R_s}e^{-\frac{t-kT}{(R_b+R_s)C}}\varphi(t - kT) - \right.$$

$$\left. \frac{R_b}{R_b + R_s}e^{-\frac{t-(k+D)T}{(R_b+R_s)C}}\varphi(t - (k + D)T) \right] \tag{5-9}$$

稳态时，蓄电池支路的电流：

$$i_{bss}(t) = I_0 \sum_{k=0}^{N-1} \left[\left(1 - \frac{R_b}{R_b + R_s}e^{-\frac{t-kT}{(R_b+R_s)C}} \right)\varphi(t - kT) - \right.$$

$$\left. \left(1 - \frac{R_b}{R_b + R_s}e^{-\frac{t-(k+D)T}{(R_b+R_s)C}} \right)\varphi(t - (k + D)T) \right] \tag{5-10}$$

稳态时，超级电容器支路的电流：

$$i_{css}(t) = \frac{R_b I_0}{R_b + R_s} \sum_{k=0}^{N-1} \left[e^{-\frac{t-kT}{(R_b+R_s)C}}\varphi(t - kT) - e^{-\frac{t-(k+D)T}{(R_b+R_s)C}}\varphi(t - (k + D)T) \right]$$

$$\tag{5-11}$$

通过以上对超级电容器与蓄电池复合储能的建模，可以定量分析复合储能系统在性能方面的改善，包括峰值功率能力的提高，内部损耗的减小，工作时间的延长等[66]。

5.2.2　功率能力的提高

基于上述分析，对稳态时蓄电池支路和超级电容器支路的电流进行仿真。设定 $R_b = 200\text{m}\Omega$，$R_s = 10\text{m}\Omega$，$C = 200\text{F}$，负载的脉动周期 $T = 2\text{s}$，占空比 $D = 0.2$，电流幅值 $I_0 = 5\text{A}$。

复合储能系统的工作过程如图 5-2 所示。在负载功率脉动期间，蓄电池和超级电容器均输出电流，共同向负载供电，但蓄电池的放电电流较小；在负载停止工作期间，蓄电池继续输出电流，给超级电容器充电。可见，采用复合储能，可以大幅减小蓄电池在负载功率脉动时的输出电流峰值。

对于蓄电池支路，当 $t = (k + D)T$ 时，输出电流 $i_{bss}(t)$ 达到最大值：

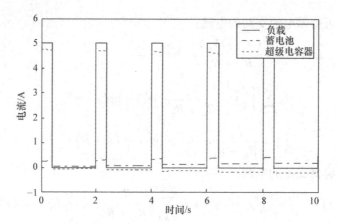

图5-2　负载功率脉动时复合储能系统的响应

$$I_{\text{bpeak}} = I_0 \left(1 - \frac{R_{\text{b}} e^{-\frac{DT}{(R_{\text{b}}+R_{\text{s}})C}}}{R_{\text{b}} + R_{\text{s}}} \frac{1 - e^{-\frac{(1-D)T}{(R_{\text{b}}+R_{\text{s}})C}}}{1 - e^{-\frac{T}{(R_{\text{b}}+R_{\text{s}})C}}} \right) = \frac{I_0}{\gamma} \tag{5-12}$$

式中，γ 恒大于1。因此，当蓄电池与超级电容器并联驱动脉动负载时，蓄电池支路的最大输出电流值小于脉动负载的电流幅值，大部分负载电流由超级电容器支路分担。由于超级电容器的功率密度大，电流输出能力强，因此，复合储能系统的功率能力提高了。

假设蓄电池的工作电压为 V_{b}，则其最大输出功率为

$$P_{\text{b,peak}} = I_{\text{b,peak}} \cdot V_{\text{b}} \tag{5-13}$$

将蓄电池与超级电容器按照图 5-1a 所示的结构直接并联，则复合储能系统的最大电流由蓄电池的最大电流决定，即

$$I_{\text{bc,peak}} = \gamma \cdot I_{\text{b,peak}} \tag{5-14}$$

而复合储能系统的最大输出功率：

$$P_{\text{bc,peak}} = I_{\text{bc,peak}} \cdot V_{\text{b}} = \gamma \cdot I_{\text{b,peak}} \cdot V_{\text{b}} = \gamma \cdot P_{\text{b,peak}} \tag{5-15}$$

可见，复合储能系统的最大功率为蓄电池单独工作时的 γ 倍，功率能力大大提升了。

定义 γ 为复合储能系统的功率增强因子[67]。γ 越大，超级电容器对复合储能系统的功率提升作用就越大。

$$\gamma = \left(1 - \frac{R_{\text{b}} e^{-\frac{DT}{(R_{\text{b}}+R_{\text{s}})C}}}{R_{\text{b}} + R_{\text{s}}} \frac{1 - e^{-\frac{(1-D)T}{(R_{\text{b}}+R_{\text{s}})C}}}{1 - e^{-\frac{T}{(R_{\text{b}}+R_{\text{s}})C}}} \right)^{-1} \tag{5-16}$$

式中，γ 值与负载的参数相关，包括脉动周期和占空比；γ 还与超级电容器组和蓄电池组的参数相关，包括蓄电池组的内阻、超级电容器组的内阻和电容量等。

图 5-3 说明了功率增强因子 γ 与脉动负载参数的关系。脉动负载的占空比越

小，γ 越大；周期越短，γ 越大，超级电容器对复合储能系统的功率提升作用就越大。对于占空比的极限情况 $D=0$，由式（5-16）可知，γ 达到了最大值：

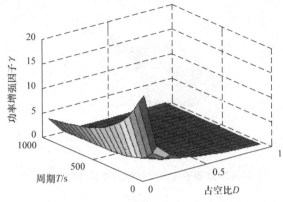

图 5-3　功率增强因子与负载参数的关系

$$\gamma_{\max} = \frac{R_{\mathrm{b}} + R_{\mathrm{s}}}{R_{\mathrm{s}}} = 1 + \frac{R_{\mathrm{b}}}{R_{\mathrm{s}}} \qquad (5\text{-}17)$$

式（5-17）说明，复合储能系统的最大功率增强能力取决于蓄电池组和超级电容器组的等效串联内阻，超级电容器组的等效内阻越小，功率增强能力越大。本例中，蓄电池组和超级电容器组的串联内阻分别为 $R_{\mathrm{b}} = 200\mathrm{m}\Omega$，$R_{\mathrm{s}} = 10\mathrm{m}\Omega$，功率增强因子的最大值为 21。

对于超级电容器组来说，等效串联内阻除了取决于单体电容器的性能外，还与串并联数量有关，设单体超级电容器的内阻为 R_{sc}，电容量为 C_{s}，采用 N_{s} 串 N_{p} 并的组合方式。定义 m 为超级电容器组的结构系数：

$$m = \frac{N_{\mathrm{p}}}{N_{\mathrm{s}}} \qquad (5\text{-}18)$$

则组合后的 $R_{\mathrm{s}} = R_{\mathrm{sc}}/m$，$C = mC_{\mathrm{s}}$。因此，增大超级电容器组的结构系数 m，可以提高混合储能系统的功率提升能力。

图 5-4 所示为蓄电池组和超级电容器组的等效串联内阻对 γ 的影响。可以看出，超级电容器组的等效串联内阻越小，γ 越大，超级电容器对复合储能系统的功率提升作用就越大。

可见，超级电容器－蓄电池复合储能系统非常适宜于峰值功率很高但平均功率较低的脉动功率应用场合。当然，在实际设计中，往往需要根据脉动负载的实际情况，采用多个超级电容器支路并联的形式，以使其等效串联内阻减小到一定的程度。

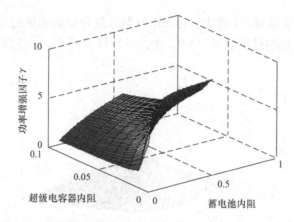

图5-4 功率增强因子与储能内阻的关系（$D=0.1$，$T=1\text{s}$）

5.2.3 内部损耗的降低

由图5-2可以看出，在负载功率脉动期间，由于负载电流大部分由内阻很小的超级电容器支路承担，因而复合储能系统的内部损耗降低了，蓄电池的发热量也减小了。

当蓄电池单独供电时，驱动脉动负载时能够输出的总能量：

$$W_b = (V_b\sqrt{D}I_0 - R_bDI_0^2)\tau_{bo} = V_b\sqrt{D}I_0\left(1 - \frac{R_b\sqrt{D}I_0}{V_b}\right)\tau_{bo} = V_{bo}I_{o,rms}\tau_{bo}$$

$$(5-19)$$

式中，τ_{bo}是蓄电池的总放电时间，V_{bo}是蓄电池组的输出电压，$I_{o,rms}$是蓄电池组输出电流的有效值。

$$V_{bo} = V_b(1 - \delta\sqrt{D}) \tag{5-20}$$

$$I_{o,rms} = \sqrt{D}I_0 \tag{5-21}$$

式中，δ是负载电流幅值与蓄电池组短路电流之比，定义为负载电流率：

$$\delta = \frac{R_bI_0}{V_b} \tag{5-22}$$

假设蓄电池工作于理想$A-h$特性，放电深度可以达到100%，则蓄电池组在放电过程中的损耗：

$$W_i = R_bI_{o,rms}^2\tau_{bo} = R_bDI_0^2\tau_{bo} \tag{5-23}$$

将蓄电池组和超级电容器组如图5-1所示直接并联。根据蓄电池组电流的有效值和超级电容器组电流的有效值，可以计算出复合储能系统的总能量损耗。式（5-10）给出了稳态时蓄电池支路的电流瞬时值，其中，第n个周期脉动电流的瞬时值：

$$i_{\mathrm{bss}}^{nth}(t) = I_0 \sum_{k=0}^{n} \left[\left(1 - \frac{R_{\mathrm{b}}}{R_{\mathrm{b}} + R_{\mathrm{s}}} \mathrm{e}^{-\frac{t-kT}{(R_{\mathrm{b}}+R_{\mathrm{s}})C}} \right) \varphi(t - kT) - \right.$$

$$\left. \left(1 - \frac{R_{\mathrm{b}}}{R_{\mathrm{b}} + R_{\mathrm{s}}} \mathrm{e}^{-\frac{t-(k+D)T}{(R_{\mathrm{b}}+R_{\mathrm{s}})C}} \right) \varphi(t - (k+D)T) \right] \cdot$$

$$[\varphi(t - nT) - \varphi(t - (n+1)T)] \tag{5-24}$$

则蓄电池组电流的有效值：

$$I_{\mathrm{b,rms}} = \sqrt{\frac{1}{T} \int_{nT}^{(n+1)T} [i_{\mathrm{bss}}^{nth}]^2 \mathrm{d}t}$$

$$= \sqrt{D} I_0 \sqrt{1 + \frac{R_{\mathrm{b}}}{R_{\mathrm{b}} + R_{\mathrm{s}}} \frac{2\left(1 - \mathrm{e}^{-\frac{DT}{(R_{\mathrm{b}}+R_{\mathrm{s}})C}}\right)}{\frac{DT}{(R_{\mathrm{b}}+R_{\mathrm{s}})C}} \left(\frac{1 - \mathrm{e}^{-\frac{DT}{(R_{\mathrm{b}}+R_{\mathrm{s}})C}}}{1 - \mathrm{e}^{\frac{T}{(R_{\mathrm{b}}+R_{\mathrm{s}})C}}} - 1 \right) + \left(\frac{R_{\mathrm{b}}}{R_{\mathrm{b}} + R_{\mathrm{s}}} \right)^2 \frac{\left(\mathrm{e}^{\frac{DT}{(R_{\mathrm{b}}+R_{\mathrm{s}})C}} - 1\right)\left(1 - \mathrm{e}^{\frac{(1-D)T}{(R_{\mathrm{b}}+R_{\mathrm{s}})}}\right)}{\frac{DT}{(R_{\mathrm{b}}+R_{\mathrm{s}})C}\left(1 - \mathrm{e}^{\frac{T}{(R_{\mathrm{b}}+R_{\mathrm{s}})}}\right)}}$$

$$= \sqrt{D} I_0 \lambda \tag{5-25}$$

同样，对于超级电容器组，第 n 个周期脉动电流的瞬时值：

$$i_{\mathrm{css}}^{nth}(t) = \frac{R_{\mathrm{b}} I_0}{R_{\mathrm{b}} + R_{\mathrm{s}}} \sum_{k=0}^{n} \left[\mathrm{e}^{-\frac{t-kT}{(R_{\mathrm{b}}+R_{\mathrm{s}})C}} \varphi(t - kT) - \mathrm{e}^{-\frac{t-(k+D)T}{(R_{\mathrm{b}}+R_{\mathrm{s}})C}} \varphi(t - (k+D)T) \right] \cdot$$

$$[\varphi(t - nT) - \varphi(t - (n+1)T)] \tag{5-26}$$

则超级电容器组电流的有效值：

$$I_{\mathrm{c,rms}} = \sqrt{\frac{1}{T} \int_{nT}^{(n+1)T} [i_{\mathrm{css}}^{nth}]^2 \mathrm{d}t}$$

$$= \sqrt{D} I_0 \sqrt{\left(\frac{R_{\mathrm{b}}}{R_{\mathrm{b}} + R_{\mathrm{s}}} \right)^2 \left[\frac{1}{(R_{\mathrm{b}} + R_{\mathrm{s}})CDT} \frac{\mathrm{e}^{\frac{DT}{(R_{\mathrm{b}}+R_{\mathrm{s}})C}} - \mathrm{e}^{\frac{T}{(R_{\mathrm{b}}+R_{\mathrm{s}})C}} - 1 + \mathrm{e}^{\frac{(1-D)T}{(R_{\mathrm{b}}+R_{\mathrm{s}})C}}}{1 - \mathrm{e}^{\frac{T}{(R_{\mathrm{b}}+R_{\mathrm{s}})C}}} \right]}$$

$$= \sqrt{D} I_0 \mu \tag{5-27}$$

由此，可得复合储能系统在放电时间 τ_{bc} 内的能量损耗：

$$W_{\mathrm{i,bc}} = (R_{\mathrm{b}} I_{\mathrm{b,rms}}^2 + R_{\mathrm{s}} I_{\mathrm{c,rms}}^2) \tau_{\mathrm{bc}} = R_{\mathrm{b}} D I_0^2 \left(\lambda^2 + \frac{R_{\mathrm{s}}}{R_{\mathrm{b}}} \mu^2 \right) \tau_{\mathrm{bc}} = R_{\mathrm{b}} D I_0^2 (1 - \varepsilon) \tau_{\mathrm{bc}}$$

$$\tag{5-28}$$

式中，

$$\varepsilon = 1 - \left(\lambda^2 + \frac{R_{\mathrm{s}}}{R_{\mathrm{b}}} \mu^2 \right) \tag{5-29}$$

对比式（5-28）与式（5-29），可得

$$\varepsilon = 1 - \frac{R_{\mathrm{b}} D I_0^2 (1 - \varepsilon)}{R_{\mathrm{b}} D I_0^2} = 1 - \frac{P_{\mathrm{i,bc}}}{P_{\mathrm{i,b}}} = \frac{P_{\mathrm{i,b}} - P_{\mathrm{i,bc}}}{P_{\mathrm{i,b}}} \tag{5-30}$$

式中，$P_{\mathrm{i,bc}}$ 为超级电容器 - 蓄电池复合储能系统的功率损耗，$P_{\mathrm{i,b}}$ 为蓄电池单独储能的功率损耗。因此，ε 表示复合储能系统功率损耗的节约率，定义为功率节

约因子[66]。

图 5-5 说明了功率节约因子 ε 与脉动负载参数的关系（$R_b = 200\text{m}\Omega$，$R_s = 10\text{m}\Omega$，$C = 200\text{F}$）。可见，负载占空比越小，脉动周期越短，ε 越大，复合储能系统的内部损耗就越小。

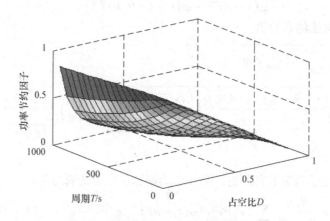

图 5-5 功率节约因子与负载参数的关系

图 5-6 所示为蓄电池组与超级电容器组的等效串联内阻对功率节约因子 ε 的影响（$D = 0.1$，$T = 1\text{s}$，$C = 200\text{F}$）。超级电容器组的等效串联内阻越小，ε 越大，复合储能系统的内部损耗越小。

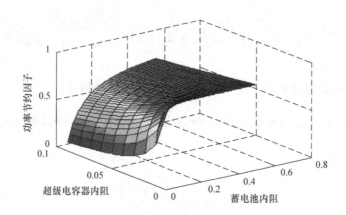

图 5-6 功率节约因子与储能内阻的关系

图 5-7 所示为功率节约因子 ε 与超级电容器组并联支路数 N_p 的关系（$R_b = 200\text{m}\Omega$，$D = 0.1$），单个超级电容器串联支路参数：$R_s = 10\text{m}\Omega$，$C = 200\text{F}$。当并联支路数增加时，ε 随之增大，并在并联支路数增大到一定程度时趋于平缓。图 5-7 可以作为复合储能系统超级电容器组的配置依据。

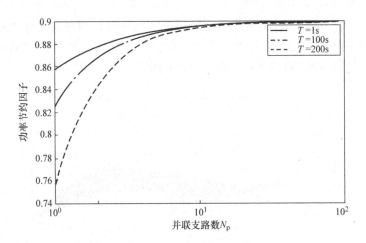

图 5-7 功率节约因子与超级电容器并联支路数的关系

5.2.4 运行时间的延长

超级电容器－蓄电池复合储能系统，由于运行过程中蓄电池最大工作电流减小了，内部损耗降低了，因此，能够延长蓄电池的运行时间。

复合储能系统与蓄电池单独工作相比，总节约能量：

$$\Delta W = W_i - W_{i,bc} = R_b DI_0^2 \tau_{bo} - R_b DI_0^2 (1-\varepsilon) \tau_{bc} = R_b DI_0^2 \left[\tau_{bo} - (1-\varepsilon) \tau_{bc} \right]$$

$$(5\text{-}31)$$

因此，延长运行的时间：

$$\Delta \tau = \frac{\Delta W}{P_o} \tag{5-32}$$

式中，P_o 是复合储能系统输出的平均功率（W_T 为蓄电池存储的总能量）：

$$P_o = \frac{W_T - W_{i,bc}}{\tau_{bc}} = \frac{V_b \sqrt{D} I_0 \tau_{bo} - R_b DI_0^2 (1-\varepsilon) \tau_{bc}}{\tau_{bc}} \tag{5-33}$$

由此，可得复合储能系统的延长运行时间与蓄电池运行时间的比率（定义为时间延长率）：

$$\zeta = \frac{\Delta \tau}{\tau_{bo}} = \frac{\tau_{bc} - \tau_{bo}}{\tau_{bo}} = \frac{\varepsilon \delta \sqrt{D}}{1 - \varepsilon \delta \sqrt{D}} \tag{5-34}$$

由式（5-34）可知，与蓄电池单独工作相比，复合储能系统的运行时间得到了延长。时间延长率与三个因素有关，包括功率节约因子 ε，脉动负载占空比 D，以及负载电流率 δ。

图 5-8 所示为复合储能系统时间延长率与负载参数的关系（$R_b = 200\mathrm{m\Omega}$，$R_s = 10\mathrm{m\Omega}$，$C = 200\mathrm{F}$，$V_b = 24\mathrm{V}$，$I_0 = 5\mathrm{A}$）。可见，负载的脉动周期越短，时间

延长率ζ越大。此外，ζ还与脉动负载的占空比有关，当占空比过大或过小时，ζ变小，并趋于零。ζ的最大值应该为占空比变化范围（0，1）之间的某一点，具体的要视负载的脉动周期和负载电流率δ而定。

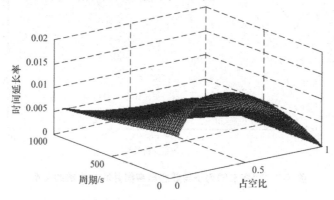

图 5-8　时间延长率与负载参数的关系

由以上分析可见，通过并联超级电容器，降低了蓄电池在负载功率脉动时的输出电流峰值，抑制了端电压的跌落，其效果相当于蓄电池等效源阻抗的降低。而等效源阻抗的降低，提高了蓄电池的动态响应能力，使其在驱动脉动负载时的内部损耗降低，放电效率提高，放电时间延长，并能有效防止电源系统的不正常关断。

5.3　复合储能的控制策略

5.3.1　直接并联复合储能系统

超级电容器–蓄电池的直接并联是一种最简单的混合储能结构，如图 5-1a 所示。在该结构中，由于蓄电池组的端电压与超级电容器组的端电压被强制相等，因而在设计中对超级电容器组的组合方式要求较为严格，应根据蓄电池组和负载的工作电压范围，合理配置超级电容器组的结构参数[79,80]。

本节搭建了超级电容器–蓄电池直接并联储能的实验平台。其中，超级电容器组的参数为 200F，10mΩ；蓄电池组的参数为 12Ah，200mΩ；脉动负载的参数为周期 5s，占空比 25%，脉动功率 70W。由式（5-16）计算可得，$\gamma = 3.37$，即在该应用条件下，复合储能系统的峰值功率输出能力比蓄电池单独运行时提高了 2.37 倍。

图 5-9 所示为复合储能系统驱动脉动负载的工作过程。在每个周期内，当脉

动功率发生时，蓄电池组输出的电流峰值约占负载电流峰值的 35%，其余 65% 则由超级电容器组承担。当脉动功率结束后，蓄电池组继续输出电流，给超级电容器组充电。复合储能系统的电压纹波约为 0.3V，约为输出电压的 2.5%。随着运行过程的继续，复合储能系统的荷电量不断减少，蓄电池组的输出电流逐渐增大，端电压也不断下降。

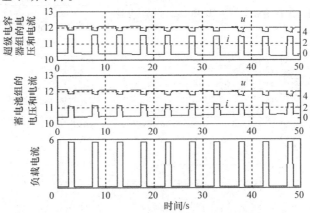

图 5-9　直接并联复合储能系统的工作过程

　　直接并联结构能够大幅减小蓄电池在负载功率脉动时的最大输出电流，提高复合储能系统的功率输出能力，但是，采用直接并联方式储能也存在着明显的不足之处。

　　首先，超级电容器组的端电压必须与蓄电池组的保持一致。蓄电池在充放电过程中端电压的变化范围较小，而超级电容器在充放电过程中的端电压变化范围可以很大。因而，直接并联结构会导致超级电容器容量利用率降低。

　　其次，复合储能的功率提升能力只取决于超级电容器组和蓄电池组自身的参数（主要是等效串联内阻），如果脉动负载的工作状况发生了改变，往往需要重新设计复合储能系统的容量配置和组合结构，在实际应用中缺乏灵活性。

　　第三，与蓄电池相比，超级电容器的自放电率较高，直接并联结构导致复合储能系统整体的自放电率变大。

5.3.2　通过电感器并联复合储能系统

　　基于直接并联结构，在蓄电池组和超级电容器组之间配置一个电感器，超级电容器组与负载直接连接，如图 5-10 所示。电感器的作用是对蓄电池组的输出电流进行滤波，减小输出电流纹波，以进一步降低其内部能量损耗和发热量。

　　图 5-11 所示为通过电感器并联的复合储能系统驱动脉动负载的工作过程，实验条件与 5.3.1 节直接并联结构相同，电感值为 6.5mH。对比可见，当负载功

率脉动时，该结构中蓄电池组的输出电流平滑了，脉动性明显减弱了。蓄电池组的输出电流纹波为0.75A，只占负载脉动电流幅值的13%，比直接并联结构减小了22%。蓄电池组的端电压在脉动负载工作期间产生约0.1V的纹波，约为其工作电压的0.8%，仅为直接并联结构的32%。

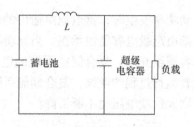

图 5-10　通过电感器并联结构图

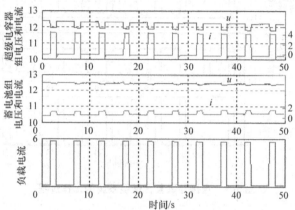

图 5-11　通过电感器并联复合储能系统的工作过程

　　该结构对提高储能系统的功率输出能力、优化蓄电池的充放电过程具有较好的效果。但与直接并联结构类似，也存在着系统配置不灵活、负载端电压纹波大等缺点。而且，电感器本身也带来损耗和设备体积重量的增加。

5.3.3　有源式复合储能系统

　　蓄电池通过电力电子功率变流器与超级电容器组合应用，利用功率变流器的变流控制作用，可以实现储能装置性能的大幅度提高，并可以进一步优化蓄电池的工作过程，延长其使用寿命。

5.3.3.1　主电路模型

　　在该结构中，蓄电池组通过 DC/DC 变流器与超级电容器组并联，超级电容器组与负载直接连接，如图 5-12 所示。由于是通过有源功率器件控制蓄电池的能量流动过程，所以又称为有源式复合储能系统。相对应地，直接并联复合储能与通过

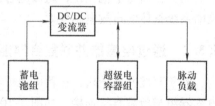

图 5-12　有源式复合储能系统结构图

电感器并联的复合储能又可以称为无源式复合储能。

　　DC/DC 变流器位于蓄电池组和超级电容器组之间，利用其灵活的变流控制能力，对蓄电池组输出能量的过程进行管理，以更好地发挥超级电容器的优点，优化蓄电池的工作过程，提高复合储能系统整体的技术经济性能。

　　以降压型（Buck）DC/DC 变流器为例，超级电容器 – 蓄电池复合储能系统的等效电路模型如图 5-13 所示。其中，U_C 为理想电容器的电压，R 为负载的等效阻抗。

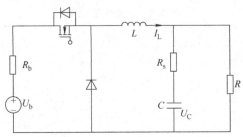

图 5-13　有源式复合储能系统等效电路模型

　　设 Buck 变流器工作于电感电流连续状态，以电感电流 I_L 和理想电容器电压 U_C 为状态变量，应用状态平均法，可得状态平均方程：

$$\begin{cases} L\dfrac{dI_L}{dt} = -\left(DR_b + \dfrac{RR_s}{R + R_s}\right)I_L - \dfrac{R}{R + R_s}U_C + DU_b \\ C\dfrac{dU_C}{dt} = \dfrac{R}{R + R_s}I_L - \dfrac{U_C}{R + R_s} \end{cases} \tag{5-35}$$

　　当系统工作于稳态时，对状态变量施加扰动，令瞬时值 $d = D + \hat{d}$，$i_L = I_L + \hat{i_L}$，$u_C = U_C + \hat{u_C}$，$u_b = U_b + \hat{u_b}$，得到暂态方程，并变换至 s 域，忽略高次分量，可得系统的控制 – 输出传递函数：

$$\left.\frac{\hat{I}_L(s)}{\hat{d}(s)}\right|_{\hat{U}_b(s)=0} = \frac{(U_b - R_bI_L)}{L}\frac{s + \dfrac{1}{C\alpha}}{s^2 + s\dfrac{L + C\beta}{LC\alpha} + \dfrac{DR_b + R}{LC\alpha}} \tag{5-36}$$

$$\left.\frac{\hat{U}_C(s)}{\hat{d}(s)}\right|_{\hat{U}_b(s)=0} = \frac{(U_b - R_bI_L)}{LC\alpha}\frac{R}{s^2 + s\dfrac{L + C\beta}{LC\alpha} + \dfrac{DR_b + R}{LC\alpha}} \tag{5-37}$$

式中，$\alpha = R + R_s$，$\beta = DRR_b + DR_bR_s + RR_s$。

　　系统是二阶的，其极点：

$$s = -\frac{L + C\beta}{2LC\alpha} \pm \sqrt{\left(\frac{L - C\beta}{2LC\alpha}\right)^2 - \frac{R^2}{LC\alpha^2}} \tag{5-38}$$

　　在式（5-38）中，由于 $\dfrac{L + C\beta}{2LC\alpha} > \dfrac{L - C\beta}{2LC\alpha}$ 始终成立，因此在全频率段上：

$$R_e(s) < 0 \tag{5-39}$$

即系统的两个极点始终位于 s 坐标平面的左边，因此开环系统是稳定的。

5.3.3.2 控制环节设计

有源式复合储能系统的控制目标，是由超级电容器提供瞬时功率，而蓄电池通过功率变流器以近似恒流方式充放电。DC/DC 变流器的控制目标是输出恒定电流，电流值等于脉动负载工作电流的平均值。设置参数见表 5-1。

表 5-1 电路参数设置

参数	值	单位
功率变流器电感 L	0.15	mH
超级电容器组电容 C	200	F
超级电容器组内阻 R_s	0.01	Ω
超级电容器组电压 U_C	12.5	V
蓄电池组内阻 R_b	0.2	Ω
蓄电池组电压 U_b	25	V

在一定的时间段内采样脉动负载的工作电流，计算其平均值，作为并联控制器恒流输出的给定值，并与实际的输出电流比较，产生误差量，通过 PI 调节器，最终产生控制功率开关管的 PWM 信号。系统的闭环控制模型如图 5-14 所示，其中，$G_p(s)$ 为系统的控制-输出传递函数，$G_c(s)$ 为 PI 调节器的传递函数。

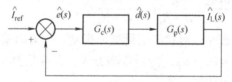

图 5-14 系统控制框图

则系统的闭环传递函数为

$$G(s) = \frac{\hat{I}_L(s)}{\hat{I}_{ref}(s)} = \frac{G_c(s)G_p(s)}{1 + G_c(s)G_p(s)} \tag{5-40}$$

5.3.3.3 复合储能系统实验

搭建了超级电容器-蓄电池有源式复合储能系统实验平台，施加脉动功率负载，周期为 5s，占空比为 25%，图 5-15 为工作过程。可以看出，蓄电池组基本以恒流方式放电，其放电电流约为负载电流峰值的 15%。超级电容器组在负载功率脉动期间提供了剩余的大部分电流，并在其余时间接受蓄电池组通过并联控制器的充电。

随着脉动负载工作的继续，蓄电池组的荷电状态不断下降，端电压不断降低，由于需要提供 DC/DC 变流器恒流输出所需的能量，蓄电池组的输出电流逐

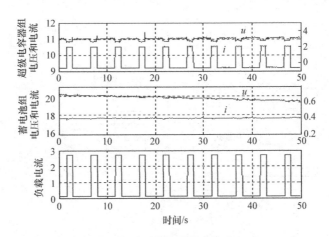

图 5-15　有源式复合储能系统工作过程

渐增大。在功率变流器的控制下，超级电容器组与负载的端电压仍然能保持很好的平稳性。

有源式复合储能与直接并联结构和通过电感器结构等无源式复合储能相比，具有较大的优势：

首先，蓄电池组和超级电容器组的端电压可以不同，因而两者在容量配置和结构设计上具有较大的灵活性。

其次，利用有源控制器的控制作用，可以将蓄电池组的输出电流限定在合理的范围内，因而能够大大提高储能系统的功率输出能力。

第三，蓄电池组始终以近似恒流方式放电，优化了放电过程，降低了内部损耗，提高了供电可靠性，延长了使用寿命。

当然，由于 DC/DC 变流器的使用，系统控制变得复杂，而且也要消耗一定的能量。不过目前这种变流器的发展很成熟，能量转化效率也很高，能量双向流动的变流器还可以作为蓄电池或超级电容器的充电器。因此，有源式复合储能得到了较多的应用。

5.4　复合储能应用案例

针对储能在电力系统中的应用，基于有源式并联结构，设计了如图 5-16 所示的超级电容器 – 蓄电池复合储能系统。蓄电池组通过双向 DC/DC 变流器与AC/DC 变流器的直流母线相连，超级电容器组则直接接至直流母线，AC/DC 变流器接入配电网或微电网的交流母线，通过有功和无功功率调控实现可再生能源发电波动抑制等功能，或者作为微电网功率瞬时平衡的调节手段[81 – 83]。

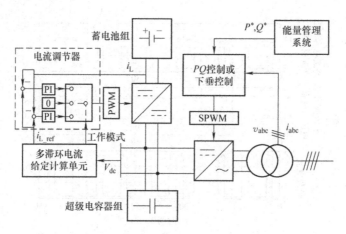

图 5-16   应用于电力系统的复合储能系统

双向 DC/DC 变流器是复合储能能量管理的关键。采用了 Buck/Boost 双向功率变流器（Buck/Boost Bi‑directional Converter，BBBC）。该拓扑具有体积小、功率器件数量少、工作效率高等优点[84]。对于 BBBC 的建模，可以采用 Buck 和 Boost 两种工作状态独立建模的方式[85]，复合储能系统等效电路如图 5‑17 所示。

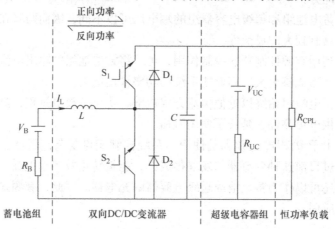

图 5-17   复合储能系统等效电路图

BBBC 的控制方案采用了多滞环调节控制策略，可以根据系统实际情况，灵活多层次地设定蓄电池充放电电流及其相互之间的转换过程，具有很好的实际操作性。

多滞环调节控制策略由多滞环电流给定计算单元和电流调节器两部分组成。多滞环电流给定计算单元的控制逻辑由两个 3 态滞环组成，其输入是直流母线电压 V_{dc}，输出是电流给定值 i_{L_ref} 和 BBBC 的工作模式指令，如图 5‑18 所示。

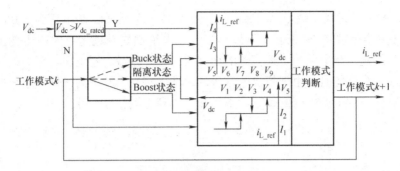

图 5-18　电流给定计算单元

电流给定计算单元首先根据 V_{dc} 的值确定 i_{L_ref} 的值的正负，即处于滞环的哪个半区，然后结合当前 BBBC 的工作模式确定下一拍 $k+1$ 的工作模式，最后根据滞环曲线得到电流输出指令 i_{L_ref}，并发送到电流调节器。电流调节器根据工作指令确定 BBBC 的运行方式。当 BBBC 运行于 Buck 模式时，则开关管 S_2 的驱动信号封锁，S_1 使能；反之，若运行于 Boost 模式时，开关管 S_1 的驱动信号封锁，S_2 使能。PI 调节器使电感电流 i_L 实现无静差的跟踪给定值 i_{L_ref}。

为了验证复合储能及多滞环调节控制策略的有效性，基于 Matlab/Simulink 建立了微电网仿真平台，如图 5-19 所示。

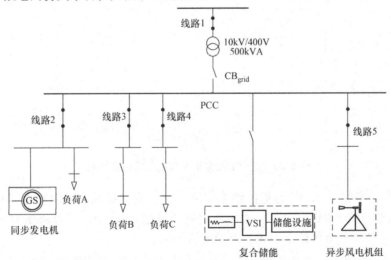

图 5-19　含复合储能的微电网仿真模型

微电网仿真模型包括定桨距失速型异步风电机组（AWT）、配备励磁调节和转速控制的同步发电机、储能和负荷等。其中，同步发电机容量为 30kVA，AWT 容量为 15kVA，储能系统容量为 15kVA（其中，蓄电池组容量为 100Ah，额定电压为 240V；超级电容器组容量为 15F，额定电压为 360V）；负荷有功功

率 P 为15kW，无功功率 Q 为20kvar；系统频率 f 为50Hz，相电压为220V。

仿真结果如图5-20所示，可以看出，蓄电池储能单独运行时由于输出功率有限，不能满足微电网稳定运行时的功率需求，导致微电网电压与频率的波动较大。采用复合储能时，由于超级电容器的高功率特性大幅提高了储能系统的功率能力，有效实现了微电网的瞬时功率平衡，提高了运行稳定性。

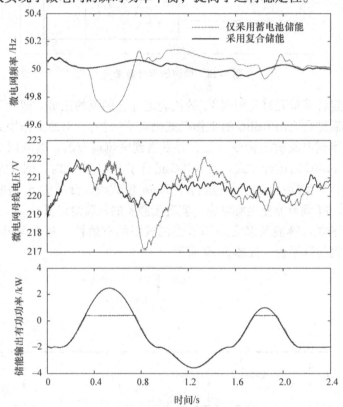

图5-20 复合储能应用于微电网的仿真结果

此外，搭建了10kW的复合储能实验平台，实验参数为超级电容器组容量20F，额定电压270V，内阻 0.1Ω；蓄电池组额定电压120V，内阻 0.5Ω；双向DC/DC变流器的电感值0.5mH，开关频率10kHz。

模拟微电网运行过程中的状态变化，控制复合储能的工作过程，蓄电池组的放电电流设定为10A和20A两档。实验结果如图5-21所示。

在 $0\sim38\mathrm{s}$ 及 $463\sim500\mathrm{s}$ 时微电网处于并网运行状态，储能不与微电网发生能量交换，处于待机状态。 $38\sim463\mathrm{s}$ 间微电网孤岛运行。从图5-21中可以看出，孤岛运行时储能单元吸收/发出的功率具有波动性大、峰值功率高的特点。超级电容器能够快速响应微电网的功率变化，满足了功率需求中的大部分。蓄电

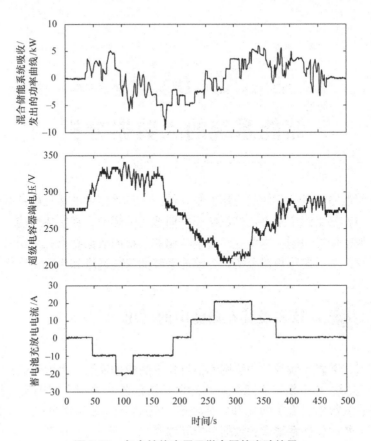

图 5-21 复合储能应用于微电网的实验结果

池则根据直流母线的状态和系统指令以分段恒流的方式充放电,其工作过程较蓄电池单独运行时得到了较大的优化。

第 6 章

储能系统的大数据分析

电池储能系统具有广阔的应用前景，但由大量单体电池通过串并联组成的储能系统，很容易受到个别电池健康状态提前恶化的影响，在整体性能上出现状态不稳定、效率低等问题。本章介绍了电池储能系统的数据特点，采用大数据分析方法对电池组进行老化规律分析，为储能系统的智能运维和优化设计提供依据。

6.1 大数据技术及其在储能中的运用

近年来，随着互联网、物联网和信息技术的快速发展，大数据的概念也从金融、IT 业等少数几个领域逐渐扩展到国民经济的各个领域。我国明确提出"推动互联网、大数据、人工智能和实体经济深度融合"的战略方向。大数据技术主要包括大数据处理系统和大数据分析算法[86]。

大数据处理系统是指在架构和逻辑上与传统数据处理系统有较大区分的全新系统，包括适用于大规模集群的文件系统 Hadoop 及其配套的批处理编程架构MapReduce[87,88]，用于实时处理流式数据的 Storm[89]，以及 Hive[90]、MongoDB[91]等新型交互式信息处理系统等。这些系统的发展具有专业化、多样化、实时化的特点。在特定的应用场景下能提供灵活、高性能的服务，极大地提高了信息系统的处理能力和响应速度，是大数据技术的底层基础。

大数据分析算法以深度学习为主，还包括知识计算、可视化等[86]。深度学习的提出最早可追溯至 20 世纪 80 年代反向传播神经网络算法，进入 21 世纪之后，随着一系列算法的改进和运算能力的提升，神经网络在语音、语言、图像识别等领域中取得突破。

随着能源系统智能化的不断推进，尤其是能源互联网技术的发展，在电力系统中大数据架构和分析技术上也有许多投入运用的实例[92]。大数据分析技术较早地应用于电力设备故障监测中，采用了如遗传算法、分类算法、时间序列分析等[93-95]；参考文献 [96] 通过计算出设备单状态量数据基于时间轴的转移概率序列，再将设备多状态量间的相关关系通过无监督聚类法描述，建立异常状态快速检测模型，以对电力设备的异常状态进行实时监测。随着厂级监控信息系统（SIS）和分布式控制系统（DCS）的发展，火电机组能收集到的运行数据取得了指数级增长。参考文献［97］针对火电机组采用改进的 k - means 聚类算法给出了一种按照工作数据确定火电机组基准值的方法；其难点在于火电机组的参数可达十多个，包括蒸汽压力/温度、排烟温度、给水温度、排烟氧量等十多个维度的数据，通过基于广义神经网络和平均影响值相结合的算法对维度约简，构造了相关性较强的数据模型，然后采用改进的 k - means 聚类分析进行基准值分类。在光伏电站的智能运维中，利用深度学习提取光伏电站关键运行参数并优化参数组合，提升电站的整体效能。针对工商业园区，通过智慧能源管理系统或用电信息采集系统，实现用户侧"全覆盖、全采集"的信息化管理以及基于用户模式理解的互动化服务，通过数据驱动的管理模式实现企业精益生产和节能降耗[98]。美国 AutoGrid 公司所开发的能源数据云平台 EDP，可采集并处理覆盖能源发电、输配电、用电终端的数据，构造了能源系统全面、动态的图景。

　　储能系统作为一个包含大量元件、运行过程多样的复杂系统，必然也是一个海量数据源。随着全球范围内储能系统的大规模部署，将迎来一个储能数据大量增长的时代，如何更好地收集、处理和利用好这些数据，为智能运维和优化控制提供有效的解决思路，是一个值得研究的方向。

　　为了共享储能项目的数据，促进储能技术的发展和储能系统的部署，美国能源部建立了一个基于 PostgreSQL 关系型数据库的全球储能数据库（GES-DB）[99,100]。截至 2016 年 8 月，数据库已包括了 69 个国家的 1591 个运行中的储能项目，主要分为五类：电化学储能、机械储能、氢储能、抽水储能以及储热等。该项目的性质更接近于传统的数据中心，对外公布和展示储能电站的基础数据、可再生能源发电波动平抑等效果数据，并对这些数据实现可视化展示。统一的储能数据平台是进行储能大数据研究的基础，当然，这些数据未来对储能系统分析有什么样的促进作用，还有待检验。

　　由于电池参数难以精确测量或电池模型不够准确等问题，使得电池健康状态的研究遇到瓶颈。参考文献［101］使用电池数据训练了神经网络，搭建了一个在线分析电池状态的系统。深度神经网络在模糊状态的判断上有一定的优势，但需要大量完备的训练数据。由于储能系统的工作模式多样、电池种类繁多、个体电池间差异大，因此大部分研究目前还不具备收集完备数据的条件。

　　由此可见，大数据技术在储能领域中的运用还处于起步阶段，其研究方法和思路需要进一步拓展。不过，随着储能系统数据量的爆发式增长，并在数据的深度和广度上获得进一步拓展，为储能系统健康诊断和智能运维提供了新的解决思路。本章从这一点出发，借鉴大数据技术在相应领域中的运用经验，以目前商业化程度较高的铅碳电池储能系统为例，分析了储能系统的业务及其数据特点，进一步改进聚类分析方法，对储能系统健康状态进行规律性探索。

6.2 储能系统的数据分析

电池储能系统集成了电池组、电池管理系统（BMS）、功率变换系统（PCS）、能量管理系统（EMS）和本地监控管理系统[102,103]。其数据来源于系统的各个模块，其中单体电池电压、温度等数据来自BMS，PCS则提供了整个储能系统的总工作状态信息，监控管理系统则主要实现对上述系统级信息的收集、运行状态调整，以及报警信息的处理等。图6-1以铅碳电池储能系统为例，说明了储能系统的主要构成。

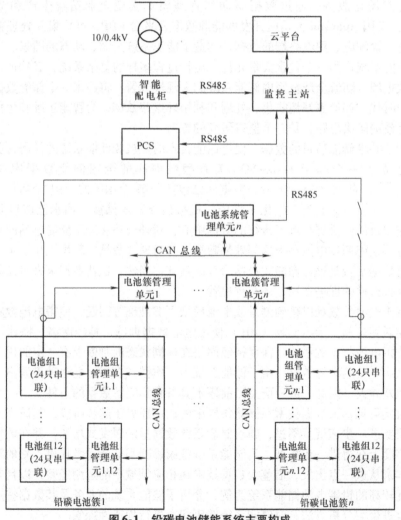

图6-1 铅碳电池储能系统主要构成

6.2.1　铅碳电池

铅碳电池是一种新型铅酸蓄电池，通过将高比表面碳材料（如活性炭、活性炭纤维、碳气凝胶或碳纳米管等）掺入铅负极中，发挥高比表面碳材料的高导电性和对铅基活性物质的分散性，提高铅活性物质的利用率，并能抑制硫酸铅结晶的长大。负极板加入碳材料还可以发挥其瞬间大电流的优点，在高倍率充/放电期间起到缓冲作用，有效保护负极板，抑制"硫酸盐化"现象[104]。因而，铅碳电池的循环寿命明显高于普通铅酸电池，适宜于电力储能等应用场合。

以某型 LLC – 1000 铅碳电池为例进行设计分析，单体电池额定电压为 2V，额定容量为 1000Ah。一个 1.2MWh 储能系统含 600 只 LLC – 1000 铅碳电池，300 串 2 并，可以配置 125kW 或 250kW PCS。储能系统主要配置见表 6-1，铅碳电池技术参数见表 6-2。

表 6-1　储能系统主要参数

序号	项目描述		参数	备注
1	储能系统容量		1.2MWh	
2	额定充放电功率		125/250kW	
3	额定输出电压		AC 380V	
4	额定输出频率		50Hz	
5	输出接线方式		三相四线	
6	对外通信方式		以太网	Modbus（TCP/IP）
7	响应时间		<200ms	从本地监控接收调度指令至 PCS 输出满载功率 90% 时间
8	集装箱端口	动力端口	三相四线铜排接口	1 路
		配电端口	单相 220V，50Hz	1 路
		通信端口	以太网 Modbus（TCP/IP）	1 路
		接地端口		1 路

表 6-2　LLC – 1000 铅碳电池参数

额定电压	2V
自放电（25℃）	7%/90 天
使用温度范围	放电：-40 ~ 50℃ 充电：-20 ~ 40℃ 存储：-20 ~ 35℃
推荐使用温度	15 ~ 25℃

（续）

最大充电电流	0.3C
推荐充电电流	0.15C
充电电压（25℃）	2.30~2.35V/单体
温度对容量的影响	105% @ 40℃ 90% @ 0℃ 40% @ -20℃

1. 铅碳电池充放电策略

1）充电：恒压 2.35V 限流 $0.15C_{10}$ 充电，至电流 $\leqslant 0.01C_{10}$。

2）一般控制放电深度（DOD）不超过 60%~70%，放电电流控制在 $0.25C_{10}$ 以下，随着循环次数的增加，放电截止电压也要相应的下调，见表 6-3。

3）放电后的充电量应一般控制在上次总放电量的 101%~103%。

4）每隔 2~3 个月进行一次均衡充电，恒压 2.35V 限流 $0.15C_{10}$ 充电，至电流 $\leqslant 0.01C_{10}$，并持续 8~10h。

5）以上为室温时的参数，根据电池系统的实际环境温度，应对充电电压进行温度补偿，系数为 -3mV/（单体·℃）。

表 6-3 LLC-1000 60% DOD 放电截止电压

循环次数（N）	放电截止电压/V
$N \leqslant 1500$	1.95
$1500 < N \leqslant 2000$	1.92
$2000 < N \leqslant 2200$	1.89
$2200 < N$	1.84

2. 影响电池系统性能的因素

铅碳电池本质上仍为铅酸电池，影响其性能和健康状态的原因很多，过程也很复杂，但在电池老化的过程中伴随发生两个明显特征，即电池有效容量降低和内阻增大。放电过程中，当电荷不足时，硫酸铅逐渐析出，析出的硫酸铅有结晶化的趋势，并且会逐渐形成较大的结晶盐。这部分物质不能再参与化学反应，使电池的活性物质减少，有效容量降低。充电过程中，在内部电解液缺少可参与反应的金属离子情况下，长时间过度充电，会发生电解水副反应，生成氢气和氧气，导致电解液失水。这两种不可逆的过程是电池内部反应物质流失的主要原因[105]。

对于储能系统，往往由几百只电池通过串并联组合起来，单体电池的容量差异会极大影响储能系统的总体性能。因而，需要在储能系统的运行控制过程中，尽量避免以下因素影响[104]：

1）放电深度。铅碳电池一般都有一个最佳放电深度（如 60%~70%），放电过深，电解液中的硫酸铅浓度会饱和并逐渐析出，导致活性物质硫酸盐化，影响其循环寿命及全寿命期内的总放电量。

2）环境温度。铅酸电池有最佳使用温度范围，超出此温度范围，会影响电池运行寿命。电池储能系统往往物理空间排布大，将环境温度调控在合理范围，尤其减小温差，对消除温度的影响非常关键。

3）热失控。过大的充放电电流会使蓄电池的工作温度快速升高，所以要控制好电池的最大充放电电流，防止电池温度过高，造成电池热失控。

4）过度充电。过度充电会加速电池失水，影响电池寿命；长期浮充同样会导致电池加速失水，影响电池寿命。

5）长期静置。长期静置会使电池处于长时间的自反应过程，由于电池单体间参数的差异，这种自反应最终会使整个电池组的电压和容量一致性变差，从而影响储能系统的整体性能。

6.2.2　BMS 数据

BMS 是储能系统的重要功能单元，实现对电池电流、电压、温度、内阻等数据的采集，评估荷电状态（SOC）和健康状态（SOH），作为系统运行控制的依据。同时还对相关参数进行预警，以防止故障的发生。

对于由多个电池簇并联组成的电池储能系统，BMS 可以分为对多只电池成组进行管理的电池组管理单元（BMU）、对电池簇进行管理的电池簇管理单元（BMA），以及对整个电池系统进行管理的 BMS。BMS 主要结构如图 6-2 所示。

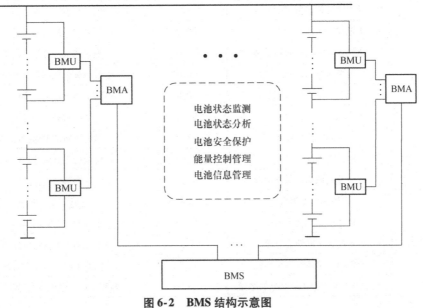

图 6-2　BMS 结构示意图

数据在 BMS 各层级单元间交换，BMU 将数据通过 CAN 总线汇总到 BMA，多个 BMA 通过 CAN 总线将电池簇的数据传输到 BMS，然后再采用 RS485 协议将数据打包送至本地监控管理系统，BMS 数据帧见表 6-4。

表 6-4　BMS 数据帧

监测项	名称	换算关系	格式说明
BMS	电池系统累积放电电量（高位）	×1	累积放电电量（高位）H
	电池系统累积放电电量（低位）	×1	累积放电电量（低位）L
	电池系统累积充电电量（高位）	×1	累积充电电量（高位）H
	电池系统累积充电电量（低位）	×1	累积充电电量（低位）L
	电池类型（每簇＝每串）		电池类型
	电池容量（每簇＝每串）	×1	电池容量
	电池组电压高限报警值	×1	电压高限报警值
	电池组电压低限报警值	×1	电压低限报警值
	电池组电压高限保护值	×1	电压高限保护值
	电池组电压低限保护值	×1	电压低限保护值
	放电电流高限报警值	×1	放电电流高限报警值
	放电电流高限保护值	×0.1	放电电流高限保护值
	充电电流高限报警值	×1	充电电流高限报警值
	充电电流保护保护值	×0.1	充电电流保护保护值
	电池温度高限报警值	×1	电池温度高限报警值
	电池温度高限保护值	×1	电池温度高限保护值
	电池单体电压高限报警值	×0.01	电池单体电压高限报警值
	电池单体电压低限报警值	×0.01	电池单体电压低限报警值
	电池单体电压高限保护值	×0.01	电池单体电压高限保护值
	电池单体电压低限保护值	×0.01	电池单体电压低限保护值
	电池内阻高限报警值	×0.1	电池内阻高限报警值
	电池内阻高限保护值	×0.1	电池内阻高限保护值
	电池内阻高限保护值	×0.1	电池内阻高限保护值
	电池内阻高限保护值	×0.1	电池内阻高限保护值
BMA1	电池簇 1 电池数量	×1	电池簇 1 电池数量
	电池簇 1 电池组电压	×0.1	电池簇 1 电池组电压
	电池簇 1 电池组电流	×0.1	电池簇 1 电池组电流
	电池簇 1 单体电压平均值	×0.01	电池簇 1 单体电压平均值
	电池簇 1 单体电压最大电池序号	×1	电池簇 1 单体电压最大电池序号

（续）

监测项	名称	换算关系	格式说明
BMA1	电池簇 1 单体电压最大值	×0.01	电池簇 1 单体电压最大值
	电池簇 1 单体电压最小电池序号	×1	电池簇 1 单体电压最小电池序号
	电池簇 1 单体电压最小值	×0.01	电池簇 1 单体电压最小值
	电池簇 1 电池组电压状态	×0.01	电池簇 1 电池组电压状态
	电池簇 1 充/放电电流状态	×0.1	电池簇 1 充/放电电流状态
	电池簇 1 电池温度状态	×0.1	电池簇 1 电池温度状态
	电池簇 1 单体电池电压状态	×0.01	电池簇 1 单体电池电压状态
	电池簇 1 单体内阻平均值	×0.1	电池簇 1 单体内阻平均值
	电池簇 1 单体内阻最大电池序号	×1	电池簇 1 单体内阻最大电池序号
	电池簇 1 单体内阻最大值	×0.1	电池簇 1 单体内阻最大值
	电池簇 1 单体内阻最小电池序号	×1	电池簇 1 单体内阻最小电池序号
	电池簇 1 单体内阻最小值	×0.1	电池簇 1 单体内阻最小值
	停止充电	0, 1	0 = 正常，1 = 故障
	停止放电	0, 1	0 = 正常，1 = 故障
	电池簇 1 单体 SOC 平均值	×1	电池簇 1 单体 SOC 平均值
	电池簇 1 单体 SOC 最大电池序号	×1	电池簇 1 单体 SOC 最大电池序号
	电池簇 1 单体 SOC 最大值	×0.1	电池簇 1 单体 SOC 最大值
	电池簇 1 单体 SOC 最小电池序号	×1	电池簇 1 单体 SOC 最小电池序号
	电池簇 1 单体 SOC 最小值	×0.1	电池簇 1 单体 SOC 最小值
	电池簇 1 额定容量	×0.1	电池簇 1 额定容量
	电池簇 1 电压	×0.1	电池簇 1 电压
	电池簇 1 可充电量	×0.1	电池簇 1 可充电量
	电池簇 1 可放电量	×0.1	电池簇 1 可放电量
	电池簇 1 最大可充电功率	×0.1	电池簇 1 最大可充电功率
	电池簇 1 最大可放电功率	×0.1	电池簇 1 最大可放电功率
	SOC1	×10	
	SOH1	×10	
单体电池信息	电池第 1 节电压	×0.01	电池电压
	电池第 2 节电压	×0.01	电池电压
	电池第 3 节电压	×0.01	电池电压
	电池第 4 节电压	×0.01	电池电压
	电池第 5 节电压	×0.01	电池电压

(续)

监测项	名称	换算关系	格式说明
单体电池信息	电池第6节电压	×0.01	电池电压
	电池第7节电压	×0.01	电池电压
	电池第8节电压	×0.01	电池电压
	电池第9节电压	×0.01	电池电压
	电池第10节电压	×0.01	电池电压
	电池第11节电压	×0.01	电池电压
	电池第12节电压	×0.01	电池电压

BMS 数据帧是由各级单元的数据拼接而成,在将数据传输至远端数据库服务器时,每个数据内容占据一个寄存器地址,所有的数据均为整数,通过换算关系和设定的单位实现对参数一定精确的描述。从数据帧可以看出,下层 BMU 的信息主要是各个单体电池的电压监控数据。中层的 BMA 和 BMS 中会统计电池组中的电压、电流、温度、内阻及 SOC 等,以实现对电池的状态管理、预警和故障处理。

6.2.3 PCS 数据

功率变换系统(PCS)实现直流电池组与电网之间的能量传递,是执行储能系统功能和性能的载体。PCS 一般采用基于 PWM 技术的电压源型变流器(VSC),图 6-3 所示为 PCS 的主电路示意图。

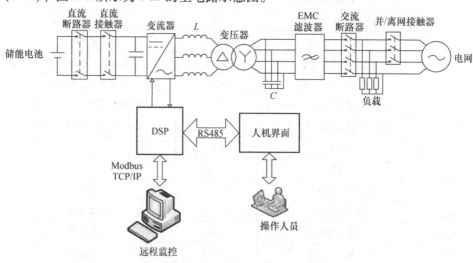

图 6-3 PCS 主电路结构图

可通过人机界面或远程监控系统对 PCS 进行启停操作、参数整定和状态监控，如设定离网/并网模式转换、功率给定、报警阈值给定等。主要运行数据为电池组电流、功率、母线电压、散热器温度、累计充放电量、本地/电网状态等。PCS 提供的数据帧结构见表 6-5。

表 6-5　PCS 数据帧

名称	换算关系	格式说明
电池电压	$V \times 0.1$	电压范围
本地 A 相电压	$V \times 0.1$	电压范围
本地 B 相电压	$V \times 0.1$	电压范围
本地 C 相电压	$V \times 0.1$	电压范围
网侧 A 相电压	$V \times 0.1$	电压范围
网侧 B 相电压	$V \times 0.1$	电压范围
网侧 C 相电压	$V \times 0.1$	电压范围
母线电压	$V \times 0.1$	电压范围
电池电流	$I \times 0.1$	电流范围
网侧 A 相电流	$I \times 0.1$	电流范围
网侧 B 相电流	$I \times 0.1$	电流范围
网侧 C 相电流	$I \times 0.1$	电流范围
电网有功交换功率（充电放电）	$P \times 1000$	功率范围
电网无功交换功率（充电放电）	$Q \times 1000$	功率范围
电网视在交换功率（充电放电）	$S \times 1000$	功率范围
运行状态	0 = 离网，1 = 并网	运行状态
接触器状态	0 = 断开，1 = 闭合	运行状态
同步状态	0 = 不同步，1 = 同步	运行状态
并网开关状态	0 = 离网，1 = 并网	运行状态
允许并网标志	0 = 不允许，1 = 允许	运行状态
电网故障停机等待恢复自动并网	0 = 不允许，1 = 允许	运行状态
功率给定超限告警	0 = 正常，1 = 报警	运行状态
设备故障标志位	0 = 正常，1 = 故障	设备故障状态
IGBT_ A_ OC（过电流）	0 = 正常，1 = 故障	设备故障状态
IGBT_ B_ OC	0 = 正常，1 = 故障	设备故障状态
IGBT_ C_ OC	0 = 正常，1 = 故障	设备故障状态
Grid_ A_ OC（并网过电流）	0 = 正常，1 = 故障	设备故障状态
Grid_ B_ OC	0 = 正常，1 = 故障	设备故障状态

（续）

名称	换算关系	格式说明
Grid_ C_ OC	0 = 正常，1 = 故障	设备故障状态
IGBT_ A_ OT（过温）	0 = 正常，1 = 故障	设备故障状态
IGBT_ B_ OT	0 = 正常，1 = 故障	设备故障状态
IGBT_ C_ OT	0 = 正常，1 = 故障	设备故障状态
Bat_ OV（电池过电压）	0 = 正常，1 = 故障	设备故障状态
Bus_ OV（直流母线过电压）	0 = 正常，1 = 故障	设备故障状态
Emergency_ State（PCS急停开关状态）	0 = 正常，1 = 故障	设备故障状态
Bat_ Charge_ OC（充电过电流）	0 = 正常，1 = 故障	设备故障状态
Bat_ Discha_ OC（放电过电流）	0 = 正常，1 = 故障	设备故障状态
L_ OT（电抗器过温）	0 = 正常，1 = 故障	设备故障状态
Tran_ OT（变压器过温）	0 = 正常，1 = 故障	设备故障状态
Hardware_ Fault（硬件故障）	0 = 正常，1 = 故障	设备故障状态
SPD_ Fault（浪涌）	0 = 正常，1 = 故障	设备故障状态
VacOut_ OV（交流侧过电压）	0 = 正常，1 = 故障	设备故障状态
VacOut_ LV（交流侧欠电压）	0 = 正常，1 = 故障	设备故障状态
A 相 IGBT 温度	×0.1	A 相 IGBT 温度
B 相 IGBT 温度	×0.1	B 相 IGBT 温度
C 相 IGBT 温度	×0.1	C 相 IGBT 温度
PCS 充放电状态	0 = 放电，1 = 充电	运行状态
备用	备用1	备用1
备用	备用2	备用2
备用	备用3	备用3
有功功率给定	×1	有功功率给定
无功功率给定	×1	无功功率给定
离网电压给定	×1	离网电压给定
离网频率给定	×1	离网频率给定
设备开关	0 = 关，1 = 开	设备开关
并网开关	0 = 关，1 = 开	并网开关
故障复位	0 = 关，1 = 复位	故障复位
功率统计清零	0 = 关，1 = 清零	功率统计清零
ModbusID	×1	ModbusID
允许自动并网	0 = 不允许，1 = 允许	允许自动并网
浮充电压设置	×0.1	浮充电压设置
均充电压设置	×0.1	均充电压设置
放电欠电压设置（放电警示电压）	×0.1	放电欠电压设置
过电压停机设置	×0.1	过电压停机设置

（续）

名称	换算关系	格式说明
欠电压停机设置（放电停止）	×0.1	欠电压停机设置
最大充电电流	×0.1	最大充电电流
最大放电电流	×0.1	最大放电电流
充电电量（高位）		
充电电量（低位）		
放电电量（高位）		
放电电量（低位）		

PCS 数据帧中每个数据内容占据一个寄存器地址，所有数据均为整数，通过设定换算关系和单位实现对参数的准确描述。从数据分析的角度，PCS 是获取母线电压、工作电流和充放电状态的主要数据来源。此外，PCS 还可以实现整个储能系统的控制和保护功能，包括控制并网开关、系统的工作参数和运行逻辑、设备及交直流侧异常处理和故障保护等。

6.2.4　储能系统数据采集及数据特点

储能系统的总体数据采集一般通过监控管理系统实现，主要对蓄电池组、BMS、PCS、计量电表等主要设备进行监控，实现数据的交互、命令的传达、数据的存储，以及人机交互等。同时，预留与上位机或者外部服务器的通信接口。

监控管理系统主要由本地监控主机（如 PLC）与各终端设备进行通信，对各设备及动环系统（包括动力、环境、消防、保安、网络等）进行监控。并留有与上位机或外部服务器的通信接口，如以太网，支持各种标准电力通信规约，如 IEC 61850、IEC 60870D 等。

图 6-4 所示以 PLC 作为本地监控管理系统平台，PLC 与 PCS 间采用 Modbus RTU/TCP 通信，对 PCS 进行数据采集和指令下发；PLC 与 BMS 间采用 Modbus RTU 规约 RS485 通信方式进行通信，对 BMS 进行数据采集和监控；PLC 与计量电表间采用 Modbus RTU 规约 RS485 通信方式进行通信，对计量电表进行数据采集和监控。

数据的存储分为本地数据存储和远端数据存储。本地数据存储主要依靠 PLC 自身配置的内存卡，PLC 可将数据存储成 Excel 格式存储到内存卡中。远端数据存储可以通过与外部的通信接口传输到服务器，也可以通过以太网将数据传输到云端服务器，通过 Web 或者手机 APP 进行访问。

对于上述储能系统，结构化数据主要来自 BMS 及 PCS。其中，BMS 的数据主要为各单体电池的电压、温度等，以及电池组的总电压、工作状态；PCS 的数据主要为各时间点的母线电压、电流、功率等。上述数据在数据库中的形式是一

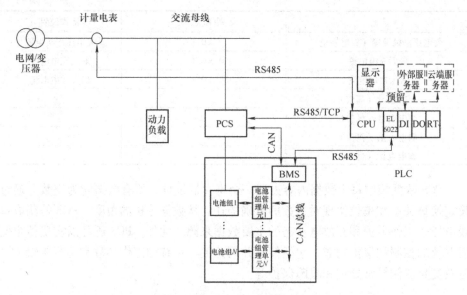

图6-4 储能系统信息采集系统

定长度的表,每一行代表在某个特定时间点上各电气单元的瞬时状态。

要全面掌握一个储能电站的状态,除了结构化数据之外,还需要辅以许多数据库之外的非结构化数据,包括电池的选型、控制逻辑、运行模式、动环系统,以及工作日志、操作过程、维护状态、环境因素等。只有在分析时考虑足够多的影响因素,才能更加准确地逼近系统的真实状态。这些非结构化数据一般难以从数据库中获取,需要从技术文档、运维记录,甚至实地考察获取。

储能系统的结构化数据和非结构化数据,符合大数据的特征,即数据量大、数据获取速度快、数据种类繁多等特点。只有通过完备的数据采集、对储能系统运行过程的深入理解,以及有效的数据处理分析手段,才能充分发挥数据的作用,解决储能系统中的相关问题。

6.3 基于聚类的储能系统数据分析方法

6.3.1 储能大数据分析思路

影响储能系统运行效率和全生命周期成本的一个重要因素,在于电池在运行过程中发生的单体老化及其所带来的容量不一致性问题。老化是指电池在运行过程中,由于副反应以及材料损耗造成的主要性能指标偏离额定值的现象,主要表现形式为有效容量降低、内阻变大、充电时端电压上升过快、温度特性变化等。由于储能系统往往由大量单体电池通过串并联方式连接，少数几个性能下降的电池往往会极大地影响整个电池组的工作状态。

虽然在电池发生老化时，可以从上述几种表现形式观测到，但老化过程非常复杂，与老化相关的因素或现象，要么在普通工作环境下难以测量（如内阻、反应物浓度等），要么相关性没有明显到可用数学模型定量表达，因为健康状态是由电池的多个时变参数综合统计评估而得的。此外，由于电池内部电化学反应的复杂性，外加近年来正负极材料及工艺越来越复杂，通过建立数学模型来解析健康状态变化的方法也愈发困难。

不过，当发生老化时，其老化的程度在数据上会有一定程度的反应。在获得大量电池运行数据的基础上，通过观察数据的变化，理论上可以发现健康状态变化的规律。因而，不断拓展储能系统数据的广度和深度，辅以有效的数据处理和分析方法，可以形成一套判断电池老化状态的方法。

由此，根据聚类算法在模糊样本分类中的思路，可以采用 k–means 或 DB-SCAN 等方法对电池数据进行聚类分析，实现对电池健康状态的分类。本章通过对电池数据提取合适的参量信息进行建模，选取参量权重和簇类个数，通过聚类对电池组中的各个电池进行健康状态的分类，并结合实际应用条件进行定位，从而摸索储能系统健康状态变化的规律。

6.3.2　聚类算法介绍

聚类分析是机器学习中的一种无监督学习，是研究分类问题的一种统计分析方法[106]。实际上，获取的样本对象可能不存在目标属性，这些样本可能无法分配到已知的任何类别中，这种情况经常出现在具有海量数据的数据库中。聚类算法面对这类问题时有着独特的优势，它通过特定的算法来衡量样本相似度，以相似度为依据将数据划分至各个类中，根据内部存在的数据特征，划分不同的类别，使得类别内的数据比较相似。

聚类算法实际上就是将输入数据集划分若干个簇，使得在特定的相似度衡量方法下，同一类中的样本相似度高，不同类中元素之间相关度弱[107]。聚类算法应用广泛，包括心理学、生物学、统计学中的模式学习、信息检索、机器学习和数据挖掘等，而这些交叉应用反过来也推进了聚类算法的发展[97]。根据对性能、效率、泛化能力、数据形式、数据维度等各方面要求的不同，聚类算法已经从最早的 k–means 算法衍生出各种不同的高效、特殊用途的算法，这些算法各有优缺点，在实际应用中，需要根据研究对象和应用条件选择合适的算法。

如图 6-5 所示，聚类算法按照实现方式可以分为基于划分的聚类、层次聚类、密度聚类、基于网格的聚类和基于模型的聚类方法等。

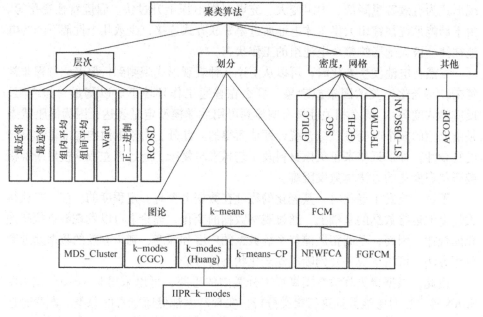

图 6-5 聚类算法的分类

（1）基于划分的聚类

基于划分的聚类方法是最典型的聚类方法，将数据点置于一个样本空间中，通过特定的相似度判定方法判断点和点之间的距离，然后将相近的点划分在一起，算法的结果要保证相同簇中的对象是相近的，不同簇的对象是相异的。典型的有 k - means、k - mediods 算法等，这些算法的特点是简单高效，但随着数据集规模的扩大，陷入局部最小的可能性也会增大。

（2）层次聚类

层次聚类法与基于划分的聚类不同，其最终只会形成一个聚类。它的过程是，将每个样本点视为一个簇，再使用某种相似性测度计算各点之间的相似性，然后将相似性最近的两个簇聚合成一个新簇，不断重复这个过程直至最后只有一簇。在输出结果中，根据簇和簇之间的远近，最终会形成一个树形图。经典的层次聚类方法有 CHEMALOEN、BIRCH、ROCK、DIANA、CUBE、AGNES 等。

（3）密度聚类

密度聚类的逻辑是，给定邻域半径和密度值，在遍历样本点时，邻近区域其他点的数量大于密度值，算法就会继续遍历下一个邻近点。典型的密度聚类算法有 DBSCAN、OPTICS、DENCLUE、DBCLSD、GDBSCAN 等。大部分经典的划分方法只对球形分布的凸样本集数据有更好的效果，密度算法则更适用于发现数据集中任意形状的簇。

（4）基于网格的聚类

基于网格的聚类方法采用空间驱动的方法将嵌入的空间划分为独立于输入对象分布的单元。基于网格的聚类方法采用多分辨率网络数据结构，它将对象空间量化为有限单元，这些单元构成一个网格结构，整个聚类在这个网格结构上进行。该方法的优点是速度快、处理时间与数据对象的个数无关，只取决于量化空间各维度的单位个数。典型的基于网格的聚类方法为 STING。

（5）基于模型的聚类

基于模型的聚类方法假设数据是由模型生成的，并试图从数据中恢复原始模型。然后，使用从数据中恢复的模型定义集群，并将样本分配给集群。估计模型参数的一个常用准则是极大似然法，典型算法有 COBWEB、CLASSIT、OM、ART 等。

考虑到实际条件，选择 k - means 算法和 DBSCAN 算法作为电池聚类的主要方法。k - means 是经典的聚类算法，简单直观，容易调试，性能优越，适合大量数据的挖掘，但其对参数设置和噪声较为敏感，所以需要根据经验对输入参数进行调整。DBSCAN 则具有良好的噪声点识别功能，可作为 k - means 算法的补充和验证。

6.3.2.1　k - means 聚类算法

k - means 是由 Steinhaus（1955）、Lloyd（1957）、Ball&Hall（1965）、Mc Queen（1967）分别在各自的不同学科领域独立提出。k - means 算法在被提出来之后的 50 多年中，在不同的领域被广泛运用，也是目前应用最广泛的聚类算法之一[108]。

k - means 作为一种实时无监督的硬聚类算法，该算法的目标是在数据中查找未发现的分类，预设的分类的数量由变量 k 表示。该算法根据样本数据所提供的特性，以最小化误差函数为约束条件，迭代地将每个数据点分配给 k 个组中的一个。由于 k - means 算法在初始化时中心点是随机选取的，因而聚类结果有时并不稳定，运算时间较长等。

k - means 算法的输入数据为一个包含 n 个 d 维数据点的数据集合 $X = \{x_1, x_2, x_3, \cdots, x_n\}$ 和待划分的簇的数目 k。其输出结果为数据集合 X 的 k 个划分子集 $y = \{y_k\}$，其中每个划分 y_k 有一个相对应的簇重心点 z_k。如果选择欧氏距离作为相似性判断依据，那么每个类中样本点到中心点间的欧氏距离的平方和即为算法的目标值，聚类的目标是使各簇中总的距离平方和最小。k - means 算法的流程（见图 6-6）如下：

1）初始化：在样本空间中随机初始化 k 个聚类中心点，并将样本中每个点按照到中心点的欧氏距离就近分配。

2）迭代：计算上一步分配完后的各个簇的重心，并以这些重心为新的中心点，重新按照欧氏距离分配各个样本点。

3）终止：迭代次数达到设定的上限，或者迭代至收敛（样本点分配的结果与上一次迭代相比没有变动）。

6.3.2.2　DBSCAN 算法

具有噪声识别功能的基于密度的空间聚类（Density – Based Spatial Clustering of Applications with Noise，DBSCAN）算法，由 Martin Ester 等人在 1996 年提出[109]。密度聚类算法划分类的依据是样本点在空间分布的密度，将各个紧密相连的样本划为各个不同类，得到最终的聚类结果。DBSCAN 算法涉及的定义如下：

1）ε 邻域：给定对象半径为 ε 内的区域称为该对象的 ε 邻域。

2）最小样本数 MinPts：为某一样本的半径为 ε 的邻域内样本个数的阈值。

3）核心对象：如果给定对象 ε 邻域内的样本点数大于或等于 MinPts，则称该对象为核心对象。

4）直接密度可达：对于样本集合 D，如果样本点 q 在 p 的 ε 邻域内，并且 p 为核心对象，那么对象 q 从对象 p 直接密度可达。

5）密度可达：对于样本集合 D，给定一串样本点 p_1，p_2，$\cdots$，p_n，$p = p_1$，$q = p_n$，假如对象 p_i 从 p_{i-1} 直接密度可达，那么对象 q 从对象 p 密度可达。

6）密度相连：存在样本集合 D 中的一点 o，如果对象 o 到对象 p 和对象 q 都是密度可达的，那么 p 和 q 密度相连。

7）非核心对象：包括边缘点和噪声点。

8）噪声：给定数据集 D 中，若对象 p 不属于任何簇，则对象 p 为噪声点。

DBSCAN 算法在执行时，会先标注所有数据对象为未处理，然后随机选择一个未处理的点 A，通过其周围点的密度来判断这个点是核心对象还是非核心对象，具体方法是判断其 ε 邻域范围内是否有 MinPts 个以上的对象。如果是核心

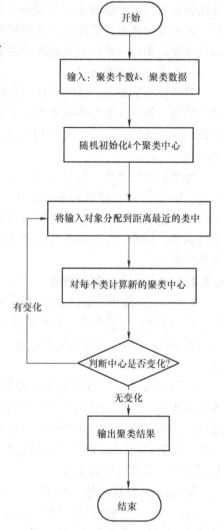

图 6-6　k – means 聚类算法流程图

对象，则按以上判定方法遍历所有与点 *A* 密度相连的对象，并将这些点标记为已处理，然后归到一个新的聚类中；如果点 *A* 不是核心对象，则将其标注为已处理、噪声点。算法结束的判定条件是样本集中所有点均被标注为已处理。

　　DBSCAN 算法的输入包含 *n* 个对象的数据库，半径 ε，最少数目 MinPts；输出为所有生成的簇，达到密度要求过程。DBSCAN 算法的逻辑流程（见图 6-7）如下：

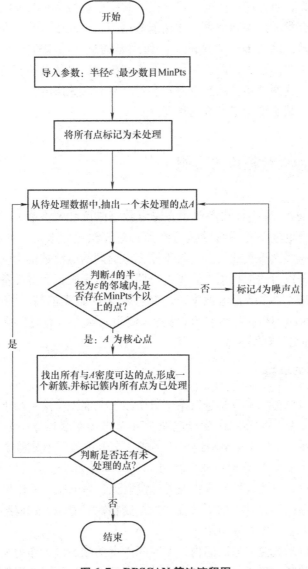

图 6-7　DBSCAN 算法流程图

103

1）从数据中抽出一个未处理的点。

2）如果抽出的点是核心对象，则找出所有从该点密度可达的对象，形成一个新簇，并标记所有簇内点为已处理。

3）如果抽出的点是边缘点（非核心对象），标记该点为噪声点，跳出本次循环，寻找下一个点。

4）重复循环直到所有的点都被处理为止。

DBSCAN 算法的关键，在于区域半径 ε 和密度参数 MinPts 两个参数的选取，其取值会影响聚类的效率和结果。在储能应用中，这两个参数主要依靠对具体数据的理解及经验，因为 DBSCAN 的主要作用是通过其筛选噪声点的功能来准确定位电池分类中的离群点，即老化程度较高的电池，对聚类的其他效果没有更高的要求。所以，这两个参数的选取并不会对结果有太大影响，另外，采用归一化的输入数据集也减小了确定参数的难度。

6.4 储能大数据应用案例

针对 k - means 聚类算法需要预先确定数据维度和聚类数 k，以及对噪声敏感等问题，结合电池储能系统的实际特点，对算法进行改进。在提取电池特征后，考虑电池组多次聚类的特性，将不同充电周期的电池数据用统一的归一化权重进行分配，辅以自适应权重法和霍普金斯统计量来验证。对准备好的数据使用肘部法初步得出 k，并结合电池本身的特性和多次聚类的特点综合考虑 k 的取值。针对 k - means 算法对噪声的敏感性，使用对噪声点有专门筛选机制的 DBSCAN 算法来辅助处理噪声点。

6.4.1 数据预处理

结合某铅碳电池储能系统进行案例分析，该储能系统主要用于负荷侧削峰填谷。系统含 336 节 2V/1000Ah 铅碳电池，24 节电池串联构成一个电池组（接至一个电池管理单元），14 个电池组串联构成一个电池簇，形成整个电池系统。储能系统的数据主要来源于 BMS 采集部分和 PCS 采集部分。其中，BMS 主要采集每节电池的温度、电压，PCS 主要采集母线电流、总电压、工作状态等数据。

基于储能系统运行状态的周期性、数据完整性等考虑，选取某个月的连续运行数据进行分析，如图 6-8 所示。

储能数据的形式是一段时间内许多时间点上的状态量，作为聚类算法的输入数据，需要能清晰准确地代表每个电池的多方面状态。而对数据的研究，在时间尺度上也倾向于把数据划分为一个个充放电周期。所以，数据预处理的目的，就

F_number	P_S_number	Otime	Ntime	B_voltage	L_A_P_volt	L_B_P_volt	L_C_P_volt	N_S_A_P_v	N_S_B_P_v	N_S_C_P_v	Bus_voltag	B_current	N_S_A_P_c	N_S_B_P_c	N_S_C_P	P_G_S_P_p	P_G_R_P_...
3	5	2018/6/21 0:00	2018/6/21 0:00	701.1	238.1	237	238.4	238.4	235.8	239.6	700.7	-84.5	89.5	81.6	90	-60	0
3	5	2018/6/21 0:01	2018/6/21 0:01	704.5	238.2	237.2	238.5	238.7	236	239.8	704.6	-84	89.7	81.6	89.9	-60	0
3	5	2018/6/21 0:02	2018/6/21 0:02	704.7	238.1	236.9	238.3	238.2	235.7	239.4	704.8	-84.1	89.5	81.7	90	-60	0
3	5	2018/6/21 0:03	2018/6/21 0:03	704.2	237.8	236.8	238.1	238	235.6	239.4	704.6	-83.7	88.9	82.3	90.2	-60	0
3	5	2018/6/21 0:03	2018/6/21 0:03	704.2	237.8	236.8	238.1	238	235.6	239.4	704.6	-83.7	88.9	82.3	90.2	-60	0
3	5	2018/6/21 0:04	2018/6/21 0:04	704	237.9	236.4	237.8	237.9	235.3	238.9	703.9	-83.6	89.1	82.4	90.3	-60	0
3	5	2018/6/21 0:05	2018/6/21 0:05	703.7	237.3	236.7	237.7	237.5	235	239	703.7	-84	89.6	82.1	90.5	-60	0
3	5	2018/6/21 0:06	2018/6/21 0:06	703.2	237.3	236.1	237.7	237.6	234.9	238.8	703.4	-83.7	89.6	82.1	90.5	-60	0
3	5	2018/6/21 0:07	2018/6/21 0:07	703	237.2	236.1	237.5	237.3	234.9	238.8	703.4	-83.7	89.6	82.2	90.5	-60	0
3	5	2018/6/21 0:08	2018/6/21 0:08	703.2	237.9	236.7	238	238	235.5	239.2	703.2	-84.2	89.7	82	90.4	-60	0
3	5	2018/6/21 0:09	2018/6/21 0:09	703.2	237.8	236.9	238.7	238.8	235.3	239	703.2	-84.3	89.8	82.2	90.5	-60	0
3	5	2018/6/21 0:10	2018/6/21 0:10	703.2	237.6	236.5	237.7	237.9	235.4	238.9	703.2	-83.9	89.6	82.1	90.3	-60	0
3	5	2018/6/21 0:11	2018/6/21 0:11	703.3	237.7	236.7	237.9	237.9	235.6	238.9	703.2	-84.2	89.4	82.2	90.3	-60	0
3	5	2018/6/21 0:12	2018/6/21 0:12	703	237.5	236.3	237.7	237.7	235.1	238.7	703.1	-83.6	89.4	82.3	90.3	-60	0
3	5	2018/6/21 0:13	2018/6/21 0:13	703.3	237.1	236	237.4	237.3	234.8	238.5	703.4	-83.6	89.8	81.9	89.8	-60	0
3	5	2018/6/21 0:14	2018/6/21 0:14	703.4	237.4	236.4	237.3	237.4	235.2	238.6	703.4	-83.9	88.2	81.7	89.4	-60	0
3	5	2018/6/21 0:15	2018/6/21 0:15	703.5	237.5	236.4	237.3	237.4	235.2	238.8	703.6	-83.6	88.2	81.7	89.4	-60	0
3	5	2018/6/21 0:16	2018/6/21 0:16	703.7	237.2	236.2	237.4	237.3	235	238.6	703.8	-84	88.4	81.8	89.6	-60	0
3	5	2018/6/21 0:17	2018/6/21 0:17	703.6	237.4	236.4	237.5	238.4	235.2	239.6	703.6	-83.5	88.1	81.3	89.1	-60	0
3	5	2018/6/21 0:18	2018/6/21 0:18	703.7	237.3	236.5	237.5	237.3	235.2	238.7	704.1	-83.5	88.2	81.8	89.6	-60	0

F_number	P_S_numbe	Otime	Ntime	number	B_V_1	B_V_2	B_V_3	B_V_4	B_V_5	B_V_6	B_V_7	B_V_8	B_V_9	B_V_10	B_V_11	B_V_12	B_V_13	B_V_14	B_V_15	B_V_16	B_V_17
5	5	2018/6/21 0:00	2018/6/21 0:00	1	2.08	2.08	2.08	2.09	2.09	2.09	2.09	2.09	2.09	2.09	2.09	2.07	2.07	2.07	2.08	2.09	2.08
6	5	2018/6/21 0:00	2018/6/21 0:00	91	2.07	2.08	2.06	2.09	2.08	2.06	2.11	2.08	2.09	2.07	2.09	2.07	2.07	2.08	2.09	2.08	
8	5	2018/6/21 0:00	2018/6/21 0:00	271	2.07	2.07	2.09	2.09	2.09	2.09	2.08	2.08	2.08	2.08	2.08	2.08	2.07	2.08	2.07	2.07	
5	5	2018/6/21 0:01	2018/6/21 0:01	1	2.1	2.1	2.1	2.1	2.11	2.1	2.11	2.1	2.1	2.11	2.1	2.09	2.1	2.08	2.11	2.1	
6	5	2018/6/21 0:01	2018/6/21 0:01	81	2.08	2.09	2.09	2.1	2.1	2.09	2.1	2.08	2.09	2.11	2.08	2.09	2.08	2.09	2.1	2.08	
7	5	2018/6/21 0:01	2018/6/21 0:01	181	2.08	2.12	2.1	2.1	2.11	2.1	2.08	2.08	2.07	2.09	2.1	2.09	2.09	2.09	2.1	2.1	
8	5	2018/6/21 0:01	2018/6/21 0:01	271	2.08	2.08	2.1	2.11	2.11	2.1	2.1	2.1	2.09	2.08	2.08	2.09	2.08	2.09	2.1	2.09	
6	5	2018/6/21 0:02	2018/6/21 0:02	91	2.08	2.09	2.09	2.1	2.1	2.08	2.12	2.1	2.08	2.11	2.08	2.08	2.09	2.08	2.11	2.08	
7	5	2018/6/21 0:02	2018/6/21 0:02	181	2.1	2.1	2.1	2.11	2.11	2.1	2.08	2.1	2.09	2.11	2.1	2.09	2.08	2.09	2.11	2.09	
5	5	2018/6/21 0:03	2018/6/21 0:03	1	2.1	2.1	2.1	2.12	2.1	2.12	2.08	2.09	2.1	2.12	2.09	2.09	2.1	2.08	2.1	2.1	
6	5	2018/6/21 0:03	2018/6/21 0:03	91	2.08	2.08	2.1	2.11	2.1	2.08	2.1	2.1	2.08	2.11	2.09	2.08	2.08	2.1	2.08	2.08	
7	5	2018/6/21 0:03	2018/6/21 0:03	181	2.09	2.12	2.1	2.1	2.11	2.1	2.1	2.09	2.09	2.1	2.1	2.09	2.09	2.1	2.1	2.09	
8	5	2018/6/21 0:03	2018/6/21 0:03	271	2.08	2.08	2.1	2.1	2.11	2.1	2.08	2.1	2.09	2.1	2.08	2.1	2.09	2.09	2.1	2.08	
5	5	2018/6/21 0:04	2018/6/21 0:04	1	2.1	2.1	2.1	2.09	2.08	2.09	2.1	2.1	2.1	2.09	2.08	2.1	2.09	2.1	2.1	2.1	
6	5	2018/6/21 0:04	2018/6/21 0:04	91	2.07	2.08	2.09	2.1	2.09	2.08	2.11	2.1	2.09	2.08	2.08	2.08	2.08	2.08	2.1	2.08	
8	5	2018/6/21 0:04	2018/6/21 0:04	181	2.07	2.07	2.11	2.1	2.08	2.07	2.09	2.06	2.1	2.09	2.07	2.06	2.1	2.06	2.1	2.09	
5	5	2018/6/21 0:05	2018/6/21 0:05	1	2.1	2.1	2.1	2.12	2.1	2.1	2.1	2.09	2.1	2.11	2.09	2.09	2.1	2.08	2.1	2.1	
6	5	2018/6/21 0:05	2018/6/21 0:05	181	2.07	2.08	2.12	2.07	2.1	2.08	2.1	2.09	2.08	2.09	2.08	2.08	2.07	2.08	2.08	2.07	
7	5	2018/6/21 0:05	2018/6/21 0:05	271	2.07	2.07	2.1	2.11	2.1	2.08	2.1	2.09	2.1	2.09	2.07	2.09	2.08	2.1	2.08	2.07	
5	5	2018/6/21 0:06	2018/6/21 0:06	1	2.1	2.1	2.1	2.11	2.1	2.08	2.1	2.08	2.09	2.1	2.09	2.1	2.08	2.1	2.1	2.1	
6	5	2018/6/21 0:06	2018/6/21 0:06	91	2.1	2.08	2.07	2.09	2.08	2.08	2.09	2.09	2.09	2.08	2.08	2.08	2.07	2.08	2.09	2.07	
8	5	2018/6/21 0:06	2018/6/21 0:06	181	2.08		2.1			2.1						2.09			2.08	2.09	

图 6-8　电池电压、温度采集数据

是从一段时间内连续采样得到的各个单体电池的电压、电流、温度等数据中，按照充放电以及静置的周期来划分时间块，并统计出各周期内每节电池电量和电压的变化量、变化速率、总体离散程度等，为之后的特征提取、参数分配、数据分析做准备。

6.4.2　数据清洗

基于 Python 的 Pandas 库中的 DataFrame 数据结构，将一段表结构的二维数据整体导入为一个对象，并从各行各列出发进行筛选、运算、统计、合并等操作。将电池的各个数据表导出的同一段时间点的电压、电流、温度等数据导入到各个 DataFrame 数据结构中作为数据对象，以时间戳作为 index。再以各自的 index 作为指标进行整合操作，最终输出一张时间统一的数据表，如图 6-9 所示。

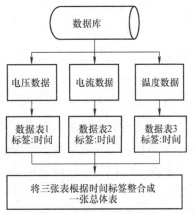

图 6-9　电池数据的整合过程

最后整合出的表的结构（以某两天充放电数据为例）如图 6-10 所示。

为了把一整段时间内的数据根据每次充放电周期进行分段分析，并提取相应

period	status	starttime	endtime	duration	offtime	ago_Curl	Curren	city_Cha	OC_rate	V_avg	V_consist_scatter	V_drop	T_Avg	T_drop	T_Max	T_Min	Droptime
0	discharge	2018-06-15 00:00:07	2018-06-15 00:00:07	1	1	6.4	0.000667	0.006667		1.981518	0.012116	0.012116	0	20.91786	0	29.5	23.7	0
1	charge	2018-06-15 03:01:08	2018-06-15 04:31:21	271	270	-86.8641	0.134773	-363.888		2.265298	0.029425	0.4977	61.72	29.80357	2.832143	33	26.7	-1
2	discharge	2018-06-19 18:08:02	2018-06-19 20:59:30	171	160	60.89053	0.101901	162.2417	0.959357	1.918018	0.016273		25.48357		25.48357	27	21.5	0
3	charge	2018-06-19 22:00:19	2018-06-19 22:59:17	179	-0.3257	0.007045	-0.97157		1.982857	0.01158	0.01927	25.60	26.98214	-3.96429	27	21.5	0
4	charge	2018-06-20 00:00:18	2018-06-20 07:01:11	421	420	-61.2671	0.102112	-428.97		2.351012	0.017966	0.362767	120.06	27.54286	3.142857	30	24.5	2018-06-20 04:39:32
5	discharge	2018-06-20 07:02:10	2018-06-20 08:59:41	118	-0.32712	0.00548	-0.64333		2.119018	0.013515	0.02541	-25.17	27.57857	0.089286	30	24.5	0
6	charge	2018-06-20 09:00:42	2018-06-20 11:59:30	179	58.59162	0.097653	174.7083		2.049167	0.015021	0.02742	-18.14	27.54286	-3.08214	31	24.2	0
7	fucheng	2018-06-20 12:00:29	2018-06-20 16:59:50	300	299	-0.34983	0.005583	-1.74333		1.656796	0.012398	0.02478	1.50	26.40993	-1.19071	30	22.7	0
8	fucheng	2018-06-20 17:00:49	2018-06-20 20:59:54	240	239	60.44654	0.100746	240.7867	0.943452	1.920685	0.010986	0.13243	-33.97	26.98036	0.571429	30.5	23.7	0
9	fucheng	2018-06-20 21:00:55	2018-06-20 23:59:42	179	-0.37151	0.006019	-1.10833		1.983452	0.01143	0.01183	7.55	25.62321	-1.33929	29	22.5	0
10	charge	2018-06-21 00:00:43	2018-06-21 06:41:30	401	400	-63.8943	0.10649	-425.562		2.351815	0.029162	0.376873	91.78	28.03929	3.251786	32	26	2018-06-21 04:40:57
11	discharge	2018-06-21 06:42:29	2018-06-21 09:00:07	138	138	-0.30145	0.005026	-0.69333		2.118095	0.013339	0.03398	-77.26	28.06964	-3.69821	31.5	24.7	0
12	discharge	2018-06-21 09:01:05	2018-06-21 11:90:40	156	156	58.45677	0.097426	151.985		2.025518	0.013595	0.01287	-13.9	26.98929	-1.09821	30.5	23.2	0
13	fucheng	2018-06-21 16:21:05	2018-06-21 16:59:14	39	34	-0.00294	0.00072	-0.22833						25.47143			21.7	0
14	fucheng	2018-06-21 20:21:18	2018-06-21 20:59:19	240	235	60.52255	0.100871	237.0467	0.946429	1.919851	0.016174		25.471		29	21.7	0
15	fucheng	2018-06-21 21:00:19	2018-06-21 00:00:06	180	180	-0.33722	0.005562	-1.01167		1.983095	0.011336	0.01788	10.13	24.73929	-3.95536	28	21.5	0
16	charge	2018-06-22 00:01:17	2018-06-22 07:06:00	425	424	-60.5778	0.109063	-428.083		2.351789	0.17722	0.18812	87.76	27.94404	3.232143	31	24.5	2018-06-22 04:39:21
17	discharge	2018-06-22 07:07:02	2018-06-22 08:59:31	113	113	-0.29640	0.004944	-0.55833		2.119732	0.018636	0.3283	-16.36	27.23929	-3.67857	30	24	0
18	discharge	2018-06-22 11:59:18	179		58.50838	0.097514	174.55		2.019762	0.013516	0.27708	-24.26	26.81071	-0.3125	30	24.5	0
19	fucheng	2018-06-22 13:00:49	2018-06-22 14:59:17	300	296	-0.36664	0.00245	-1.79867		2.057173	0.012406	0.01234	4.49	25.56036	-1.34821	28	22.5	0
20	discharge	2018-06-22 17:00:59	2018-06-22 20:59:44	240	239	60.50962	0.100516	240.3333	0.955357	1.920774	0.01596	0.13057	-34.73	25.72143	0.133929	28	23	0
21	fucheng	2018-06-22 21:00:41	2018-06-22 23:59:31	179	179	-0.31285	0.005521	-0.93333		1.984196	0.011925	0.01197	7.8	24.33857	-1.40179	28.5	21.7	0
22	charge	2018-06-23 00:01:31	2018-06-23 07:04:24	424	423	-60.5674	0.109996	-427.212		2.351796	0.17582	0.18329	94.9	27.72321	3.448214	30	24.5	2018-06-23 04:37:46

图 6-10　整合的各周期的特征数据

的指标，得到 DataFrame 格式的数据表，提出表 6-6 所示的指标作为数据统计的目标。

表 6-6　数据统计的指标

指标名	备注
状态	充电/放电/静置
时长	
平均电流	反映充放电周期内电流大小
电流倍率	平均电流/电池额定容量 根据额定倍率判断电池是否超过最大电流
充放电电量	由安时积分法算出
最高温度	充/放电截止时所有单体电池最高温度
最低温度	充/放电截止时所有单体电池最低温度
平均温度差	单个充放电周期内平均温度的变化量
电压压降	电池组总电压的变化量
单体电压离散度	单体电池电压的标准差，反映电池的一致性
过放电率	放电终止时，单体电压小于 1.95V 的电池占比 放电深度超过 60% 的电池占比，反映整体放电深度

　　由统计表和电站的运维记录可知，该电站运行于负荷削峰填谷模式，以一天为一个循环。每天凌晨 0 点开始进行一次恒功率 – 恒压充电，至上午 7 点左右截止，恒功率时段的电流约为 0.1C；白天 9 点和 17 点开始，分别进行一次 3h 的放电。在去除数据库中采样错误、数据丢失、解析错误的源数据后，对每天电站的工作做了初步的分析，再去除一些充放电意外终止、工作时长不同、工作模式不同的周期，选出 10 个工作时长为 7h、工作模式和电池状态基本相同的充电周期作为本次聚类的原始数据，这 10 个周期的编号分别为 16、22、30、36、57、75、81、102、112、124。

6.4.3　初步统计

原始的储能监控数据往往是 BMS 和 PCS 在运行中收集到的实时信息，基本以电压、温度、总电流等数据为主。在进行数据统计整合时，先要按照充放电状态分割时间周期，然后再通过数据统计得出各个电池在每个周期的工作状态，如平均电流、电流倍率、充放电电量、最高/最低温度、电压压降等有助于直观认识电池组状态的量。这些数据虽然详细充足，但涉及的变量太多，某些变量所反映的电池性质是重复的，还会有一些干扰因素影响聚类的结果，并且太多的变量也会使聚类结果的调整和评估变得困难。因此，在建模之前需要分析原始数据变量，构造并提取出与电池性质相关度较大、彼此之间又相对独立的数据维度。

在充分分析电池性能特点与实际运行规律的基础上，并考虑聚类算法结果的可视化，选取电池状态切换电压落差、单体电压标准差的和、每个周期的温度差3 个维度来对电池进行聚类，其定义见表 6-7。

表 6-7　3 个电池特征维度

维度	含义
状态切换电压落差	从恒功率充电向恒压充电转换时，单体电池电压的陡降值
电压标准差的和	每个时刻该电池单体电压与平均电压之差的绝对值之和
温度差	充放电结束和开始时的温度差

1. 状态切换电压落差

铅碳电池的电动势与其内部电解液酸的浓度有关系。电池的端电压与电解液中氢离子浓度有直接关系，在一定范围内，氢离子浓度越高，电压就越高，反之，电压就越低。

铅碳电池在恒功率充电时，电流大小一般稳定在 0.1C 左右，这时电池内部不断进行着还原反应，$PbSO_4$ 被不断还原成氢离子。由于硫酸溶液浓度扩散相对于电流充电的滞后性，在一个电池中，总是靠近电极的部分反应更为剧烈、氢离子浓度更高，远离电极的部分则氢离子浓度更低。在这种情况下，如果由恒功率充电切换为恒压充电，流过电池的电流会瞬间变小，对电极附近氢离子的浓度的影响也会变小，这时电池内部的浓度扩散会主导氢离子浓度的变化，也就是说电池内部的氢离子会重新平衡，由之前的电极附近浓度大、中间浓度小的状态转换为一个较为平均的状态，从而使电极附近的氢离子浓度迅速降低，此时从外部来看，电池电压发生了一次陡降（见图 6-11）。陡降电压的大小，是由电池内部电解液浓度、参与电化学反应的活性物质的多寡、正负极材料的凝聚态结构等因素决定的，与电池的固有性质、健康状态息息相关，可作为聚类的维度之一。

2. 电池电压标准差的和

图 6-12 中展示了一次 7h 充电过程中，两条电压变化曲线。其中的虚线表示

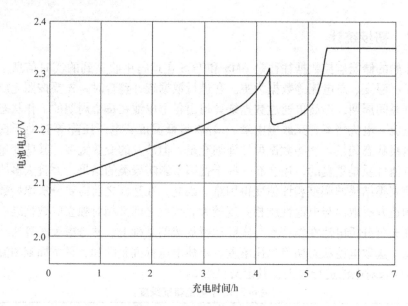

图 6-11　状态转换电压落差

电池组中所有电池电压的平均值，实线是某个单体电池的电压曲线（本例中为38号电池）。电池电压标准差的和就相当于图中两条曲线之间灰色阴影部分的面积，表达式为

$$SVSD_i = \int_0^{t_0} | v_{\text{average}}(t) - v_i(t) | \, dv \qquad (6\text{-}1)$$

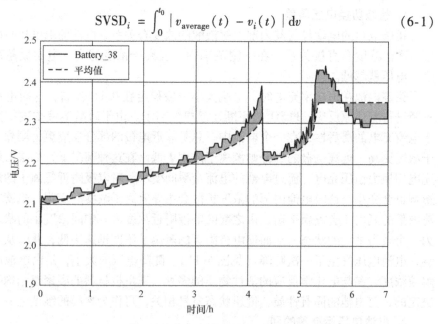

图 6-12　电池电压标准差的和

式中，$v_{average}(t)$ 代表整体平均电压随时间的变化曲线，$v_i(t)$ 代表第 i 号电池的电压曲线。电池电压标准差的和即为电池电压与平均电压的差的绝对值在整个充电时间段内的积分，代表单体电池偏离整体的程度。值得注意的是，在实际的数据收集中，电压的测量不是连续的，往往会有几秒到几分钟时间间隔，所以该参数值通过把所有时间点上电压差的绝对值相加而得。

3. 温度差

电池在充放电过程中发生的热变化，与电池本身的健康状态息息相关。电池在工作中的生热主要有四个来源：电池欧姆内阻生热、电池内部化学反应生热、电池极化反应生热和电池副反应生热[110]。电池的健康度与其本身内部电化学反应物质的多寡有很强的相关性，这些物质的浓度不同导致了电池工作时欧姆内阻、极化反应和电化学反应产生的热量不同。越老化的、效率越差的电池，在充放电周期内温度的升高就越大。因此，温度的变化值与电池的健康状态也有一定的相关性，所以将电池的温度差列为第 3 个数据维度。

对挑选好的 10 个周期的原始数据按照这 3 个数据维度进行计算整合后，形成 10 个新的数据表保存在数据库中，作为聚类算法的输入数据。

6.4.4　聚类的预处理——权重分配

由于电池储能系统的工作是多周期循环的，数据特性分布在每一次工作周期中。因此，储能系统聚类分析的一个特点是多次聚类。这需要将多次工作循环的数据提取并整合成一个统一的数据特征模型，因而每次聚类的输入数据需要统一。算例中选取了 10 个周期的数据统一进行权重分配，并把 3 个维度的数据归一化，将所有数据限制在（0，1）之间。

在聚类算法中，度量相似度的尺度是欧氏距离，如果分配给所有维度上的属性的权重相同，那么很可能导致数据点在样本空间中产生距离失真，即如果空间中的两点在重要属性上距离很近，但由于其他无关属性（噪声点）对距离的影响，这两点在欧氏空间中可能被度量为很远。因此，通过给各个维度分配不同的权重，可以改进算法性能，使聚类结果更加合理。

本章构建的三维数据模型，是在已有电池数据基础上提炼出的 3 个与电池健康状态相关度较强的参数。由于各个维度上的属性对于电池的影响并没有非常严谨、量化的结论，如果权重参数选取不当，会使得聚类的过程和结果缺乏可解释性。

与其他聚类不同的是，储能系统的聚类分析，是每个充电周期的数据单独进行一次聚类，所得结果再进行汇总分析。由于每个周期的电池数据各有不同，如果使用自适应算法进行计算，则得到的每个周期的权重参数也各不相同。因此，为了使各次聚类结果有可比性，需要采用统一的权重分配策略。

　　为了验证这种权重选择方式的有效性，引入一种霍普金斯统计量（Hopkins Statistic）和自适应权重法作为验证。霍普金斯统计量说明了数据集 D 有多大可能性遵守空间的均匀分布，其流程如下：

　　1）从所有样本中随机找 n 个点，对每个抽样点，都在样本中找一个离其最近的点，然后求距离，用 $x_1, x_2, \cdots, x_n$ 表示。

　　2）在样本空间中随机找 n 个点，对每个点都在样本中找一个离其最近的点，然后求距离，用 $y_1, y_2, \cdots, y_n$ 来表示。

　　3）求霍普金斯统计量 H：

$$H = \frac{\text{sum}_{i=1}^{n}\, y_i}{\text{sum}_{i=1}^{n}\, x_i + \text{sum}_{i=1}^{n}\, y_i} \tag{6-2}$$

　　在进行聚类分析之前，霍普金斯统计量用于验证整理后的数据的聚类趋势。式（6-2）中，如果聚类趋势不明显，则 H 接近于 0.5，反之，则 H 接近 1。

　　在设定了维度和权重之后，得到了用来聚类的输入数据。对 10 个周期的数据进行霍普金斯统计，同时列出未进行权重调整的原始三维数据的霍普金斯统计结果做比较，见表 6-8。

表 6-8　霍普金斯统计值

充放电周期编号	霍普金斯统计量	
	权重调整前	权重调整后
16	0.796352527409	0.908477997527
22	0.879751346778	0.862010899497
30	0.823770171744	0.913688086031
36	0.821897000873	0.889539068415
57	0.801573327229	0.939458597911
75	0.840932302602	0.881858467039
81	0.854802570108	0.899785496223
102	0.768091677497	0.840077358866
112	0.788865975425	0.855340986224
124	0.69586838624	0.882424664478

　　由霍普金斯系数的特性可知，越接近 1 的统计结果，说明数据集越倾向于凸型数据，越适合于聚类分析。从表 6-8 中可以看出，各周期的数据在进行权重调整后，霍普金斯统计值均有 0.05 ~ 1 的增长（周期 22 除外），并且各周期的系数都大于 0.8，证明了权重调整对于聚类数据的预处理是有效的，处理好的数据可以作为聚类算法的输入。

　　另外，虽然从霍普金斯系数上来看，权重的调整并没有起到质变的作用，但实际上由于此数据模型在 3 个维度之间有数量级的差距，归一化的权重调整对聚类的效果是有很大影响的，这一点可以通过分析数据分布来确定。选择霍普金斯系数变化不大的周期 22 数据为例，画出权重分配前后的三维数据分布图，如图 6-13 所示。

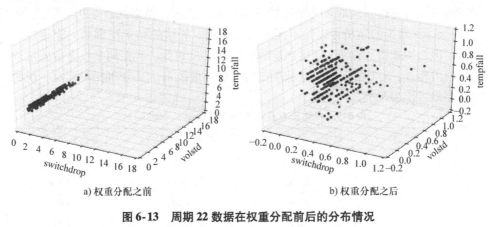

a) 权重分配之前　　　　　　　　　　　b) 权重分配之后

图 6-13　周期 22 数据在权重分配前后的分布情况

由图可见，经过权重归一化之后的数据在整个样本空间上分布得更加平均。虽然权重调整之前的数据从霍普金斯统计结果上来看也许更适合聚类，但很明显聚类的结果只会按照"电压标准差的和"这个参数分成大、中、小 3 个类，而图 6-13b 更加分散的数据经过聚类分析之后，能更好地反映电池的分布情况。

在没有目标值的情况下，难以进行参数敏感度分析。本节采用的自适应权重法反映的是各维度的属性对于聚类结果的影响，一定程度上有敏感性分析的效果。自适应权重法的流程如下：

1）对聚类的数据集进行归一化。

2）对归一化后的数据进行数目为 k 的聚类分类。

3）对于每个维度 j，计算类内部距离之和 d_1：

$$d_1 = \sum_{k=1}^{K} \sum_{i=1}^{n_k} (x_{ij} - m_{kj})^2 \tag{6-3}$$

式中，m_{kj} 为聚类 k 在维度 j 属性上的均值。

4）再求类间距离之和 d_2：

$$d_2 = \sum_{k=1}^{K} (m_{kj} - m_j)^2 \tag{6-4}$$

5）由上述结果，得出维度 j 对聚类的贡献度 $c_j = d_2 / d_1$。

6）最后，得到特征权重 w_j：

$$w_j = c_j / \sum_{j=1}^{m} c_j \tag{6-5}$$

自适应权重法可以比较各个维度上数据的属性贡献度，对于某个维度，如果聚类的结果在这个维度上是类内紧凑、类间远离的，则该维度的数据的区分对象能力更强，对聚类的贡献更大，反之亦然。

自适应权重法在运算时会进行 k‑means 聚类，因此需要在输入环节给出聚类的参数 k，也就是簇类的数目。在数据集的真实聚类数目不可知的情况下，为保证结果的可靠性，选取了几个连续的 k 值进行运算，结果见表6‑9。可知，由于 k‑means 聚类的随机性以及不同 k 值的影响，算法的结果呈现出一定程度的波动，但总的来说，权重1（电压陡降）的敏感度稍低，其他两个权重敏感度较高且较为相近，3 个维度的权重基本在同一个数量级内，且分布相对稳定，说明该数据集可作为聚类算法的输入。

表6-9 自适应权重法下的特征权重（周期22）

k 值	权重1（电压陡降）	权重2（离散度）	权重3（温度差）
3	0. 14	0. 41	0. 45
3	0. 14	0. 41	0. 45
4	0. 08	0. 43	0. 49
5	0. 07	0. 18	0. 75
6	0. 21	0. 35	0. 44
6	0. 21	0. 49	0. 3

6.4.5 聚类的预处理——手肘法确定聚类数

确定了权重之后，另一个在聚类之前确定的重要参数为聚类的数目 k 值。

目前，在 k‑means 聚类算法 k 值确定问题上，业界提出了一些聚类函数指标，如 calinski‑harabasz 指标、weighted inter‑intra 指标等。利用这些函数指标可检验聚类结果的有效性，进而计算出最佳的聚类中心点个数。本节在分析各类指标及优化算法的基础上，采用 SSE 肘部法来确定 k‑means 算法的聚类中心数。

手肘法的核心指标是误差平方和（Sum of the Squared Errors，SSE）：

$$SSE = \sum_{i=1}^{k} \sum_{p \in C_i} |p - m_i|^2 \tag{6-6}$$

式中，C_i是第 i 个簇，p 是 C_i中的样本点，m_i是 C_i的质心（C_i中所有样本的均值），SSE 是所有样本的聚类误差，代表了聚类效果的好坏。随着 k 值增大，聚类更为细化，SSE 值会逐渐变小。

当 k 值小于有效聚类数时，SSE 的下降幅度会很大；而当 k 值越过有效聚类数时，继续增加 k 值所得到的聚合回报会迅速变小，所以 SSE 的下降幅度会骤减，然后趋于平缓。可见，SSE 和 k 值的关系图（见图6‑14）是一个手肘的形状，而这个肘部位置对应的 k 值就是合理的聚类数。

k 值的确定，除了考虑手肘法的分析结果，还从电池组的角度考虑，作为数

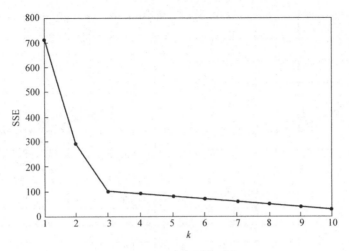

图 6-14　手肘法的示例

据来源的电池组里各个电池性质并不会相差太多，为避免过度聚类，选取 k 值的数目时倾向于更小的值。10 个周期储能数据的手肘分析结果如图 6-15 所示。

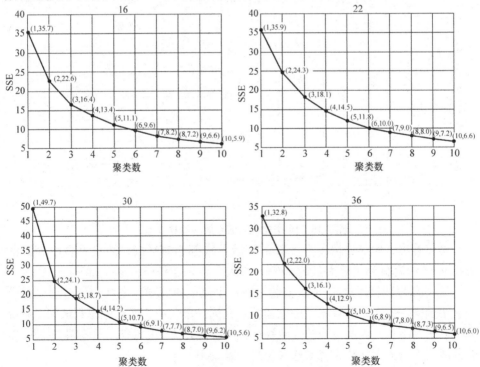

图 6-15　10 个充电周期手肘法结果

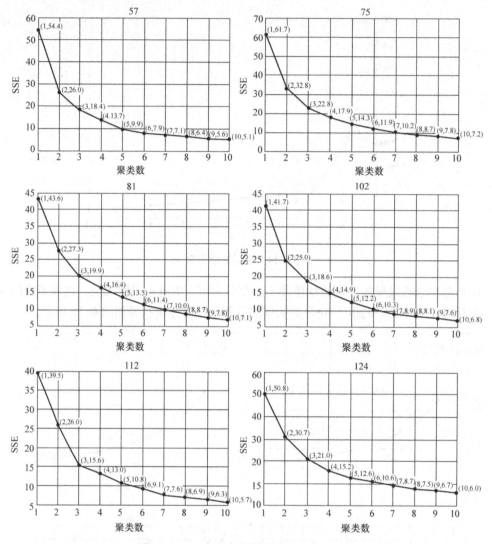

图6-15 10个充电周期手肘法结果（续）

可以看出，大部分情况下 SSE 的衰减曲线都相对平滑，而且大多数 SSE 的值在 $k=3$ 时降低到了最大值的 35%，本次聚类选定 $k=3$，原因如下：

1）作为数据来源的电池组安装于同一个储能单元中，电池出厂时会进行分选，挑选同一批次、参数相近的电池配置在同一单元中，而且考虑到该储能系统运行时间并不长，因此电池的一致性往往不会出现太大的偏差，所以电池健康度的分离度不会太大，故 k 值的选取应当尽量偏小。

2）在电池数据的有效聚类数目未知的情况下，盲目增加聚类数目会使结果的解读变得更加困难。

3）由图 6-13 所示权重分配的散点图可以看出，电池状态的分布情况大概率为一种中心密集 – 边缘分散的状态，这种情况下增加聚类数目，会使聚类结果的稳定性变差。

6.4.6　k – means 聚类结果

根据建立的模型，将处理后的数据用 k – means 聚类算法进行电池分类，部分聚类结果的三维散点图如图 6-16 所示。

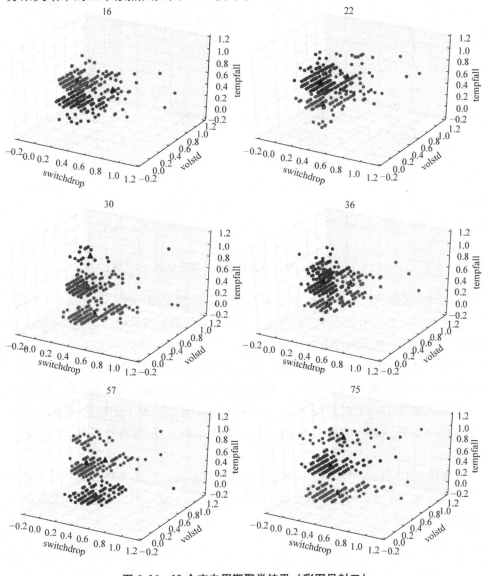

图 6-16　10 个充电周期聚类结果（彩图见封二）

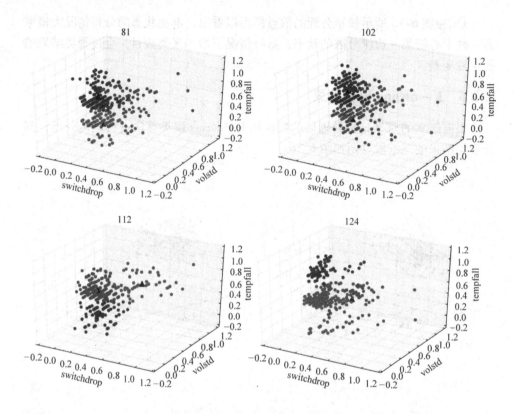

图 6-16　10 个充电周期聚类结果（彩图见封二）（续）

　　总体来看，大部分单体电池根据温度变化量的不同，被分成 2 ～ 3 个大类，一些离散的数据点则分布在边缘位置，在大多数的聚类结果中，这些点被分配到同一个具有较大电压陡降值的划分中。

　　对于电池来说，某一次特定的电池聚类结果并不能作为强有力的依据，因此对于多次聚类结果的统计分析是必要的。针对 10 次聚类结果，统计每个点到其聚类中心的欧氏距离，并把多次结果相加。为了定位边缘点，统计了每个电池被分到"电压陡降值"最大组的次数，结果如表 6-10 和图 6-17 所示。

　　如图 6-17 所示，160#和 328#电池的离散度最大，分入"电压陡降值"最大组的次数也较多，它们属于散点图上较为离群的几个点，可认定该电池的健康状态较差。

表 6-10　各周期的 k – means 统计结果

电池号	次数	距离和	电池号	次数	距离和
B_V_160	10	9.600892	B_V_171	7	4.848516
B_V_9	9	5.050595	B_V_172	7	4.522786
B_V_10	9	4.640823	B_V_174	7	4.303712
B_V_157	9	5.51755	B_V_175	7	4.72646
B_V_158	9	4.770785	B_V_176	7	4.286565
B_V_8	8	4.304551	B_V_177	7	3.849898
B_V_166	8	6.054962	B_V_185	7	3.220574
B_V_178	8	5.014531	B_V_191	7	3.606561
B_V_11	7	3.923634	B_V_244	7	4.685539
B_V_12	7	4.059658	B_V_319	7	5.207588
B_V_84	7	4.560755	B_V_325	7	5.420041
B_V_86	7	4.606139	B_V_326	7	4.262572
B_V_87	7	5.551331	B_V_327	7	4.423611
B_V_88	7	5.526712	B_V_328	7	9.075477
B_V_164	7	4.153094	B_V_329	7	4.145793
B_V_165	7	4.91528	B_V_6	6	3.114641
B_V_168	7	4.608586	B_V_7	6	3.118082
B_V_169	7	5.34698	B_V_31	6	4.516669
B_V_170	7	4.726273	B_V_72	6	4.140908

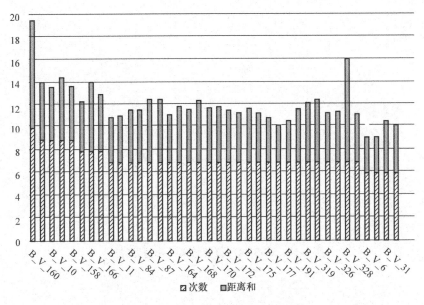

图 6-17　k – means 聚类结果统计

DBSCAN 密度聚类验证

DBSCAN 算法的机制使其非常适用于寻找数据集中的离群点。在 DBSCAN 算法的输出数据中，离群点会被分配到一个专门的分类中。本例中，DBSCAN 的输入数据与前面 k‒means 的相同，聚类参数设置为 eps = 0.2，$r = 5$，聚类结果如图 6-18 所示。

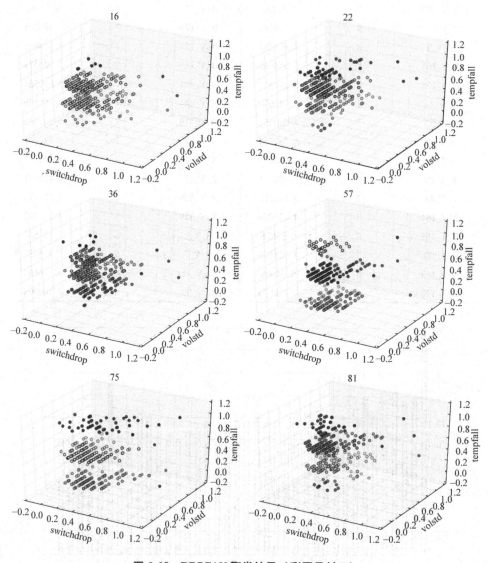

图 6-18 DBSCAN 聚类结果（彩图见封三）

118

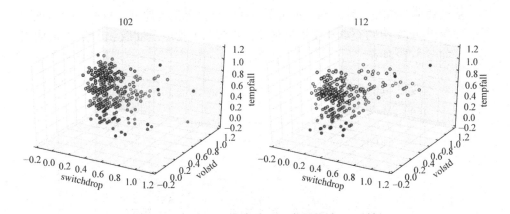

图 6-18　DBSCAN 聚类结果（彩图见封三）（续）

在各次聚类中，每个电池被标记为噪声点的次数被单独统计并累计起来，见表 6-11。

表 6-11　离散点标记次数统计

编号	噪声次数	编号	噪声次数
B_V_132	9	B_V_119	1
B_V_160	9	B_V_156	1
B_V_328	9	B_V_158	1
B_V_38	6	B_V_159	1
B_V_157	2	B_V_161	1
B_V_28	1	B_V_166	1
B_V_85	1	B_V_173	1
B_V_87	1	B_V_232	1
B_V_88	1	B_V_284	1
B_V_114	1	B_V_327	1
B_V_115	1	B_V_1	0
B_V_116	1	B_V_2	0
B_V_117	1	B_V_3	0
B_V_118	1	B_V_4	0

表 6-11 中，132#、160#、328#电池被标记为离群点的次数最多，这与 k - means聚类结果的统计分析吻合。可以认为这些电池的健康状态较差，使得整个电池组的一致性变差。由此可见，通过数据分析可以定位电池组中健康状态较差的一批电池。

根据聚类结果的统计分析，定位了 38#和 132#电池健康状态较差，绘出这两个电池在周期 22 中的充电电压变化曲线，并与总平均电压曲线和 1#电池的曲线比较，如图 6-19 所示。

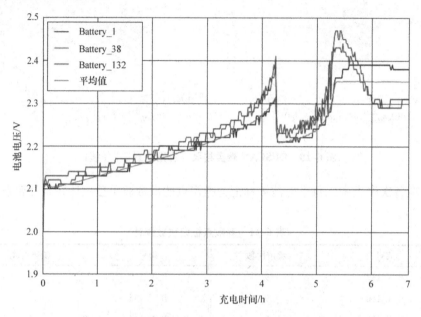

图 6-19　单节电池充电电压曲线比较（彩图见插页）

图 6-19 中，从初始的恒功率充电开始，聚类结果中分布状况最差的 132#电池的电压升高速度明显高于平均电压和 1#电池电压。在恒功率充电截止时刻，132#电池的电压已经高出平均值 0.1V 左右。在恒功率充电向恒压充电切换时，132#电池的电压陡降也明显大于平均水平。而作为对比的 1#电池电压曲线则与平均曲线基本符合。可以看出，与电池总体的平均健康状态相比，132#电池有着更差的健康状态，而 38#电池则介于两者之间。

6.4.7　电池健康状态分化

图 6-20 中给出了储能系统充电初始和截止时刻的温度分布。其中纵轴为温度，横轴为温度采集器编号，一条曲线代表某一个周期内各电池温度的分布情况。需要说明的是，本案例中电池数量是 336 节，6 节电池共用同一个温度传感器，温度传感器的编号为 1～56。

由温度的分布可看出，对比各个周期，相互之间的温度分布规律类似，在充电截止时，整体温度会有所上升。然而，各个电池在整个储能系统中的工作温度是不同的，存在一定的温差，这是导致单体电池运行状态差异的主要原因，进而

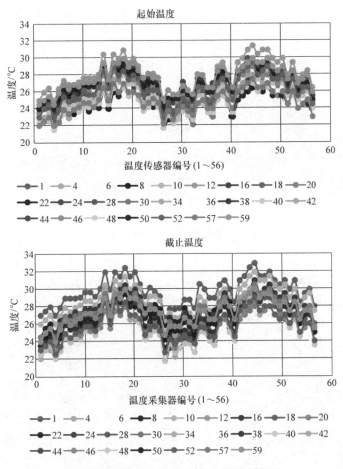

图6-20 温度分布曲线比较（彩图见插页）

引起老化进程的不一致性。为了进一步验证这一观点，结合该储能系统的实际运行环境进行分析，其三维简图如图6-21所示。

如图6-21所示，该电池储能系统为机房布置，336节铅碳电池分别装配在4个支架上，立式空调安置于机房右边角落。电池之间按照物理位置排布关系进行编号并接线。整个电池组的对外端口接至PCS，电池架上还集成了BMS。

将k－means聚类算法统计结果中排在前面的电池（见表6-10）在物理分布图中标出，如图6-22中绿色标记电池所示。这些电池的结果统计的主要特点是，恒功率－恒压切换时电压的陡降值都比较大，属于聚类散点图中偏向边缘位置的点。

同时，将DBSCAN算法查找出的离散点电池在图6-22中标出（橙色标记），分别对应着老化程度最大的132#、160#、328#、38#电池。

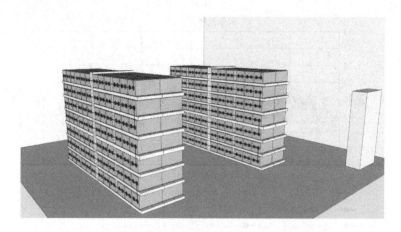

图 6-21　铅碳储能系统的电池室布置图

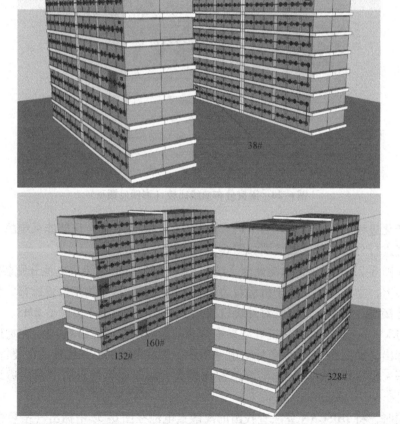

图 6-22　聚类分析统计的离散电池（上图为第一、三排，下图为第二、四排）（彩图见插页）

　　以上 k‐means 聚类算法的统计分析，是根据 3 个与电池相关的数据特征分析得来的。虽然这 3 个参数与电池的健康状态间的关系还没有严格的理论解释，但可以根据电池分类结果、物理位置分布与连接关系、物理环境，以及电池批次等进一步追踪分析个别电池老化程度加大的原因。在足够的案例和数据基础上，可以对电池材料配方及工艺流程、系统配置和动环设计、运行与维护过程等提供优化方案和参考。

第3篇 储能在电力系统中的应用

　　电力系统一方面是能源结构优化调整的载体，需要消纳更多的清洁能源，另一方面需要提升自身运行水平，在保障安全、可靠的前提下实现高效、经济运行。本部分结合电力系统的典型发展模式，重点从微电网、可再生能源发电性能改善、虚拟电厂等的发展出发，分析储能的作用及其控制方法。

第 7 章
储能在微电网中的应用

微电网作为分布式发电高效接入和负荷供电可靠性提高的重要途径，将在电力系统中广泛存在。储能作为微电网的重要组成部分，在微电网运行控制和能量管理中不可或缺。本章分析了储能在微电网中的作用及其运行控制方法等。

7.1 微电网中储能的作用和微电网的主要应用形态

微电网是以分布式发电技术为基础，以靠近分散型能源或用户的小型电站为主体，结合终端用户电能质量管理和能源梯级利用技术形成的小型模块化、分散式的供能网络[112]。微电网可以孤岛运行、并网运行，以及实现两种模式的无缝切换。对于大电网，微电网可以视为一个"可控单元"[113]，具有一定的可预测性和可调度性，能够快速响应系统需求；对于用户，微电网可以视为定制电源，能够满足多样化的用电需求，如增强局部供电可靠性，降低馈线损耗，提高能效，校正电压下限，或不间断供电[114]。目前，微电网已经成为解决电力系统安全稳定问题，实现能源多元化和高效利用的重要途径。

与传统电网不同，微电网中的微源大多基于逆变器或小容量异步发电机发电，系统惯性小，阻尼不足，不具备传统电网的抗扰动能力。在微电网中，风电或光伏等可再生能源发电的间歇性与随机性、负荷的随机投切以及微源的并网/离网等过程会给系统稳定运行和电能质量造成较大影响，引起电压和频率波动，甚至系统失稳[115-117]。

储能通过 PCS 可以实现功率的四象限灵活运行，实现微电网有功和无功的瞬时平衡，其效果相当于增强了系统惯性和阻尼，提高了系统稳定性[118-120]。由于储能的作用，微电网可以实现微源和负荷这两组不相关随机变量的解耦，有效削减风电和光伏等间歇性电源对微电网及大电网的负面影响，提高可再生能源发电的并网接纳能力。此外，储能还是微电网定制电力技术的物理基础，能够满足用户对电能质量、供电可靠性、安全性和经济性的多种要求。

本节从运行机理和基本功能出发，分析了储能在微电网中的作用，介绍了适宜于微电网的典型储能控制策略。

7.1.1 微电网中储能的作用

微电网的首要目标是稳定运行，这是微电网发展的基础；其次是保障重要负荷的电能质量和可靠性，这是满足用户高质量用电需求的关键；再次是容量可信度，能够实现适度的可调度性与可预测性，这是微电网能够规模化接入大电网的保障。

作为微电网的重要功能单元，储能是微电网实现稳定控制和能量管理的核心与载体。储能在微电网的作用，可以从系统启动、稳定控制、电能质量改善，以及适度的容量可信度等几个方面分析[121]，如图7-1所示。

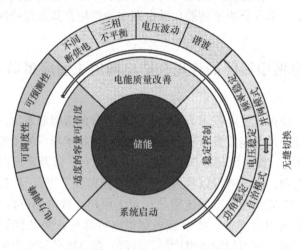

图7-1 储能在微电网中的作用

1. 系统启动

微电网的启动可以在独立运行模式下进行，需要稳定的组网电源来完成系统启动。储能通过PCS可以实现稳定可控的交流电压输出，具有担任组网电源的技术条件。以储能组网的微电网，常见的有光储微电网、风光储微电网等。

微电网启动完成后，在独立工作模式下，储能可以实现或参与系统的电压和频率控制，并实时监控电网状态，调整自身输出电压的幅值和相位，在满足条件后并网。在并网工作模式下，储能单元则可以实现自身能量优化管理，并可以对微电网与大电网公共耦合点（PCC）处的潮流进行优化控制，以提高微电网并网运行可控性。当微电网在离网和并网两种模式之间转换时，储能则需要参与实现系统的平滑过渡。基于储能的微电网运行过程如图7-2所示。

2. 稳定控制

微电网中的微源以逆变型为主，不具备传统电网的系统惯性和抗扰动能力，

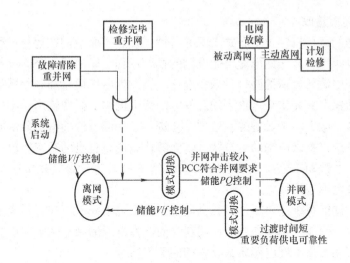

图 7-2　应用于微电网的储能运行控制过程

微源的间歇性变化和负荷的随机投切会造成有功或无功的瞬时不平衡，进而引起系统电压、频率的波动，影响系统的稳定运行。

此外，由于微电网线路的 R/X 参数值较大，系统有功和无功不能充分解耦，使得传统的稳定控制手段不能有效运行。

储能可以快速吞吐有功和无功功率，影响微电网内部的节点电压和潮流分布，实现对微电网电压和频率的调节控制，等效于传统电力系统的一次调频。储能系统进行稳定控制时，其所需的支撑时间一般为秒级至分钟级，需要的储能量较少，在技术上和经济性上均较为可行。储能在微电网稳定控制中的作用如图 7-3 所示。

随着微电网的规模化发展，储能系统的稳定控制作用日益重要，其意义不仅限于微电网自身的稳定运行，还可以通过对 PCC 的灵活控制，为公共电网运行提供重要技术支撑。

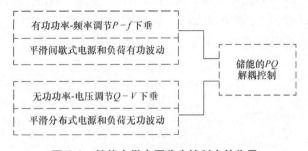

图 7-3　储能在微电网稳定控制中的作用

3. 电能质量改善

微电网的运行机制及分布式电源的特性，决定了微电网在运行过程中容易产生电能质量问题。分布式电源与微电网的投切过程、微电网与公共电网的投切过程、分布式电源和负荷的随机性功率变化，会发生电压质量和频率质量问题。尤其是在包括风电或光伏等可再生能源发电的微电网中，微源输出功率的间歇性和随机性及基于电力电子装置的发电方式会进一步加剧系统的电能质量问题。

储能系统根据微电网的运行状态，能够快速调整自身的功率输出，抑制系统电压和频率的波动，削减系统主要的谐波分量和无功分量，并实现三相平衡运行，改善微电网电能质量。

此外，储能系统还可以在微源供电不足或供电中断时，保障系统重要负荷的不间断供电。储能的不间断供电作用在含间歇性电源的独立微电网中显得尤为重要。基于储能的微电网电能质量改善如图7-4所示。

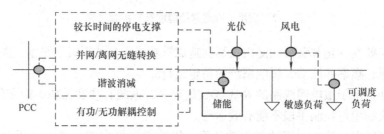

图7-4　基于储能的微电网电能质量改善

4. 适度的容量可信度

微电网要实现规模化并网，除了需要保障自身的稳定运行，还需要具备适度的容量可信度，即相对于大电网，微电网可以作为一个可控的电源或负荷，具有一定的可调度性与可预测性。由于微电网中存在微源和负荷两组不相关的随机变量，配置储能可以实现两者的解耦，能够在多个时间尺度上实现系统功率的平准控制，实现微电网的适度可调度性与可预测性。此外，储能与分布式电源相结合，还可以实现对大电网的峰谷调节，减缓配电系统的升级改造压力，提高负荷率。储能对分布式电源和PCC功率的平滑作用如图7-5所示。

图7-5　储能对分布式电源和PCC功率的平滑作用

　　由于储能的成本较高，在配置储能时的经济性是重点考量的因素之一，将储能的作用与微电网及公共电网的能量管理有机结合起来，以尽可能少的储能量实现系统功能和性能的较大提升，取得最佳技术经济性。

7.1.2　微电网的主要应用形态

　　微电网具有很明显的本地化特性和定制化特点，不同地区的自然条件、资源禀赋和负荷特性差异很大，因此，微电网在结构和运行控制上会有较大区别，而各地发展微电网的技术路线和实现方式也会各具特色。总体来看，微电网的应用场景主要包括：

　　1. 与城市工商业园区、公共事业单位结合

　　城市大中型商业区和居民区用电、热、冷负荷都非常集中。按照国家能源结构调整的要求，新开发的城镇不宜走烧煤污染或低效率单烧液化天然气的老路，也不适合采用分体式空调或窗式空调。因此，可以考虑采用燃气轮机等冷热电联供机组替代传统能源形式，有条件的地区还可以采用地源热泵，并适当结合建筑光伏和储能，形成单建筑或多建筑级微电网，向用户提供完整的能源供应。在此基础上，可以通过能量管理策略和需求侧管理来控制微电网内整体的电、热和冷的消耗，实现能源梯级利用，提高用户能源灵活性，缓解城市电网扩容等的压力。对于重要的商业和工业用户，还可以通过微电网的无缝切换等功能进一步提高供电质量和可靠性。

　　2. 与城市郊区别墅、度假村、农业生态园区结合

　　城市郊区别墅、度假村、农业生态园等地区通常可再生能源资源比较丰富，有大量屋顶和闲置地可以利用，部分地区甚至还可能有一些水力资源或生物质资源。因此，可以考虑采用小水电、光伏发电、沼气发电等分布式电源，形成一个馈线级微电网。在此基础上，通过微电网的优化管理，使可再生能源得到最大化利用，减少温室气体排放，并为馈线和邻近地区提供无功电压支撑和电能质量改善等辅助服务。

　　3. 与偏远地区结合，如北部山区、西南干热河谷地区

　　为远离电网地区、电网末梢地区或者地理上的孤岛地区供电是一项极为重要的工作。我国"三北"地区风力和光照资源丰富，而西南地区水力资源发达，生物质资源充裕。因此，可以考虑通过合理配置可再生能源和储能，如风光互补发电系统、水光互补发电系统等，形成可孤岛运行或与大电网连接并互为备用和支撑的微电网，为这些地区提供可靠的电力供应，在充分利用当地资源、促进可再生能源在偏远地区开发利用的同时，改善这类地区的供电条件，加快区域经济发展，并实现环境保护。

4. 军用微电网

数字化、信息化、网络化的现代军事，对电力的需求越发强烈，对供电的安全、可靠、保密、经济与高效要求越来越高。通过微电网的整合作用，在军事设施或基地中增加分布式发电，减小对外能源依赖，提高供电的安全性；通过储能提高军事微电网的自愈与再生能力，提高供电可靠性；通过储能对电力潮流和谐波的调节与伪装，切断敌方通过用电信息判断我方动态的途径，提高军事行动的保密性，军事应用已然成为微电网发展的重要方向。

7.2 基于储能的微电网并/离网控制

一般地，微电网需要具有离网运行和并网运行两种模式，为了保证微电网内重要负荷的供电可靠性，微电网还应具备并网/离网模式间的平滑切换能力，这也是微电网发展的重要支撑性技术。

对于以储能作为组网电源的微电网，储能系统需要根据实际情况在离网运行和并网运行两种模式之间切换，在控制方式上主要体现为 PCS 从并网运行时的 PQ 控制方式转至离网运行时的 V/f 控制方式，以及从离网运行时的 V/f 控制方式转至并网运行时的 PQ 控制方式，使微电网内其他分布式电源和负荷持续运行，如图 7-6 所示。

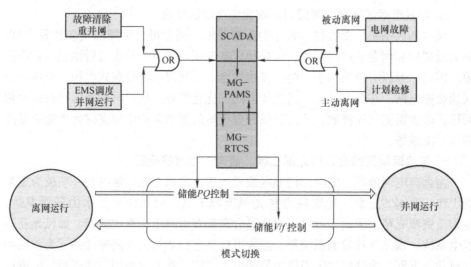

图 7-6 基于储能的微电网组网运行控制过程

7.2.1 并网运行控制

当储能作为微电网组网电源时，储能 PCS 的控制非常关键，是微电网并网/离网运行模式切换的控制主体。PCS 一般采用电压源型变流器（VSC），以及 *LCL* 滤波电路，因而可以采用 3 个控制环进行控制，包括并网电感电流环、滤波电容电压环、滤波电感电流环。

如图 7-7 所示，并网运行时，控制器逻辑开关置位于"并网运行"模式。并网电感电流环实现 PCS 对外功率交换的调节，可以接受微电网 EMS 的调度；滤波电感电流环有利于提高 PCS 的动态性能，并可以实现对主电路的过电流保护。

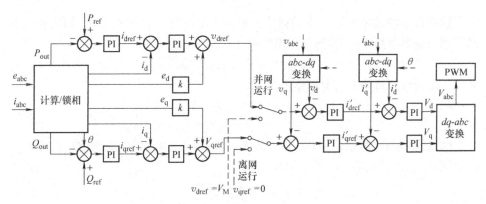

图 7-7　储能 PCS 并网运行控制框图

当微电网并网运行时，储能 PCS 一般运行于 *PQ* 模式时，接受微电网 EMS 发出的功率 P_c、Q_c 调度指令，利用式（7-1）可求解 i_{dref}、i_{qref}，进一步得到滤波电容电压参考值 v_{dref} 和 v_{qref}，以及滤波电感电流参考值，产生控制 PCS 的 PWM 信号。此外，为了提高 PCS 控制器对电网电压变化的抗扰动能力，可以引入电网电压前馈环节。

$$\begin{cases} P_c = 1.5(e_d i_{dref} + e_q i_{qref}) \\ Q_c = 1.5(e_q i_{dref} - e_d i_{qref}) \end{cases} \tag{7-1}$$

式中，e_d、e_q 分别为电网电压 e_{abc} 的 *dq* 轴分量，i_{dref}、i_{qref} 分别为 i_{abc} 参考值的 *dq* 轴分量。

在该运行模式下，储能 PCS 可以根据自身需求（或接受电网调度指令）从公共电网吸收或向其输出一定的有功/无功功率，以实现微电网与公共电网 PCC 在一定时间内的潮流稳定，使微电网相对于公共电网成为一个"可控单元"。

图 7-8 所示为 PCS 并网系统的单相等效电路和矢量图，图中，$\dot{V}$ 为经过滤波

后的滤波电容电压，其波形近似正弦波，$\dot{E}$ 为理想的电网电压，$\dot{V}_\mathrm{L}$ 为并网电感两端电压，$\dot{I}_\mathrm{g}$ 为并网电流[48]。

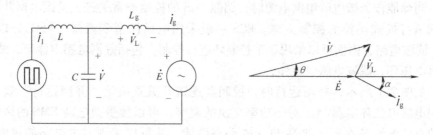

图 7-8　单相并网等效电路和矢量图

通过调节滤波电容电压 $\dot{V}$ 的幅值和超前于电网电压 $\dot{E}$ 的相角 θ，即可改变并网电感两端的电压 $\dot{V}_\mathrm{L}$，根据基尔霍夫电压定律，得到

$$\dot{V}_\mathrm{L} = \dot{V} - \dot{E} = j\omega L_\mathrm{g} \cdot \dot{I}_\mathrm{g} \tag{7-2}$$

式中，ω 为电网角频率，并网电流为

$$\dot{I}_\mathrm{g} = \frac{\dot{V} - \dot{E}}{j\omega L_\mathrm{g}} \tag{7-3}$$

假定电网电压的相位为 0，幅值为 E，则 $\dot{E} = E\angle 0$，相应的滤波电容电压为 $\dot{V} = V\angle\theta$，所以式（7-3）可以写为

$$\dot{I}_\mathrm{g} = \frac{V\angle\theta - E\angle 0}{j\omega L_\mathrm{g}} \tag{7-4}$$

可以看出，通过调节滤波电容的电压幅值和相角，就可以调节并网电流的大小和相角，进而调节注入电网的有功功率和无功功率。此调节控制过程简单，储能 PCS 按照特定的规则，如微电网经济运行、负荷峰谷调节、参与电网需求响应、平滑可再生能源波动、负荷跟踪等需求，通过调节有功和无功功率输出，实现并网运行时的特定功能。

7.2.2　离网运行控制

当微电网离网运行时，作为组网电源的储能 PCS 一般采用 V/f 控制方式，建立并维持微电网离网运行的电压与频率。图 7-7 中的逻辑开关置位于"离网运行"模式。v_dref 和 v_qref 取自系统预设值，经滤波电容电压环、滤波电感电流环后产生控制 PCS 的 PWM 驱动信号，如图 7-9 所示。

微电网中往往含有非线性负载，如变频驱动类设备或晶闸管整流型直流设备、计算机、UPS 等。对于这一类负载，即使供电电压为标准正弦波，负载电流也是严重畸变的，其中包含大量的低次谐波。由于 PCS 及线路存在阻抗，这些谐波电流将在 PCS 的输出端产生谐波压降，导致输出电压畸变。因而，PCS 在

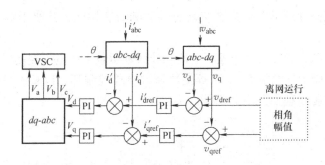

图 7-9　储能 PCS 的离网运行控制框图

控制上需要附加瞬时波形校正，以维持输出波形为标准正弦波。否则，所产生的谐波电压会在微电网内各设备间产生谐波环流，影响系统的正常运行。

同时，微电网中存在单相负载，低压微电网多采用三相四线制结构。相间负载不均衡将导致微电网出现零序和负序电流分量，进而导致微电网三相电压不平衡。

因此，在微电网离网运行过程中，作为组网电源的储能 PCS，需要解决微电网内非线性负载与三相不平衡负载带来的电流谐波和三相不平衡问题，以确保微电网在没有公共电网做支撑时，其电压质量符合规定的要求，这也是 PCS 离网运行时的控制重点。

7.2.2.1　不平衡非线性控制策略

由于三相不平衡分量可以分解为正序、负序和零序三组对称分量，因此，可以将三相不平衡问题转化为对负序分量的补偿控制问题。

采用旋转坐标系下的负序补偿控制策略，控制结构如图 7-10 所示。将采样的三相电压值分别通过正序和负序 Park 变换，得到的负序分量与标准正弦波在负序下的分量进行比较，以消除负序影响；将得到的正序电压 dq 分量与标准正弦波在正序下的给定值进行比较，产生的偏差量通过 PI 调节器后作为电感电流内环控制量[122,123]。

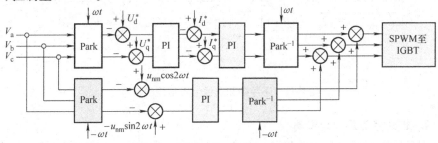

图 7-10　改进的负序补偿控制策略

电感电流控制环可以提高系统动态性能和稳态性能，并便于对 PCS 进行过电流保护。

一般地，PCS 需要同时处理不平衡和非线性负载下的电压控制问题，可以在正序控制的基础上，增加 5、7 次等主要谐波补偿控制环，以及不平衡负载的负序控制环，控制原理如图 7-11 所示。

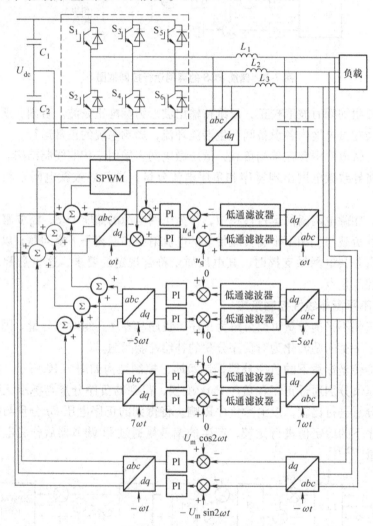

图 7-11 不平衡和非线性负载控制策略

1. 非线性负载控制策略

对于大部分整流型供电设备，如变频类家电、节能灯、开关电源等，其谐波含量以 5、7 次为主。可以将 5、7 次谐波经过相应的旋转坐标变换为 dq 分量，5 次谐波经过 $-5\omega t$ 的负序变换后为直流量，经过低通滤波后，通过 PI 控制使其趋于 0，达到抑制 5 次谐波的目的。同样，7 次谐波或其他次谐波较为突出的非线性负载，其控制原理类同。

令负载侧三相基波电压为

$$\begin{cases} u_{a1} = U_1 \sin\omega t \\ u_{b1} = U_1 \sin\left(\omega t - \dfrac{2\pi}{3}\right) \\ u_{c1} = U_1 \sin\left(\omega t + \dfrac{2\pi}{3}\right) \end{cases} \tag{7-5}$$

则 5 次谐波电压为

$$\begin{cases} u_{a5} = U_5 \sin 5\omega t \\ u_{b5} = U_5 \sin\left(5\omega t - 5 \times \dfrac{2\pi}{3}\right) = U_5 \sin\left(5\omega t + \dfrac{2\pi}{3}\right) \\ u_{c5} = U_5 \sin\left(5\omega t + 5 \times \dfrac{2\pi}{3}\right) = U_5 \sin\left(5\omega t - \dfrac{2\pi}{3}\right) \end{cases} \tag{7-6}$$

进行 5 次负序变换，d 轴以角速度 5ω 顺时针旋转，在"等幅值"变换条件下，变换出 5 次谐波在 $dq0$ 坐标系下的值。

$$\begin{bmatrix} u_{d5} \\ u_{q5} \\ u_{05} \end{bmatrix} = T_{N5} \begin{bmatrix} u_{a5} \\ u_{b5} \\ u_{c5} \end{bmatrix} = \frac{2}{3} \cdot \begin{bmatrix} \sin 5\omega t & \sin\left(5\omega t + \dfrac{2\pi}{3}\right) & \sin\left(5\omega t - \dfrac{2\pi}{3}\right) \\ -\cos 5\omega t & -\cos\left(5\omega t + \dfrac{2\pi}{3}\right) & -\cos\left(5\omega t - \dfrac{2\pi}{3}\right) \\ 1/\sqrt{2} & 1/\sqrt{2} & 1/\sqrt{2} \end{bmatrix} \cdot \begin{bmatrix} U_5 \sin 5\omega t \\ U_5 \sin\left(5\omega t + \dfrac{2\pi}{3}\right) \\ U_5 \sin\left(5\omega t - \dfrac{2\pi}{3}\right) \end{bmatrix} = \begin{bmatrix} U_5 \\ 0 \\ 0 \end{bmatrix}$$

$$\tag{7-7}$$

由于希望 5 次谐波被消除掉，因此可以给定 $U_5^* = 0$，系统稳定后，可使 5 次谐波趋于 0。当负载不含 5 次谐波时，式（7-7）等于 0，即 5 次谐波电压环不起作用。对 7 次谐波的抑制原理相同，只是 7 次谐波需要采用 7 次正序变换。

2. 不平衡负载控制策略

当带不平衡负载时，在正序 dq 坐标系下，负载电压中的基波正序分量为直流量，负序分量为 2ω 的交流量。负序分量是产生不对称输出电压的主要原因，因此，只要将负序分量控制为零，就可输出三相对称的负载电压。为了与谐波控制方法统一，不平衡负载采用负序补偿控制。

$$\begin{bmatrix} u_{d1N} \\ u_{q1N} \\ u_{01N} \end{bmatrix} = T_{N1} \begin{bmatrix} u_{a1} \\ u_{b1} \\ u_{c1} \end{bmatrix} = \frac{2}{3} \begin{bmatrix} -\sin\omega t & -\sin\left(\omega t + \frac{2\pi}{3}\right) & -\sin\left(\omega t - \frac{2\pi}{3}\right) \\ \cos\omega t & \cos\left(\omega t + \frac{2\pi}{3}\right) & \cos\left(\omega t - \frac{2\pi}{3}\right) \\ 1/\sqrt{2} & 1/\sqrt{2} & 1/\sqrt{2} \end{bmatrix} \cdot \begin{bmatrix} U_1\sin\omega t \\ U_1\sin\left(\omega t - \frac{2\pi}{3}\right) \\ U_1\sin\left(\omega t + \frac{2\pi}{3}\right) \end{bmatrix} = \begin{bmatrix} U_1\cos 2\omega t \\ -U_1\sin 2\omega t \\ 0 \end{bmatrix}$$

$$(7\text{-}8)$$

因此，负序补偿量的给定值为

$$\begin{bmatrix} u_{dN}^* \\ u_{qN}^* \end{bmatrix} = \begin{bmatrix} U_1\cos 2\omega t \\ -U_1\sin 2\omega t \end{bmatrix} \tag{7-9}$$

由式（7-9）可以看出，只要考虑给定幅值和频率，就能对系统进行补偿控制。

增加负序补偿控制环后，系统控制电流指令为

$$\begin{bmatrix} i_{xcmd} \\ i_{ycmd} \end{bmatrix} = K_p \begin{bmatrix} u_{xerr} \\ u_{yerr} \end{bmatrix} + T_{P1} \begin{bmatrix} u_{di} \\ u_{qi} \end{bmatrix} + T_{N1} \begin{bmatrix} u_{ri} \\ u_{si} \end{bmatrix} \tag{7-10}$$

式中，u_{xerr}、u_{yerr} 为静止坐标系下的电压误差分量；K_p 为电压误差比例系数；T_{P1} 为正序 Park 变换旋转矩阵；T_{N1} 为负序 Park 变换旋转矩阵；u_{di}、u_{qi} 为 dq 轴的正序误差积分项；u_{ri}、u_{si} 为 dq 轴的负序误差积分项。u_{xerr}、u_{yerr} 经过负序 Park 变换，可得

$$\begin{bmatrix} u_{rerr} \\ u_{serr} \end{bmatrix} = T_{N1}^T \begin{bmatrix} u_{xerr} \\ u_{yerr} \end{bmatrix} \tag{7-11}$$

式中，u_{rerr}、u_{serr} 为电压误差负序分量。经过 PI 调节器，对其积分运算：

$$\frac{1}{2\pi}\int_0^{2\pi} \begin{bmatrix} \cos\omega t & -\sin\omega t \\ -\sin\omega t & -\cos\omega t \end{bmatrix} \begin{bmatrix} U_{xerr}\cos(\omega t + \theta_x) \\ U_{yerr}\sin(\omega t + \theta_y) \end{bmatrix} d\theta = \frac{1}{2} \begin{bmatrix} U_{xerr}\cos\theta_x - U_{yerr}\cos\theta_y \\ U_{xerr}\sin\theta_x - U_{yerr}\sin\theta_y \end{bmatrix}$$

$$(7\text{-}12)$$

u_{xerr}、u_{yerr} 用 2 个任意幅值（U_{xerr}，U_{yerr}）和相位（θ_x，θ_y）的正弦函数表示。因为积分运算可以看成对输入求平均，在平衡负载时，$U_{xerr}=U_{yerr}$、$\theta_x =\theta_y$，式（7-12）结果为零。因此可以得到，在平衡负载时，电压误差负序分量的积分项对指令电流没有影响，即采用此算法也可以进行平衡负载的控制。同理可以推导出在平衡负载时，电压误差正序分量的积分项和常规控制时相同[124]。

由于引起微电网离网运行时电压波形畸变的扰动，如非线性负载的各次谐波、变流器控制死区等，均具有周期重复的特点，因此可以引入重复控制算法对这些扰动进行抑制。

同时，负序基波对应的 2ω 次谐波虽然是交变的，但它们在每一个基波周期内都以完全相同的波形重复出现。重复控制可以弥补 PI 控制无法消除交变动态

误差的问题，实现无差调节。对三相不平衡负载等引起的 PCS 输出电压不对称也具有良好的抑制能力。

双闭环控制结构中电流环采用 PI 调节器，电压环采用 PI 调节器与重复控制器并联的方式，兼顾系统的动态性能和稳态性能[125]，如图 7-12 所示。

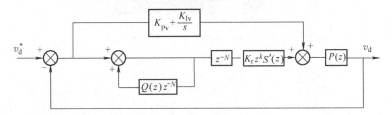

图 7-12　PI 控制和重复控制组合控制系统 IPI 控制框图

7.2.2.2　不平衡非线性负载实验

1. 含单相整流型负载实验

利用基于重复控制的 IPI 控制策略，对微电网中含单相整流型负载条件进行实验验证。实验平台中 a 相接整流负载，滤波电感 0.5mH，滤波电容 3300μF，负载电阻 11.2Ω。b、c 两相接电阻 7.5Ω 线性负载，如图 7-13 所示。重复控制器中 $N = 120$，每周期采样 120 个点，反馈系数 $Q(z)$ 取 1，超前环节 z^k 选择 z^8 进行相位补偿。

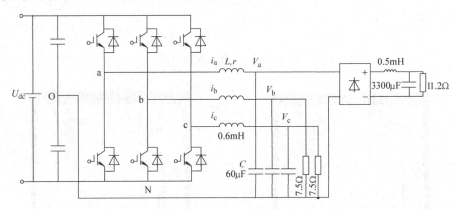

图 7-13　储能 PCS 混合负载实验

实验波形如图 7-14 ~ 图 7-17 所示，可以看出，在含有单相非线性负载时，利用基于重复控制的 IPI 控制策略，PCS 能够输出对称度好的三相电压波形，相电压谐波最高为 3.1%，系统控制效果良好。

2. 仅含单相整流型负载实验

进一步验证策略的有效性，实验设计了 a 相带非线性负载，其余两相空载的极端情况。实验平台及参数同上，主电路如图 7-18 所示。

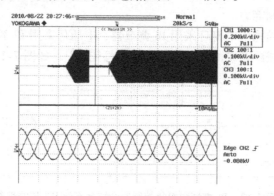

图 7-14 PCS 输出电压波形

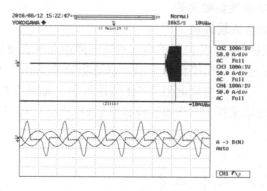

图 7-15 PCS 输出电流波形

图 7-16 PCS 输出电压 THD

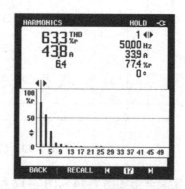

图 7-17 a 相非线性负载电流 THD

通过实验波形图 7-19 ~ 图 7-22 和表 7-1 可以看出，储能 PCS 带单相整流型负载时，在电流谐波达 63.5% 时，依然能够输出对称度好的三相电压波形，相

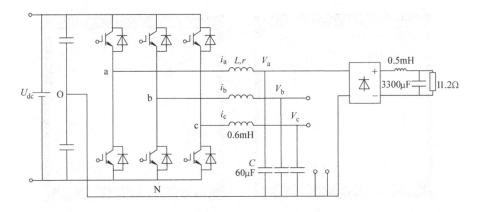

图 7-18   储能 PCS 非线性负载实验

电压 THD 最高为 3.4%，系统整体控制效果良好。

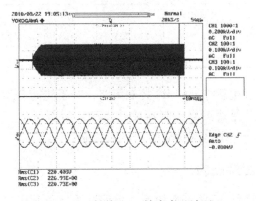

图 7-19   储能 PCS 输出电压波形

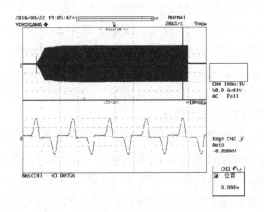

图 7-20   储能 PCS 输出电流波形

 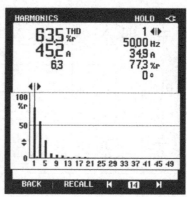

图 7-21　储能 PCS 输出电压 THD　　图 7-22　PCSa 相输出电流 THD

表 7-1　实验输出相电压和线电压幅值与 THD

	A 相	B 相	C 相	AB	BC	CA
电压值	220.41V	226.99V	220.73V	386.13V	381.87V	386.77V
THD	3.4%	3.3%	3.3%	0.2%	0.3%	0.2%

综上所述，基于重复控制的 IPI 控制策略，对于储能 PCS 作为组网电源时的离网运行效果较好。尽管重复控制器设计复杂，运算量大，但是目前主流 DSP 完全能够胜任，适合于微电网中储能 PCS 的控制。

7.2.3　并/离网切换控制

微电网并网/离网运行的平滑切换，是保证重要负载供电可靠性的关键，包括微电网从并网运行模式向离网运行模式的切换，以及从离网运行模式向并网运行模式的切换。由于从离网状态向并网切换，微电网往往有充分的时间进行同期调节和模式切换，因而控制难度较小。反之，微电网从并网状态切换至离网状态，存在计划性和非计划性两种场景，尤其是在非计划性场景下，储能等组网电源的状态翻转往往很大，控制模式切换要求快，因而在控制上难度较大，甚至存在切换失败的风险。储能 PCS 控制结构如图 7-23 所示。

7.2.3.1　并网至离网运行模式切换

当公共电网出现故障时，微电网需要快速识别并迅速切换到离网运行模式，此为非计划性离网。在此过程中，作为组网电源的储能 PCS 切换过程需要足够快，以最大程度地减小电网故障对微电网内负荷和分布式电源的影响。当外部电网进行计划检修而需要停电时，微电网 EMS 接收到停电通知后，能够主动地转至离网运行模式，以确保微电网内负荷的供电连续性，并维持分布式电源的正常运行。

当储能作为微电网的组网电源时，储能 PCS 在微电网并网运行时往往采用三环控制的间接电流控制方式，在离网瞬间，当确认并网点开关已经断开时，PCS 切换至双环工作方式。保持滤波电容电压环和滤波电感电流环在离网瞬间两种运行模式下基本不变，因而能够确保储能系统在模式转换过程中的平滑和快速。

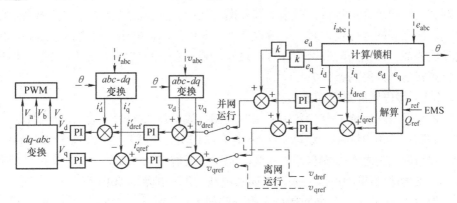

图 7-23　储能 PCS 控制结构图

需要注意的是，微电网通过 PCC 与公共电网连接，并通过控制并网点开关实现并网和离网运行。为了提高微电网从并网至离网的切换成功率，储能 PCS 模式的切换要与并网点开关在逻辑上配合，保证 PCS 运行于 V/f 模式时并网点开关已可靠断开。

常用的并网点开关可以为机械式接触器或固态开关，由于固态开关的动作时间比接触器短，因而被更多地选用。固态开关一般是由两个晶闸管反向并联组成的交流开关，其闭合和断开由逻辑控制器实现。由于晶闸管实现自由关断的前提条件是阳极电压小于阴极电压，因而理论上晶闸管的最长关断时间为半个周波，对于 50Hz 系统即为 10ms。

为了缩短固态开关的关断时间，可以采用晶闸管的强制关断策略，其基本思想是通过改变 PCS 滤波电容电压的幅值，使之高于或低于电网电压，进而在并网电感两端形成反压，该反压迫使并网电流迅速下降，当下降到晶闸管的维持电流以下时，晶闸管由通态变为阻断，从而断开与电网的连接[48]。

7.2.3.2　离网至并网运行模式切换

微电网处于离网运行模式时，实时检测公共电网的状态，当判断出公共电网恢复供电且微电网得到并网许可时，微电网能够逐渐调整 PCC 处的电压状态（频率、幅值和相位），在达到与公共电网同期状态瞬间，闭合并网点开关，微电网并入公共电网。

作为组网电源的储能 PCS，将实时检测的公共电网的电压幅值与相位信息作为参考控制量，以此调整微电网 PCC 处的电压幅值和相位，当符合同期并网条件且确认并网点开关闭合后，储能 PCS 从滤波电容电压环和滤波电感电流内环的双环工作基础上增加并网电感电流外环，切换为间接电流控制模式。快速精确的电网状态检测与锁相控制可以减少并网冲击，实现平稳的模式切换。

设置严格的并网同步条件，可以减小微电网并网瞬间的冲击电流，有利于微电网和大电网的稳定运行，但会导致并网时间相应延长。鉴于微电网从离网运行模式切换至并网运行模式时，一般没有严格时间要求，并出于微电网今后的规模化发展考虑，微电网的并网条件可以设置严格一些，可以参照或高于 IEEE 1547 对分布式电源并网的条件标准[126]。

7.2.3.3 微电网并离网切换实验

搭建微电网实验平台，采用三相四线制，线电压为 380V，频率为 50Hz，线路 1 的阻抗为 0.0774Ω，线路 2 的阻抗为 0.018Ω，线路 3 的阻抗为 0.1548Ω，微电网与配电网之间由固态开关控制。光伏单元容量为 30kW，风电单元容量为 11kW，储能作为组网电源，采用铅酸蓄电池，PCS 容量为 50kVA[127]。

如图 7-24 所示，微电网运行实验过程如下：

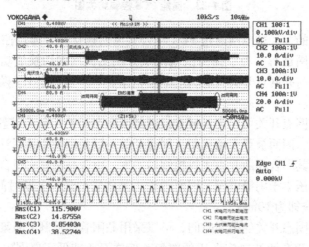

图 7-24　微电网运行实验过程（CH1：负荷电压，CH2：
风电输出电流，CH3：光伏输出电流，CH4：PCC 处电流）

1）系统启动。微电网启动并进入离网运行，储能工作于 V/f 控制模式，建立并维持系统的电压与频率。系统稳定后光伏单元和风电单元相继投入，微电网实现离网运行。

2）由离网向并网模式转换。储能接受微电网 EMS 的并网指令，调整微电网的电压幅值与相位，在达到并网要求瞬间，固态开关闭合，微电网切换至并网运行模式，储能转至 PQ 控制模式。在并网模式下，储能可以从配电网吸收功率，也可以在负荷、光伏/风电功率波动时输出功率以维持 PCC 处潮流的稳定。

3) 微电网并网功率调度。微电网接受 EMS 的调度指令，调整馈入公共电网的电流（主要由储能或可控负载实现），使其对于公共电网成为一个可控单元。

4) 由并网向离网过程转换。储能检测到外部配电网故障，或接受微电网 EMS 的离网指令，关断固态开关的驱动信号，根据 PCC 处的潮流情况，采用 V/f 控制模式对输出电压进行调整，强制关断固态开关，当判断其已完全断开后，转入离网运行模式。

图 7-25 所示为微电网从离网运行转为并网运行的过程。由于严格控制了同步环节和并网条件，微电网与公共电网 PCC 处的电流平滑，没有造成并网冲击。而微电网内的电压波形在转换过程中几乎没有波动和闪变，保持良好的供电连续性和供电质量。

图 7-26 所示为微电网从并网运行状态转入离网运行状态的过程。由于采用固态开关的强制关断技术，微电网在 3～5ms 内即可完成离网过渡过程，微电网内的电压波形几乎不受影响。

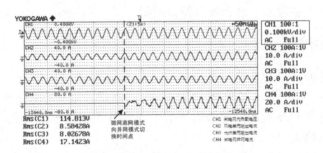

图 7-25 微电网离网/并网转换过程

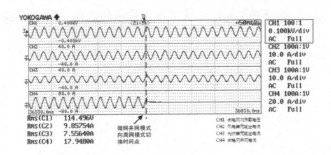

图 7-26 微电网并网/离网转换过程

7.3 基于储能的微电网对等控制

各类电池储能系统具备作为微电网组网电源的良好特性，然而，由于微电网规模和结构的复杂性与不确定性，往往需要多个储能单元并联运行，同时承担着组网电源的任务。

多储能单元的并联协调运行，一是要实现载荷在各并联单元间均分，以分担负荷应力；二是保证微电网系统的电压与频率维持在规定范围内。按照并联单元间是否有通信线互联，并联方案可分为有互联线方案与无互联线方案两种[128,129]。有互联线方案中，PCS与上位机或者其他单元通信，获取电流、电压、频率等信息或上位机的调度指令。无互联线方案则以下垂控制为代表，其思想来源于传统电力系统中同步发电机组的静态功频特性。各PCS单元仅依靠本地频率及电压偏差信息调节自身输出电压的幅值和相位，实现各单元间出力自适应协调，而不需要与外界通信。无互联线方案是一种对等控制思想，各PCS地位等同，系统不会因某一台PCS故障而崩溃。

7.3.1 对等控制

对等控制的优点在于不依赖通信线，每台储能PCS都作为一个独立单元，易于扩容，各单元可以灵活分布于微网的不同节点，为局部电压控制带来便利。在控制上将储能PCS控制为等效电压源，并具备类似同步发电机组的下垂特性实现各单元的协调[112]。

对等控制下的储能单元可等效为电压源与其输出阻抗串联的结构。为简化分析，以两台储能单元并联系统为例进行分析，如图7-27所示。图中，$U_1 \angle \varphi_1$、$U_2 \angle \varphi_2$为各储能单元的等效输出电压，R_1、R_2为各储能单元输出阻抗与线路阻抗之和，X_1、X_2为各储能单元输出感抗与线路感抗之和，Z_0为负荷阻抗。

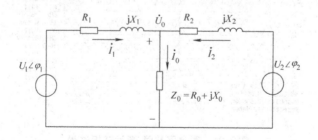

图7-27　对等控制系统等效示意图

可得

$$\dot{U}_0 = \frac{\dfrac{\dot{U}_1}{Z_1} + \dfrac{\dot{U}_2}{Z_2}}{\dfrac{1}{Z_0} + \dfrac{1}{Z_1} + \dfrac{1}{Z_2}} \tag{7-13}$$

式中，$Z_1 = R_1 + \mathrm{j}X_1$，$Z_2 = R_2 + \mathrm{j}X_2$，故两支路电流为

$$\dot{I}_1 = \frac{\dot{U}_1 - \dot{U}_0}{Z_1} = \frac{(Z_2 + Z_0)\dot{U}_1 - Z_0\dot{U}_2}{Z_1 Z_2 + Z_0 Z_2 + Z_1 Z_0}$$

$$\dot{I}_2 = \frac{\dot{U}_2 - \dot{U}_0}{Z_2} = \frac{(Z_1 + Z_0)\dot{U}_2 - Z_0\dot{U}_1}{Z_1 Z_2 + Z_0 Z_2 + Z_1 Z_0} \tag{7-14}$$

两个储能单元的视在功率分别为

$$\dot{S}_1 = \dot{U}_1 \dot{I}_1^* = \dot{U}_1 \frac{(Z_2^* + Z_0^*)\dot{U}_1^* - Z_0^*\dot{U}_2^*}{Z_1^* Z_2^* + Z_0^* Z_2^* + Z_1^* Z_0^*}$$

$$\dot{S}_2 = \dot{U}_2 \dot{I}_2^* = \dot{U}_2 \frac{(Z_1^* + Z_0^*)\dot{U}_2^* - Z_0^*\dot{U}_1^*}{Z_1^* Z_2^* + Z_0^* Z_2^* + Z_1^* Z_0^*} \tag{7-15}$$

可以看出，两个储能单元的电流 $\dot{I}_1$、$\dot{I}_2$ 以及视在功率 $\dot{S}_1$、$\dot{S}_2$ 都同时受到 $\dot{U}_1$、$\dot{U}_2$ 以及线路参数 Z_0、Z_1、Z_2 的影响。在线路参数一定时，如果实现均流控制，即 $\dot{I}_1 = \dot{I}_2$，则需同时调节 $\dot{U}_1$、$\dot{U}_2$。令 $\dot{I}_1 = \dot{I}_2$，则

$$\frac{(Z_2 + Z_0)\dot{U}_1 - Z_0\dot{U}_2}{Z_1 Z_2 + Z_0 Z_2 + Z_1 Z_0} = \frac{(Z_1 + Z_0)\dot{U}_2 - Z_0\dot{U}_1}{Z_1 Z_2 + Z_0 Z_2 + Z_1 Z_0} \tag{7-16}$$

左右两边同时乘以 $\dot{U}_2^*$ 并整理，得到

$$\angle(\varphi_2 - \varphi_1) = \frac{U_2}{U_1} \frac{2Z_0 + Z_1}{2Z_0 + Z_2} \tag{7-17}$$

式中，φ_1、φ_2 分别为 $\dot{U}_1$、$\dot{U}_2$ 的相角，U_1、U_2 分别为 $\dot{U}_1$、$\dot{U}_2$ 的幅值。将式中复数分量展开，使对应左右两边实、虚部分别相等，可得

$$\cos(\varphi_1 - \varphi_2) = \frac{U_2}{U_1} \frac{(2R_0 + R_1)(2R_0 + R_2) + (2X_0 + X_1)(2X_0 + X_2)}{(2R_0 + R_2)^2 + (2X_0 + X_2)^2}$$

$$\sin(\varphi_1 - \varphi_2) = \frac{U_2}{U_1} \frac{(2X_0 + X_1)(2R_0 + R_2) - (2R_0 + R_1)(2X_0 + X_2)}{(2R_0 + R_2)^2 + (2X_0 + X_2)^2} \tag{7-18}$$

这说明，必须通过调节 U_1、U_2、φ_1、φ_2 四个量使上述两式成立，才能使得 $\dot{I}_1 = \dot{I}_2$，任何一个量存在偏差都会导致环流出现。可见，在结构复杂的微电网中，尤其当各储能 PCS 间输出阻抗及线路参数存在差异时，很难准确地控制出力分配，易出现环流现象，导致个别 PCS 单元的电、热应力增大。

7.3.2 改进下垂控制

7.3.2.1 下垂控制环流分析

下垂控制的前提是 PCS 与接入点间的线路呈感性，即感抗远大于阻抗，$X \gg R$，此时 PCS 的功率传输表达式为

$$P = \frac{EV}{X}\sin\varphi \approx \frac{EV}{X}\varphi$$

$$Q = \frac{EV\cos\varphi - V^2}{X} \approx \frac{V}{X}(E - V) \tag{7-19}$$

可知，有功/无功可以通过频率/电压解耦控制，从而确定下垂关系为

$$\omega = \omega^* + m(P_0 - P)$$

$$E = E^* + n(Q_0 - Q) \tag{7-20}$$

下垂控制下的 PCS 具备了"自同步"能力，即使各 PCS 初始幅值、相位并不相同，通过动态调节也能够达到一致，有效抑制并联环流。

然而，在低压微电网中，线路的阻性明显增强，往往 R 与 X 都不能忽略，此时传输的功率表达式变为

$$P = \left(\frac{EV}{Z}\cos\varphi - \frac{V^2}{Z}\right)\cos\theta + \frac{EV}{Z}\sin\varphi\sin\theta$$

$$Q = \left(\frac{EV}{Z}\cos\varphi - \frac{V^2}{Z}\right)\sin\theta - \frac{EV}{Z}\sin\varphi\cos\theta \tag{7-21}$$

如图 7-28 所示，由于有功/无功控制无法解耦，如果仍采用 $P - f/Q - V$ 下垂，则会导致无功环流出现，严重时甚至导致 PCS 运行状态翻转[130]。

图 7-29 所示为不同线路阻抗特性下并联 PCS 单元的环流情况。可见，当 $X \gg R$ 时，i_1 与 i_2 基本重合，环流 i_h 很小，系统工作在

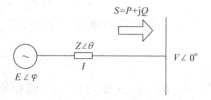

图 7-28 PCS 接入微电网等效电路

合理范围内。随着线路中电阻 R 的增大，i_1 与 i_2 差异逐渐增大。当 $X \ll R$ 时，环流非常严重，增大了 PCS 的电应力和热应力，影响其使用寿命及安全性。

7.3.2.2 虚拟电感原理及环流抑制

通过调整控制策略，对低压线路的阻抗特性进行校正，使其重新呈感性，从而抑制并联环流[131]。图 7-30 所示为单相 PCS 主电路，其中 L 与 r_L 分别为滤波电感与寄生电阻，C 为滤波电容，u_0 与 i_0 分别为输出电压与电流，U_{dc} 为直流母线电压。

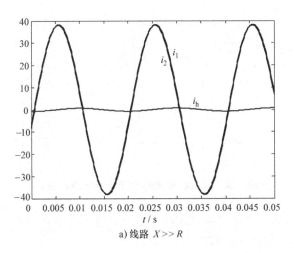

a) 线路 $X \gg R$

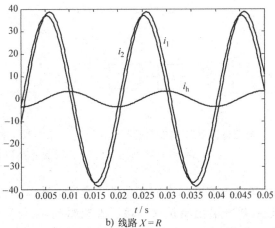

b) 线路 $X = R$

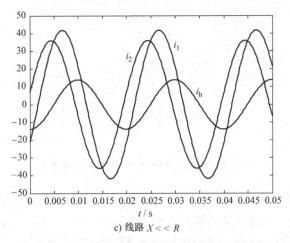

c) 线路 $X \ll R$

图 7-29　不同阻抗特性下 PCS 输出的电流及环流

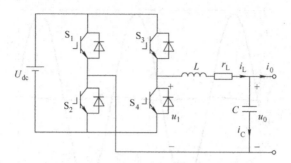

图 7-30　带 *LC* 滤波的 PCS 单相主电路拓扑

在图 7-31 所示的电压电流双闭环控制下，PCS 可等效为图 7-32 所示的电压源串联输出阻抗的形式，其数学表达式为

$$u_0 = G(s)u_{\text{ref}} - Z_0(s)i_0 \qquad (7\text{-}22)$$

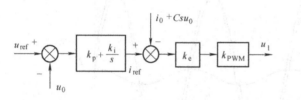

图 7-31　电压电流双闭环控制框图　　**图 7-32　电压电流双闭环控制下的 PCS 等效电路模型**

图 7-33 所示为虚拟电感的引入方式。引入虚拟电感后，PCS 与母线之间的阻抗由三部分组成：PCS 输出阻抗 $Z_0(s)$、虚拟感抗 $Z_D(s)$ 和实际线路阻抗 $Z_L(s)$。其总等效阻抗 $Z(s)$ 表现为三者串联相加的形式，如图 7-34 所示。

$$Z(s) = Z_0(s) + Z_D(s) + Z_L(s) \qquad (7\text{-}23)$$

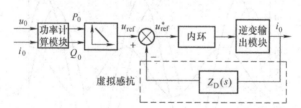

图 7-33　引入虚拟电感后 PCS 控制原理图

图 7-35a、b 分别为引入虚拟电感前后线路总等效阻抗 $Z(s)$ 的幅频特性及相频特性。可见，引入虚拟电感前，其相位值接近于 0°（5.62°），故其特性接近于纯阻性。引入虚拟电感后，其相位值变为 87.1°，接近于 90°，说明经过虚拟电

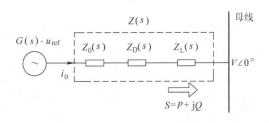

图 7-34　引入虚拟电感后 PCS 并入母线的等效模型

感校正后，线路阻抗已经由阻性变为感性。

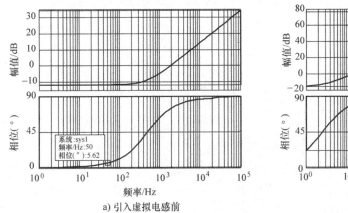

a) 引入虚拟电感前

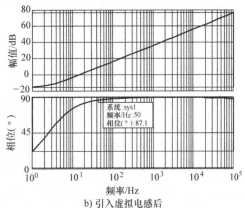

b) 引入虚拟电感后

图 7-35　引入虚拟电感前后线路总阻抗伯德图

　　图 7-36a、b 分别为引入虚拟电感前后两台 PCS 输出电流及环流的仿真结果。设定两段线路阻抗分别为 $0.0642 + j0.0083(\Omega)$ 和 $0.1284 + j0.0166(\Omega)$，负荷设定：初始为 $1.92 + j0.55(\Omega)$，$0.6s$ 时突变为 $4.36 + j1.45(\Omega)$，$0.8s$ 时再变为 $2.79 + j0.56(\Omega)$。从结果可见，引入虚拟电感前，环流 i_h 幅值很大。引入虚拟电感后，环流得到明显抑制，两台 PCS 基本实现均流运行。

　　然而，由图 7-36c 可见，引入虚拟电感后，负荷端电压已经明显偏离额定值。这是由于引入虚拟电感相当于在线路中串入大电感，影响了负荷端的电压。因此，为保证微电网电压质量，引入虚拟电感后还必须对幅值进行校正，使负荷端电压保持在合理范围。

7.3.2.3　虚拟电感对负荷端电压影响分析及校正

　　由于虚拟电感对每一相电压的影响机理都相同，且无交互作用，为简化分析过程，用单相电路替代三相电路进行分析，其结构如图 7-37 所示。其中，L_D 为虚拟电感，$R + jX$ 为系统等效负荷。

　　将负荷分为纯电阻、阻感型、阻容型三种情况分别分析。

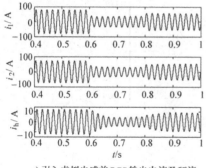

a) 引入虚拟电感前 PCS 输出电流及环流   b)引入虚拟电感后 PCS 输出电流及环流

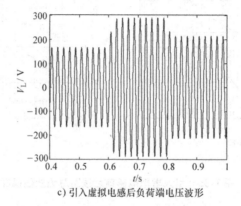

c) 引入虚拟电感后负荷端电压波形

图7-36　引入虚拟电感前后 PCS 并联系统仿真结果

1. 纯电阻负荷下的端电压分析

线路电流为

$$\dot{I} = \frac{\dot{U}}{R + j\omega L_D} = \frac{U_{ref}\angle 0°}{R + jX_D} \quad (7\text{-}24)$$

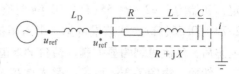

式中，U_{ref} 为 PCS 输出电压 u_{ref} 的有效值，设其相位为 $0°$，ω 为角频率，则负荷端电压为

图7-37　带虚拟电感的逆变器模块及外系统等效结构图

$$\dot{U}_{ref}^* = \dot{I} \cdot R = U_{ref}\Big/\left(1 + j\frac{X_D}{R}\right) \quad (7\text{-}25)$$

其有效值为

$$U_{\text{ref}}^* = \frac{1}{\sqrt{1 + \left(\dfrac{X_\text{D}}{R}\right)^2}} U_{\text{ref}} < U_{\text{ref}} \tag{7-26}$$

可知，当负荷为纯电阻时，负荷端电压幅值必然会低于额定输出电压，且虚拟感抗 X_D 越大，负荷端电压越低，如图 7-38 所示。

图 7-38 中，i_0 为线路电流，v_L 为虚拟电感上的压降，v_L 与 i_0 之间夹角为 $90°$，v_{ref} 与 v_{ref}^* 分别为 PCS 输出电压及负荷端电压。

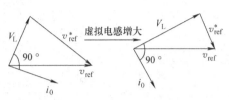

图 7-38　纯电阻负荷下端电压随虚拟电感变化矢量图

2. 阻感型负荷下的端电压分析

线路电流：

$$\dot{I} = \frac{\dot{U}}{R + \mathrm{j}(\omega L_\text{D} + \omega L)} = \frac{U_{\text{ref}} \angle 0°}{R + \mathrm{j}(X_\text{D} + X)} \tag{7-27}$$

负荷端电压：

$$\dot{U}_{\text{ref}}^* = \dot{I} \cdot (R + \mathrm{j}X) = \frac{U_{\text{ref}}(R + \mathrm{j}X)}{R + \mathrm{j}(X_\text{D} + X)} \tag{7-28}$$

端电压有效值：

$$U_{\text{ref}}^* = U_{\text{ref}} \frac{\sqrt{(R^2 + X^2 + XX_\text{D})^2 + (RX)^2}}{R^2 + (X_\text{D} + X)^2} < U_{\text{ref}} \tag{7-29}$$

可知，当负荷为阻感型时，负荷端电压幅值也必然会低于额定输出电压。同样，虚拟感抗 X_D 越大，负荷端电压相应越低，如图 7-39 所示。

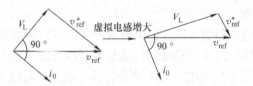

图 7-39　阻感型负荷下端电压随虚拟电感变化矢量图

3. 阻容型负荷下的端电压分析

线路电流：

$$\dot{I} = \frac{\dot{U}}{R + \mathrm{j}\left(\omega L_\text{D} - \dfrac{1}{\omega C}\right)} = \frac{U_{\text{ref}} \angle 0°}{R + \mathrm{j}(X_\text{D} - X)} \tag{7-30}$$

负荷端电压：

$$\dot{U}_{\text{ref}}^* = \dot{I} \cdot (R - \text{j}X) = \frac{U_{\text{ref}}(R - \text{j}X)}{R + \text{j}(X_{\text{D}} - X)} \tag{7-31}$$

端电压有效值:

$$U_{\text{ref}}^* = U_{\text{ref}} \sqrt{\frac{(R^2 + X^2 - XX_{\text{D}})^2 + (RX_{\text{D}})^2}{[R^2 + (X_{\text{D}} - X)^2]^2}} \tag{7-32}$$

当 $X_{\text{D}} > 2X$ 时,

$$\frac{(R^2 + X^2 - XX_{\text{D}})^2 + (RX_{\text{D}})^2}{[R^2 + (X_{\text{D}} - X)^2]^2} < 1 \tag{7-33}$$

当 $X_{\text{D}} = 2X$ 时,

$$\frac{(R^2 + X^2 - XX_{\text{D}})^2 + (RX_{\text{D}})^2}{[R^2 + (X_{\text{D}} - X)^2]^2} = 1 \tag{7-34}$$

当 $X_{\text{D}} < 2X$ 时,

$$\frac{(R^2 + X^2 - XX_{\text{D}})^2 + (RX_{\text{D}})^2}{[R^2 + (X_{\text{D}} - X)^2]^2} > 1 \tag{7-35}$$

可知,当负荷为阻容型时情况较为复杂,负荷端电压可能降低,也可能升高或者不变,如图 7-40 所示。

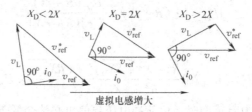

图 7-40　阻容型负荷下端电压随虚拟电感变化矢量图

4. 幅值校正方案

为校正因虚拟电感的引入造成的负荷端电压偏移,本节提出了一种基于 PCS 外系统状态实时估算的幅值校正方案,其基本思路为:首先根据本地电压、电流采样对 PCS 外系统的等效阻抗 $R + \text{j}X$ 进行估算,然后计算使负荷端电压 U_0 等于额定值 U_{N} 时的 PCS 输出电压幅值 U_1,将 U_1 作为参考值送给内环进行追踪控制。

图 7-41 为单相系统等效结构模型,其中 $\dot{U}_1$ 为 PCS 输出电压, $\dot{U}$ 为经虚拟电感后的电压, $\dot{U}_0$ 为负荷端电压, $\text{j}X_{\text{D}}$ 为虚拟感抗, $R_{\text{L}} + \text{j}X_{\text{L}}$ 为线路阻抗, $R_0 + \text{j}X_0$ 为等效负荷。

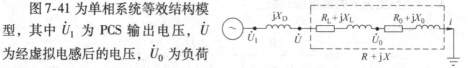

图 7-41　带虚拟电感的逆变器
模块及外系统等效结构图

其实施方式如下：

1）根据实时采样的输出端电压 u_{abc} 和输出电流 i_{abc}，以 a 相电压 u_a 为基准，对 i_{abc} 进行 $dq0$ 变换，则 i_a 与 u_a 的夹角 θ 为

$$\theta = \arctan \frac{i_q}{i_d} \tag{7-36}$$

2）对 PCS 外系统等效阻抗估算：

$$\frac{U \angle 0}{I \angle \theta} = R + jX \tag{7-37}$$

故可得

$$R = \frac{U}{I}\cos\theta$$
$$X = -\frac{U}{I}\sin\theta \tag{7-38}$$

从而可得等效负荷 $R_0 + jX_0$ 为

$$R_0 = R - R_L$$
$$X_0 = X - X_L \tag{7-39}$$

式中，R_L、X_L 分别为线路的电阻与感抗。

3）令 $U_0 = U_N$，则线路电流为

$$\dot{I} = \frac{U_N}{R_0 + jX_0} \tag{7-40}$$

PCS 输出电压为

$$\dot{U}_1 = \dot{I} \cdot [R + j(X + X_D)] = \frac{U_N}{R_0^2 + X_0^2}[(RR_0 + XX_0 + X_DX_0) + j(R_0X + R_0X_D - RX_0)] \tag{7-41}$$

其有效值为

$$U_1 = \sqrt{A^2 + B^2} \tag{7-42}$$

式中，

$$A = \frac{U_N}{R_0^2 + X_0^2}(RR_0 + XX_0 + X_DX_0)$$
$$B = \frac{U_N}{R_0^2 + X_0^2}(R_0X + R_0X_D - RX_0) \tag{7-43}$$

将 U_1 作为幅值参考，对 PCS 输出电压参考值进行校正，即可补偿因引入虚拟电感造成的负荷端电压下降。加入幅值校正后的 PCS 控制框图如图 7-42 所示。由下垂控制得到的参考值 u_{ref}，首先经过虚拟感抗校正得到 u_{ref}^*，再经过幅值校正后变为 u_{ref1}^*，最终送给内环进行闭环控制。

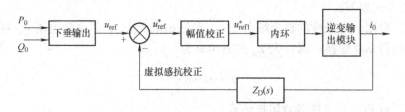

图 7-42 加入幅值校正后的 PCS 控制系统框图

图 7-43 所示为加入幅值校正前后负荷端电压仿真结果，仿真系统参数同图 7-36。可见，加入幅值校正前，负荷端电压偏离额定值，且随着负荷变化而波动；加入幅值校正后，负荷端电压保持在额定值附近，当负荷变化时，经过短暂的调节重新回到额定值附近。

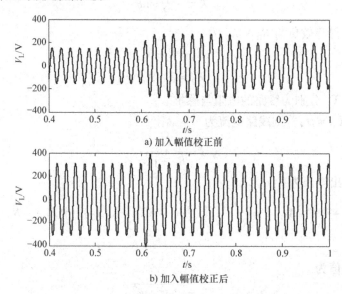

a) 加入幅值校正前

b) 加入幅值校正后

图 7-43 加入幅值校正前后负荷端电压情况

7.3.2.4 实验验证

为验证本章所提策略的有效性，搭建了由两台 100kVA PCS 组成的并联储能系统实验平台，如图 7-44 所示。设定开关频率为 6kHz，滤波电感值为 0.75mH，滤波电容值为 60μF；两端线路阻抗分别为 0.4Ω/0.17mH 与 0.24Ω/0.1mH；额定线电压为 380V，额定频率为 50Hz。

图 7-45 所示为引入虚拟电感，但未进行幅值校正时并联系统的运行情况。图 7-45a 为负荷突减 40kW 前后，两台 PCS 输出电流及环流情况，并联系统能够平稳过渡，且环流很小。图 7-45b 为负荷由 5kvar 依次加至 30kvar 时的负荷端电

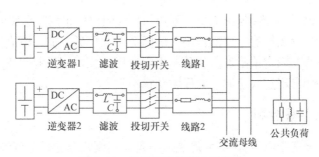

图7-44 并联储能系统实验平台

压波形，由于没有进行幅值校正，负荷端电压偏离额定值较大，且随着负荷的增加而越发严重。

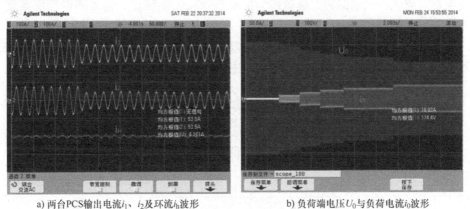

a) 两台PCS输出电流i_1、i_2及环流i_h波形   b) 负荷端电压U_0与负荷电流i_0波形

图7-45 引入虚拟电感未进行幅值校正时的运行情况

图7-46所示为加入幅值校正后并联系统的运行情况，实验设定突增30kvar

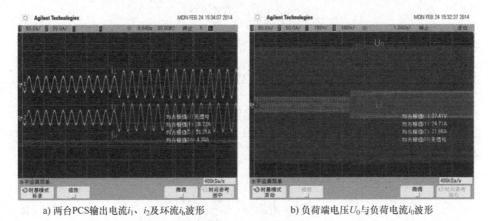

a) 两台PCS输出电流i_1、i_2及环流i_h波形   b) 负荷端电压U_0与负荷电流i_0波形

图7-46 引入虚拟电感并进行幅值校正时的运行情况

电感负载。对比图7-46a与图7-45a可知，加入幅值校正后不会影响并联系统的均流效果，系统过渡平稳，环流很小。由图7-46b可见，加入幅值校正后，负荷端电压能够保持在额定值附近。负荷发生突变后，经过短暂的调节重新恢复到额定电压，且不会出现过大超调，电压波动很小。

7.3.3　主从下垂控制

本节提出了基于电压源/电流源主从下垂控制模式，通过上节的电压/频率下垂控制（Voltage and Frequency Droop Control，VFDC）将部分储能单元控制为电压型电源，作为主组网电源；通过有功/无功下垂控制（PQ Droop Control，PQDC）将另一部分储能单元控制为电流型电源，作为辅助组网电源。利用电流型电源对潮流的控制能力，降低因输出阻抗及线路阻抗差异而带来的控制难度，并屏蔽环流问题[132]。

主从下垂控制的多储能并联系统等效为电压源/电流源并联系统。图7-47描述了由一个电压源和一个电流源组成的主从并联系统等效图。

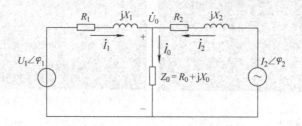

图 7-47　主从控制系统等效示意图

根据电路理论，得到

$$\dot{I}_1 = \frac{\dot{U}_1 - \dot{I}_2 Z_0}{Z_0 + Z_1} \tag{7-44}$$

故电压源输出视在功率为

$$\dot{S}_1 = \dot{U}_1 \dot{I}_1^* = \dot{U}_1 \left(\frac{\dot{U}_1 - \dot{I}_2 Z_0}{Z_0 + Z_1}\right)^* = \frac{U_1^2 - \dot{U}_1 \dot{I}_2^* Z_0^*}{Z_0^* + Z_1^*} \tag{7-45}$$

可见，$\dot{S}_1$ 与 Z_2 无关，假设 $\dot{U}_1$ 与线路参数给定，则 $\dot{S}_1$ 仅由 $\dot{I}_2$ 决定，故调节 $\dot{I}_2$ 可以有效地控制 $\dot{S}_1$。这也屏蔽了电压源并联系统中由于 $Z_1 \neq Z_2$ 而给潮流控制带来的困难。

负荷端电压 $\dot{U}_0$：

$$\dot{U}_0 = \dot{U}_1 - \dot{I}_1 Z_1 = \frac{\dot{U}_1 Z_0 - \dot{I}_2 Z_0 Z_1}{Z_0 + Z_1} \tag{7-46}$$

该式表明，负荷端电压 $\dot{U}_0$ 也与 Z_2 无关，可以通过调节 $\dot{I}_2$ 来控制 $\dot{U}_0$。

从线路损耗上来说，

$$总损耗 = |\dot{I}_1|^2 Z_1 + |\dot{I}_2|^2 Z_2 = \left| \frac{\dot{U}_1 - \dot{I}_2 Z_0}{Z_0 + Z_1} \right|^2 Z_1 + |\dot{I}_2|^2 Z_2 \tag{7-47}$$

该式表明，系统网损同样受控。

上述分析说明，主从下垂控制系统中，由于电流源对功率的控制能力强，使得系统潮流易于控制，并可以间接地影响电压源出力，由于屏蔽了电流源支路阻抗对控制的影响，给控制带来了便利。

7.3.3.1　VFDC

VFDC 策略如图 7-48 所示。

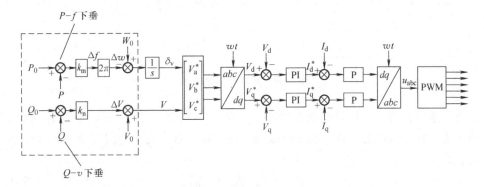

图 7-48　VFDC 策略框图

VFDC 是一种含下垂特性的电压型控制方案，根据检测的 PCS 端口输出的有功/无功功率，由式（7-48）、式（7-49）计算出频率参考值 f_{ref} 与电压参考值 U_{ref}，并通过电压/电流双闭环控制 PCS 输出，作为组网电源建立微电网的频率与电压。

$$f_{ref} = f_0 - k_m (P - P_0) \tag{7-48}$$
$$U_{ref} = U_0 - k_n (Q - Q_0) \tag{7-49}$$

式中，k_m 为 $P-f$ 下垂系数，k_n 为 $Q-V$ 下垂系数，P_0、Q_0、f_0、U_0 分别为设定的有功、无功、频率、电压基点。根据微电网容量与频率、电压偏差要求，合理设定下垂系数与基点，可以将微电网运行时的频率与电压偏差控制在合理范围之内。

7.3.3.2　PQDC

PQDC 策略如图 7-49 所示。

PQDC 是一种含下垂特性的电流型控制，与 VFDC 不同，PQDC 的工作是通过检测系统频率与节点电压偏差，由式（7-50）、式（7-51）计算出有功与无功参考值，并通过电流闭环控制 PCS 输出功率。从外特性上讲，PQDC 与 VFDC 都

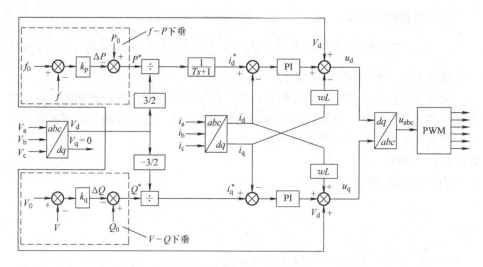

图7-49　PQDC策略框图

具有下垂外特性，可以分担负荷功率。而从工作原理上讲，VFDC 单元为 PQDC 单元提供频率与电压支撑，而 PQDC 单元通过控制各自的出力间接调节 VFDC 单元的出力。

$$P_{\text{ref}} = P_0 - k_{\text{p}}(f - f_0) \qquad (7\text{-}50)$$

$$Q_{\text{ref}} = Q_0 - k_{\text{q}}(U - U_0) \qquad (7\text{-}51)$$

式中，k_{p} 为 $f - P$ 下垂系数，k_{q} 为 $V - Q$ 下垂系数，P_0、Q_0、f_0、U_0 分别为设定的有功、无功、频率、电压基点。

7.3.3.3　下垂系数及基点配置

进行 VFDC 与 PQDC 协调控制下的多储能并联系统出力分配分析。设 VFDC 储能单元输出功率为 P_1/Q_1，下垂系数为 $k_{\text{p1}}/k_{\text{q1}}$（其中 $k_{\text{p1}} = 1/k_{\text{m}}$，$k_{\text{q1}} = 1/k_{\text{n}}$），功率基点为 P_{10}/Q_{10}。两台 PQDC 储能单元输出功率分别为 P_2/Q_2、P_3/Q_3，下垂系数为 $k_{\text{p2}}/k_{\text{q2}}$、$k_{\text{p3}}/k_{\text{q3}}$，功率基点为 P_{20}/Q_{20}、P_{30}/Q_{30}。

微电网内其他不可调度分布式电源的输出功率设为 P_{DG}，总负荷为 P_{load}，频率基点为 f_0，则各储能单元的有功功率为

$$\begin{aligned} P_1 &= P_{10} + \Delta P_1 = P_{10} + \Delta f k_{\text{p1}} \\ P_2 &= P_{20} + \Delta P_2 = P_{20} + \Delta f k_{\text{p2}} \\ P_3 &= P_{30} + \Delta P_3 = P_{30} + \Delta f k_{\text{p3}} \end{aligned} \qquad (7\text{-}52)$$

根据系统功率平衡，可得

$$P_1 + P_2 + P_3 + P_{\text{DG}} = P_{\text{load}} \qquad (7\text{-}53)$$

联立式（7-52）和式（7-53），可得

160

$$P_1 = P_{10} + \frac{P_{\text{load}} - P_{\text{DG}} - P_{10} - P_{20} - P_{30}}{k_{p1} + k_{p2} + k_{p3}} k_{p1}$$

$$P_2 = P_{20} + \frac{P_{\text{load}} - P_{\text{DG}} - P_{10} - P_{20} - P_{30}}{k_{p1} + k_{p2} + k_{p3}} k_{p2}$$

$$P_3 = P_{30} + \frac{P_{\text{load}} - P_{\text{DG}} - P_{10} - P_{20} - P_{30}}{k_{p1} + k_{p2} + k_{p3}} k_{p3}$$

$$f = f_0 + \Delta f = f_0 + \frac{P_{\text{load}} - P_{\text{DG}} - P_{10} - P_{20} - P_{30}}{k_{p1} + k_{p2} + k_{p3}}$$

(7-54)

可以看到，合理地设定下垂系数 k_{p1}、k_{p2}、k_{p3} 以及有功功率基点 P_{10}、P_{20}、P_{30}，可以改变各储能单元的出力比，并将系统频率偏差控制在允许范围内。

而各储能单元的无功出力则为

$$Q_1 = Q_{10} + \Delta Q_1 = Q_{10} + \Delta U_1 k_{q1}$$
$$Q_2 = Q_{20} + \Delta Q_2 = Q_{20} + \Delta U_2 k_{q2}$$
$$Q_3 = Q_{30} + \Delta Q_3 = Q_{30} + \Delta U_3 k_{q3}$$

(7-55)

该式描述的是各储能单元无功出力表达式。各储能单元通过检测所在节点的电压偏差来调整无功出力，对电压偏差进行反向调节，控制节点电压在允许的范围内。

7.3.3.4　实验验证

为验证本章所提策略的有效性，在上一节的实验平台上进行实验验证。平台由两台 100kVA PCS 组成并联系统，其中一台采用 VFDC 模式，另一台采用 PQDC 模式。PCS 开关频率为 6kHz，滤波电感值为 0.75mH，滤波电容值为 60μF；两端线路阻抗分别为 0.4Ω/0.17mH 与 0.24Ω/0.1mH；额定线电压为 380V，额定频率为 50Hz。

通过系统负荷功率的变化，验证所采用控制策略和方法的稳态性能和动态性能。图 7-50 为两台储能单元在阻感负荷下的稳态工作过程，可以看出，VFDC 储能单元和 PQDC 储能单元的载荷均分较好。当然，也存在一定的不均衡性，主要是由采样误差和控制精度引起的。

其次，进行负荷的突变实验，负荷由 20kW + 5kvar 突增至 40kW + 5kvar，图 7-51 为两个储能单元的输出电流动态过程。可以看出，在经过 200~300ms 的暂态过程后，VFDC 储能单元和 PQDC 储能单元实现了较好的载荷均分。同时，由于下垂控制是有差调节，随着负荷的增加，储能单元输出电压幅值相应降低。

图 7-52 为负荷突降过程，其动态过程与图 7-51 类似。

与对等控制相比，主从控制系统的运行依赖于主电源的可靠性，辅助电源可以分担主电源的应力，并且理论上可以任意数量扩展；而对等控制系统中各单元

161

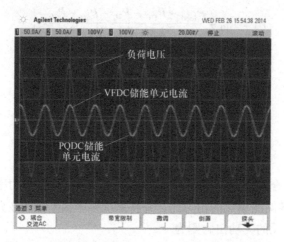

图 7-50　并联系统稳态工作过程（负荷 40kW + 5kvar）

地位等同，系统不会因某一单元故障而崩溃，这也是对等控制相比主从控制的优势所在。

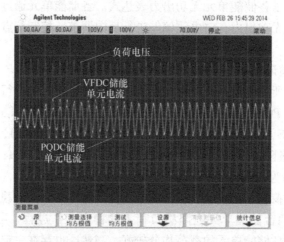

图 7-51　负荷突增动态过程（20kW + 5kvar 增至 40kW + 5kvar）

　　当然，对等控制系统中电气量耦合较强，各单元出力受到线路参数及控制参数影响，对于多储能单元的复杂系统，控制难度大。而主从控制系统易实现解耦控制，屏蔽了线路阻抗不同的影响，并对系统潮流与节点电压控制能力较强，适合用于大容量的复杂系统。

　　对于一些规模较大的实际应用系统，可以将对等控制与主从控制策略结合起来，即部分单元进行 VFDC 控制作为主电源，部分单元进行 PQDC 控制作为辅助电源，而且在运行过程中两者的角色可以通过一定的机制进行互换。

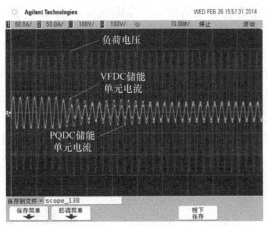

图7-52 负荷突降过程（40kW +5kvar 降至 20kW +5kvar）

7.4 微电网应用案例

　　智能微电网示范系统位于某科研园区，分布式电源包括光伏、直驱式小风电、微燃机 CHP，以及蓄电池储能系统，以电气科研楼的部分动力负荷为重要负荷，照明负荷为一般负荷，如图 7-53 所示。各种分布式发电单元、储能和负荷通过能量路由器接入微电网，同时对部分办公室、会议室进行智能用电改造。

图7-53 智能微电网示范系统主要设备

163

示范系统充分展示了智能微电网在可再生能源分布式发电接入、高可靠性供电、智能用电等的概念与效果。

采用基于双向晶闸管的固态开关作为微电网与外部电网的互联开关，以实现其并网/离网模式的无缝切换；各支路集成了短路及过电流保护，可保障多路运行的安全稳定；并配备分布式电源并网接口和电力监测设备，通过多类型通信接口形成数据通信网络，实时上传运行数据和状态信息，并接收管理中心下发的控制指令；同时配置检修回路，便于系统的维护检修。智能微电网通信架构如图7-54所示。

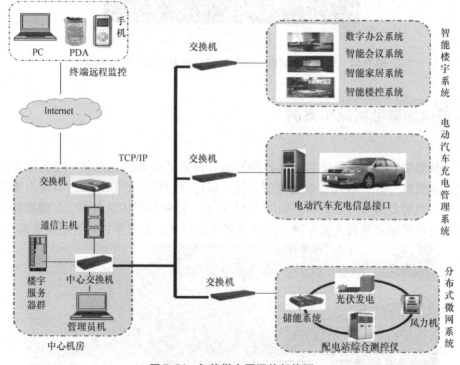

图 7-54　智能微电网通信架构图

基于储能的微电网运行控制与管理，充分考虑了对可再生能源的最大化利用和重要负荷的供电可靠性两个方面的因素。可以进行间歇式电源功率波动的平抑、负荷峰谷调节、负荷跟踪，以及 PCC 潮流控制等，如图 7-55、图 7-56 所示。

微电网并网运行时，储能实时检测公共电网状态，当公共电网供电异常或故障时，断开固态开关，储能以 V/f 模式运行，为微电网提供稳定的电压和频率支撑。离网运行时，如果公共电网恢复供电，储能调整自身运行状态，与公共电网同期后闭合固态开关，微电网转入并网运行模式。

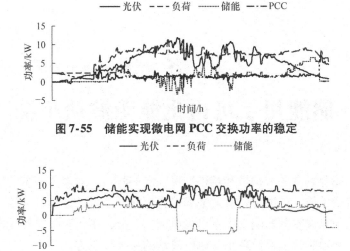

图 7-55 储能实现微电网 PCC 交换功率的稳定

图 7-56 储能实现微电网负荷峰谷调节

园区配电系统在例行检修时两台变压器倒闸操作，期间发生停电，图 7-57 为微电网依次由并网运行、离网运行再转入并网运行时的过程。可以看出，微电网内部电压（┈┈┈）在两次转换期间维持平稳。

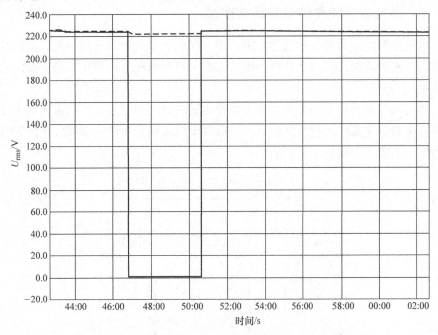

图 7-57 非计划性离网时微电网 PCC 内外电压（虚线）

第 8 章

储能用于可再生能源波动平抑

可再生能源发电的波动性和难以准确预测的特点，对电力系统的安全稳定与经济运行带来挑战。储能可以有效平抑可再生能源发电的波动，并跟踪发电计划出力，消除预测误差的影响。本章以风电为主，分析了可再生能源发电波动对电力系统运行的影响，以及储能平抑风电波动的主要控制方法。

8.1　风电功率波动特征及其影响分析

8.1.1　风电功率波动特征分析与建模

对风电的时序功率信号进行处理，提取风电功率分布及波动特征，是研究风电及其并网消纳能力的重要依据，也是考虑风电的电网运行调度、稳定控制的重要参考。

风电场的输出功率经采集后为一系列离散时间序列信号，可以采用数字信号处理方法对功率波动进行特性分析，一般可采用时域分析法、频域分析法和时频分析法，如图8-1所示。

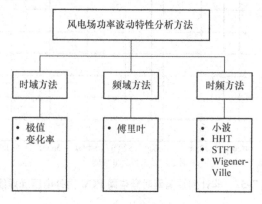

图8-1　风电场功率特性分析方法

8.1.1.1 时域分析法

风电场输出功率的时域分析，主要从统计角度对风电场出力分布及变化率进行统计分析。时域特征量是确定风电场最大容量，进行风电场群集中外送时输电通道容量规划，提高输电通道的负荷率，降低投资，提高经济效益的依据。而风电场功率变化率是评估风电功率不同时间尺度变化对电网电压、频率和安全运行的影响，以确定风电功率渗透率极限，备用容量的选取及调频机组安排。

风电场输出功率的变化量为

$$\Delta P_n = P_{n+1} - P_n \tag{8-1}$$

式中，P_n 表示风电场第 n 个采样点的输出功率。

时域方法可以对风电场出力的分布及变化率进行统计分析，但难以得到定量的风电出力变化率的特征。

以某装机容量 14MW 的风电场（14 台风力发电机，单机容量为 1MW，风电采样周期为 30s）某日的出力数据为例进行说明。风电场的功率时序曲线如图 8-2 所示。可以看出，夜间风电出力大，而白天负荷高峰时出力小，具有明显的"反调峰"特性。

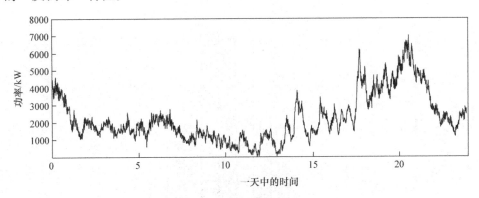

图 8-2 某风电场实际输出功率图（24h）

采用式（8-1）对风电功率波动进行处理，得到风电功率变化时序图如图 8-3 所示，概率分布如图 8-4 所示。

可见，风电功率波动大多分布在 400kW 以下，占风电总装机容量 14MW 的 2.85%，在稳态运行时，不会对电网安全运行产生影响；但极少数功率波动接近 1MW，需要结合接入点网架结构、系统调频能力和备用容量等，分析此类情况下风电场出力变化对系统电压和频率的影响及对策，包括配置起动较快的调频机组，如燃气机组和储能电站等。

8.1.1.2 频域分析法

频域分析法通常采用傅里叶变换，实际中大多采用离散傅里叶变换（Discrete Fourier Transform，DFT）方法，离散时间序列 $\{f_\mathrm{n}\}$ 的 DFT 定义为

$$X(k) = F(f_\mathrm{n}) = \sum_{n=0}^{N-1} f_\mathrm{n} e^{-\mathrm{i}\frac{2nk}{N}n} \tag{8-2}$$

式中，$k = 0$，1，$\cdots$，$N-1$。

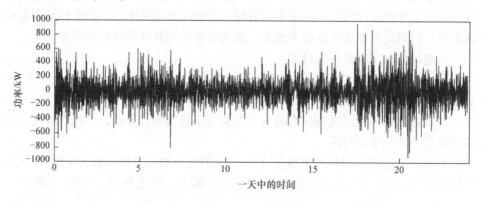

图 8-3　风电功率变化时序图（24h）

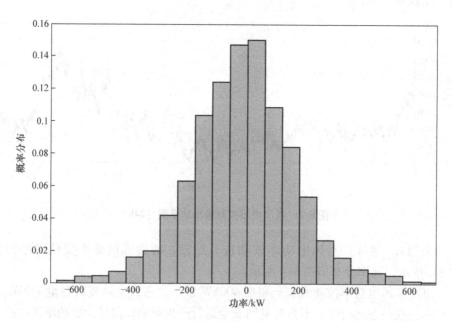

图 8-4　风电功率变化概率分布

快速傅里叶变换（Fast Fourier Transform，FFT）是 DFT 的快速处理方法。

$$X(k) = \sum_{j=1}^{N} x(j) e^{-\frac{\mathrm{i}2\pi}{N}(k-1)(j-1)} \tag{8-3}$$

式中，$k = 0$，1，2，…，$N-1$。

FFT 可以反映出整个信号在全部时间下的整体频域特征，定量给出不同频率下的功率波动特征量。对上述的风电功率进行 FFT 频谱分析，如图 8-5 所示。可以看出，虽然风电功率是随机变化的，可以分解为低、中、高不同频段，但风电的大部分功率都分布在直流和低频段附近。

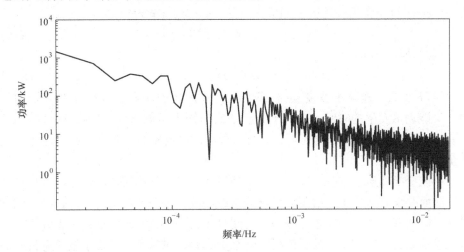

图 8-5 风电功率的频域分布

FFT 作为典型的频域分析方法，不能对信号进行时域定位，不能将时域和频域结合起来，使信号具有时域和频域特征构成信号的时频谱。同时，FFT 要求数据具有严格意义上的周期性和平稳性，系统具有线性特征，适用于稳态信号。FFT 作为一个侧重于整体的分析方法，缺乏局部时域性，难以提供在局部时间段上的频率信息，因而在分析非平稳、非线性的风电功率信号时具有一定的局限性。

8.1.1.3 时频分析法

时频分析法兼具时域和频域分析法的优点。常用时频分析方法有短时傅里叶变换（Short Time Fourier Transform，STFT）、小波变换、Wigner – Ville 变换和希尔伯特黄变换。本节以小波变换和希尔伯特黄变换为重点进行分析。

1. 小波分析法

小波变换（Wavelet Transformation，WT）是对非平稳、非线性信号进行时频分析的一种常用工具[133]。作为应用数学的一门新兴分支，已经在图像处理、语音分析、模式识别等工程领域广泛应用。

小波分析将一个已知的基本函数经平移和缩放后与被分析的信号做比较，以分析信号在各个时刻、各种局部范围的特性。在实际应用中，通常采用离散小波变换（Discrete Wavelet Transformation，DWT），将小波母函数 $\varphi(t)$ 进行伸缩和平移，以得到时域具有紧支性、频域具有快速衰减性、具有一定阶次消失矩的对称小波基函数。

$$\varphi_{a,b}(t) = \frac{1}{\sqrt{a}}\varphi\left(\frac{t-b}{a}\right) \tag{8-4}$$

式中，a、b 分别称为伸缩因子和平移因子，$a = 2^j$，$b = 2^j k$。即

$$\varphi_{j,k}(t) = 2^{-j/2}\varphi(2^{-j}t - k) \tag{8-5}$$

相应函数 $x(t)$ 的 DWT 可表示为

$$W_x(j,k) = (x(t),\varphi_{j,k}(t)) \tag{8-6}$$

DWT 克服了连续小波变换（CWT）信息冗余的缺点；具有频率分析的性质，又能表示发生的时间，有利于分析确定时间发生的现象；DWT 计算时间比FFT 快一个数量级，更适合于对信号分析处理时间要求高的场合，如实时分析及安全控制等。

小波变换本质上是一种窗口可调的傅里叶变换，其小波内的信号必须是平稳的，因而并没有从根本上摆脱傅里叶分析的局限；小波基的优先确定，会造成信号能量的泄漏，信号的能量 - 频率 - 时间分布较为广泛，难以进行定量分析。

母小波的选取对小波分析的可靠性至关重要，时域紧支撑使小波具有良好的计算性能；频域紧支撑保证小波频域严格划分；采用具有良好局部时频特性的Meyer 小波，无限可微，且频域紧支撑，非常光滑，具有良好的波动特性。

对图 8-3 的风电功率进行小波分析，如图 8-6 所示。提取不同时间尺度下的风电功率波动特征量，d_1、d_2、d_3 是风电功率波动的高频分量，变化幅值较小，通常是由风电场地形地貌、湍流效应、数据采集和统计误差引起的；d_1、d_2 分量波动频率分布在 $0.01 \sim 1\text{Hz}$，其对电网的影响需做进一步的分析。d_4、d_5、d_6表示风电功率的中频分量，波动幅值较大，可用于电网一次、二次调频参考。a_6作为小波变换的残余分量，表示风电场输出功率波动的趋势，可用于风电场功率预测和发电计划参考。

2. 希尔伯特分析法

1998 年，美国航空航天局的 Norden E. Huang 等人针对非平稳、非线性和非周期信号提出希尔伯特黄变换（Hilbert Huang Transform，HHT）的信号处理方法。它不同于基于傅里叶变换等信号处理方法，不需要预先定义函数基，具有自适应特性；HHT 具有很强的局部特性，在处理非平稳随机信号方面具有独特的优势。

HHT 方法首先利用经验模态分解（Empirical Mode Decomposition，EMD）将信号分解为一系列具有特定物理意义的本征模态函数（Intrinsic Mode Function，IMF）分量；然后对每个 IMF 分量进行希尔伯特变换（Hilbert Transform，HT），

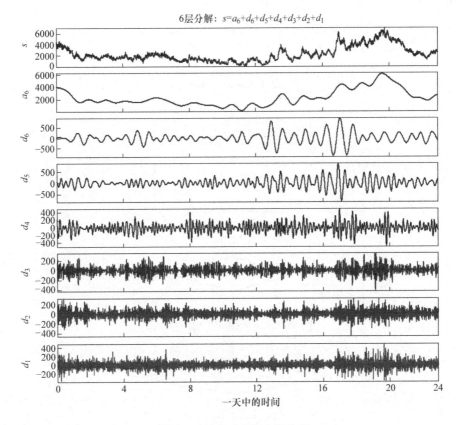

图 8-6　风电功率的小波分析

得到瞬时频率和瞬时幅值，从而得到信号的希尔伯特谱，表示了信号完整的幅值和频率分布[134]。

EMD 是对时间序列进行平稳化处理，将信号中不同尺度的波动或趋势逐级分解开来，产生一系列具有不同尺度的数据序列，每一个序列为一个 IMF。IMF 必须满足以下两个条件：

1）在整个数据序列内，极值点的数量与过零点的数量必须相等或最多相差一个。

2）数据序列关于时间轴局部对称，即在任一时间点上，局部均值为零。

根据 IMF 的含义，EMD 的算法流程（见图 8-7）如下：

1）令 $x(t) = r(t)$。

2）判断 $x(t)$ 是否为单调函数或其幅度差是否小于预先给定的阈值，若满足则算法停止，否则执行步骤 3。

3）令 $h(t) = r(t)$。

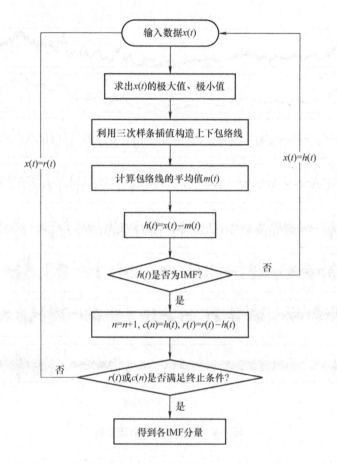

图 8-7　EMD 算法流程图

4）判断 $h(t)$ 是否为 IMF，若是则执行步骤 7。

5）求出信号 $h(t)$ 的低频走势 $m(t)$。

6）$h(t) = h(t) - m(t)$，转到步骤 4。

7）$c(t) = h(t)$。

8）$r(t) = r(t) - c(t)$，转到步骤 2。

经上述过程，最终得到

$$x(t) = \sum_{i=1}^{n} c_i(t) + r_n(t) \tag{8-7}$$

式中，$c_i(t)$ 表示第 i 个 IMF 分量，代表了原始信号 $x(t)$ 中不同特征尺度的信号分量；$r_n(t)$ 为剩余分量，反映了原始信号 $x(t)$ 的变化趋势。因此，EMD 可以将信号 $x(t)$ 分解成 n 个不同频率的平稳分量 IMF 和一个趋势项。

对信号 $x(t)$，其 HT 为

$$y(t) = \frac{1}{\pi} \int_{-\infty}^{+\infty} \frac{x(\tau)}{t - \tau} \mathrm{d}\tau \tag{8-8}$$

其反变换为

$$x(t) = \frac{1}{\pi} \int_{-\infty}^{+\infty} \frac{y(\tau)}{\tau - t} \mathrm{d}\tau \tag{8-9}$$

得到解析信号：

$$z(t) = x(t) + \mathrm{i}y(t) = a(t)\mathrm{e}^{\mathrm{i}\theta(t)} \tag{8-10}$$

式中，$a(t)$ 为瞬时振幅，$a(t) = \sqrt{x(t)^2 + y(t)^2}$；$\theta(t)$ 为瞬时相位，$\theta(t) = \arctan\frac{y(t)}{x(t)}$。

瞬时频率为

$$f(t) = \frac{1}{2\pi} \frac{\mathrm{d}\theta(t)}{\mathrm{d}t} \tag{8-11}$$

对每一个 IMF 分量做 HT，可得

$$s(t) = \mathrm{Re}\sum_{i=1}^{n} a_i(t)\mathrm{e}^{\mathrm{j}\phi_i(t)} = \mathrm{Re}\sum_{i=1}^{n} a_i(t)\mathrm{e}^{\mathrm{j}\int\omega_i(t)\mathrm{d}t} \tag{8-12}$$

式中，Re 代表取实部。该式称为希尔伯特幅值谱，简称为希尔伯特谱，记作：

$$H(\omega,t) = \mathrm{Re}\sum_{i=1}^{n} a_i(t)\mathrm{e}^{\mathrm{j}\int\omega_i(t)\mathrm{d}t} \tag{8-13}$$

进一步定义边际谱：

$$h(\omega) = \int_{-\infty}^{+\infty} H(\omega,t)\mathrm{d}t \tag{8-14}$$

边际谱从统计意义上表征了整组数据每个频率点积累的估值分布。

对图 8-2 的风电功率进行 HHT 分析，如图 8-8 所示。得到的 r 项表示风电场输出功率的变化趋势。对比分析可知，小波分析得到的谱能量在频率范围内分布较广，是一种全局的分析；而 HHT 谱的大部分能量都集中在一定的时间和频率范围内，能清晰地反映出信号能量随时间、频率的分布，局部性较强，对分析时变、随机、间歇性的风电功率更为适用。

相较于依赖先验函数基的傅里叶及小波变换等方法，HHT 没有固定的先验基底，更适合于处理非平稳随机信号，是一种更具适应性的时频局部分析方法。IMF 幅值允许改变，突破了传统的将幅值不变的简谐信号定义为基底的局限，使信号分析更加灵活多变。每一个 IMF 可以看作信号中一个固有的振动模态，通过希尔伯特变换得到的瞬时频率具有清晰的物理意义，能够表达信号的局部特征，能精确地做出时间－频率图。而瞬时频率为相位函数的导数，不需要整个波来定义局部频率，因而可以实现从低频信号中分辨出奇异信号。

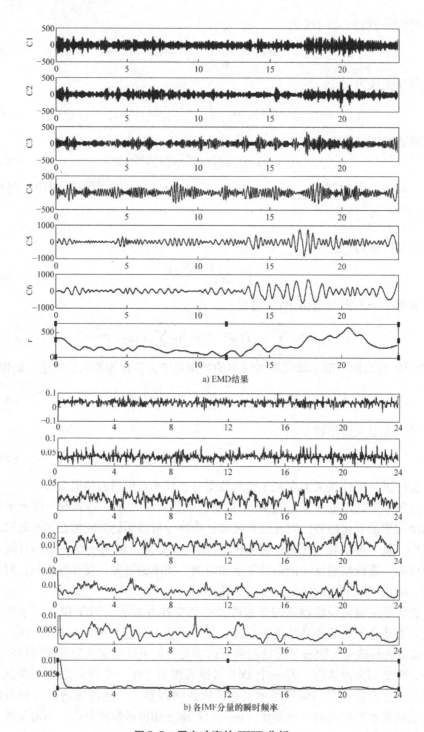

a) EMD结果

b) 各IMF分量的瞬时频率

图8-8 风电功率的 HHT 分析

8.1.2　风电功率波动对系统频率和电压的影响

当风电接入比例达到较高水平时，其出力的变化会对区域电网乃至整个系统带来影响，包括电压、频率和区域控制偏差等。本节基于美国西部 WSCC 3 机 9 节点电力系统和实际风电数据，仿真分析了不同时间尺度下风电功率波动对电力系统频率和电压的影响。

在 WSCC 3 机 9 节点电力系统中，接入装机容量 100MW 风电场，接入点为 Bus5，风电的功率渗透率为 20%，如图 8-9 所示。

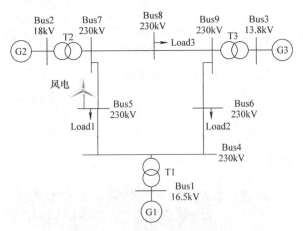

图 8-9　含风电场的电力系统仿真模型

WSCC 3 机 9 节点电力系统的具体参数：基准值取 $S_B = 100\text{MVA}$，$U_B = 230\text{kV}$，系统频率为 60Hz。将发电机 G1 设为系统的平衡节点 Slack，设置电压、幅值为 1.04pu，参考相角为 0°；将 G2 和 G3 设为 PV 节点，分别设置有功出力为 1.63pu 和 0.85pu，设置电压、幅值均为 1.025pu。

1）发电机参数：

G1：247.5MVA，16.5kV，功率因数为 1，水轮机组（凸极），180r/min，$x_d = 0.146$，$x'_d = 0.0608$，$x_q = 0.0969$，$x'_q = 0.0969$，$x_l = 0.0336$，$T'_{d0} = 8.96\text{s}$，$T'_{q0} = 0\text{s}$，$H = 23.64\text{s}$，$D = 0$。

G2：192MVA，18kV，功率因数为 0.85，汽轮机组（隐极），3600r/min，$x_d = 0.8958$，$x'_d = 0.1198$，$x_q = 0.8645$，$x'_q = 0.1969$，$x_l = 0.0521$，$T'_{d0} = 6\text{s}$，$T'_{q0} = 0.535\text{s}$，$H = 6.4\text{s}$，$D = 0$。

G3：128MVA，13.8kV，功率因数为 0.85，汽轮机组（隐极），3600r/min，$x_d = 1.3125$，$x'_d = 0.1813$，$x_q = 1.2578$，$x'_q = 0.25$，$x_l = 0.0742$，$T'_{d0} = 5.89\text{s}$，$T'_{q0} = 0.6\text{s}$，$H = 3.01\text{s}$，$D = 0$。

2）变压器参数：

T1：16.5/230kV，$X_T = 0.0576$；T2：18/230kV，$X_T = 0.0625$；T3：13.8/230kV，$X_T = 0.0586$。

3）线路参数：

Line1：$Z = 0.01 + j0.085$，$B/2 = j0.088$；Line2：$Z = 0.032 + j0.161$，$B/2 = j0.153$；Line3：$Z = 0.017 + j0.092$，$B/2 = j0.079$；Line4：$Z = 0.039 + j0.17$，$B/2 = j0.179$；Line5：$Z = 0.0085 + j0.072$，$B/2 = j0.0745$；Line6：$Z = 0.0119 + j0.1008$，$B/2 = j0.1045$。

4）负荷：

LumpA（load1）：$(125 + j50)$ MVA；LumpB（load2）：$(90 + j30)$ MVA；LumpC（load3）：$(100 + j35)$ MVA

图 8-10 为归一化的风电场有功出力时域图。

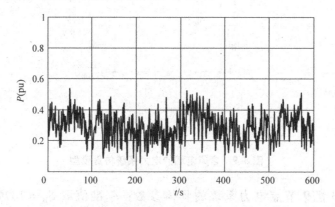

图 8-10 归一化的风电场有功出力时域图

对信号进行 EMD，结果如图 8-11 所示，C1 ~ C9 为分解后的 IMF 分量，r 为残值。

求取各 IMF 分量的瞬时频率，如图 8-12 所示。

可见，经 EMD 得到的各 IMF 分量严格按照局部频率由高到低的顺序排列。进而，引入信号能量概念对各 IMF 分量进行分析。在实际应用中，一般认为非周期信号为能量有限信号，对于非周期信号 $X(t)$，其能量特征可以用其模值的 2 次方 $|X(t)|^2$ 表示，称为能量密度或瞬时功率，它表示在 t 时刻单位时间内信号的能量或强度。相应地，在 Δt 时间内信号的总能量定义为

$$E_X = \int |X(t)|^2 dt \tag{8-15}$$

对于离散信号，其总能量为

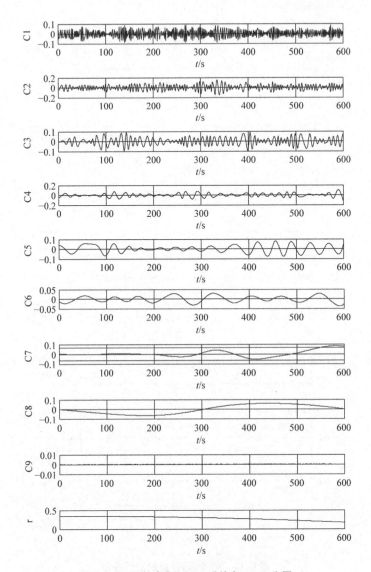

图 8-11　风电功率 EMD 后的各 IMF 分量

$$E_{\mathrm{X}} = \sum_{i=1}^{n} |X(n)|^2 \qquad (8\text{-}16)$$

考虑到 EMD 所得各 IMF 分量的能量存在差异，取原始信号及各 IMF 分量的能量作为特征量，以分析不同 IMF 分量与原始信号之间的关系。定义各 IMF 分量的能量为 $E_{\mathrm{IMF}(i)}$，则各 IMF 分量的能量在原始信号总能量中的占比为

$$\mathrm{prop} = \frac{E_{\mathrm{IMF}(i)}}{E_{\mathrm{X}}} \times 100\% \qquad (8\text{-}17)$$

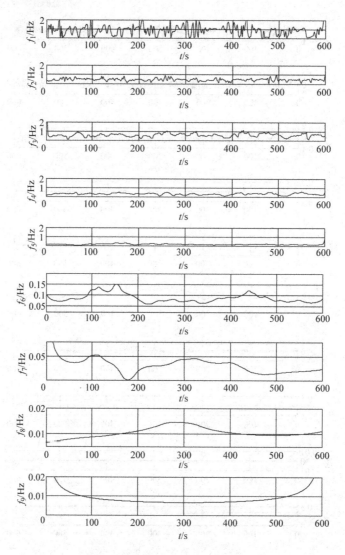

图 8-12　各 IMF 分量的瞬时频率

根据上述定义，求得各 IMF 分量能量及占比见表 8-1。

表 8-1　各 IMF 分量的能量及占比

分量	能量	占比
原始数据	56.4181	1.0000
IMF1	2.0172	0.0358
IMF2	0.8776	0.0156
IMF3	0.4535	0.0080

（续）

分量	能量	占比
IMF4	0.3914	0.0069
IMF5	0.4547	0.0081
IMF6	0.1608	0.0029
IMF7	1.4443	0.0256
IMF8	1.1761	0.0208
IMF9	0.0051	0.0001
res	50.8260	0.9009

可以看出，各 IMF 分量的能量值差别较大，在总能量中的占比也各不相同。根据各 IMF 分量的瞬时频率，可以将其划分为高、中、低 3 个频段。f_1 介于 1 ~ 2Hz 之间，为高频段；f_2 ~ f_7 介于 0.02 ~ 1Hz 之间，为中频段；f_8、f_9 低于 0.02Hz，为低频段。

各部分的波形及能量占比分别如图 8-13 和图 8-14 所示。风电功率波动主要集中于 0.02 ~ 1Hz 的中频段，高频分量（大于 1Hz）和低频分量（小于 0.02Hz）很小。此外，res 所占比重最大，约为总能量的 90%，代表了风电功率的主体部分。替换不同的风电场数据进行如上分析，所得结果基本相似，但因风电场的规模、风资源条件等的不同会有不同的影响。

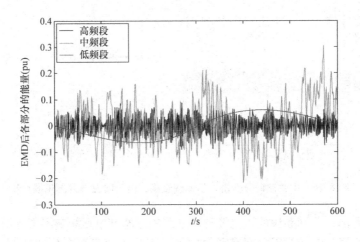

图 8-13　高、中、低频段各分量波形（彩图见插页）

将高、中、低不同频段的功率输入电力系统，得到系统的频率、电压响应如图 8-15、图 8-16 和图 8-17 所示。

图 8-14 各 IMF 分量的能量比重饼图

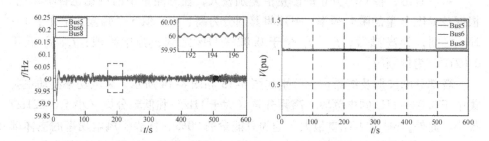

图 8-15 高频波动分量接入后系统频率、电压响应（彩图见插页）

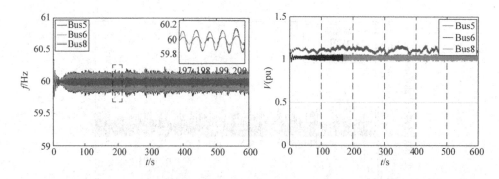

图 8-16 中频波动分量接入后系统频率、电压响应（彩图见插页）

可以看出，不同频段的风电波动对系统的频率和电压影响不同。对于系统频率，低频段风电波动对系统频率影响较小，频率波动范围在 0.02Hz 之内；高频段的风电波动对系统频率的影响较大，频率波动范围约为 0.05Hz；而中频段风电波动导致系统的频率波动范围扩大到 0.2Hz，对系统频率的影响明显。对于系统电压，低频段和高低频的风电波动对系统电压几乎没有影响，而中频段的风电波动导致系统电压发生了最大约 20% 的变化。

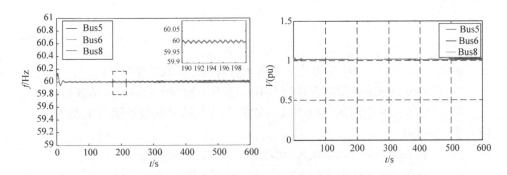

图 8-17　低频波动分量接入后系统频率、电压响应（彩图见插页）

综上，中频段的风电波动对系统频率和电压的影响较为明显，加强对风电中频段功率波动的平抑能够减小风电接入对系统频率和电压的影响。

8.1.3　风电功率波动对系统低频振荡的影响

8.1.3.1　基于 HHT 的电力系统低频振荡分析[135]

在电力系统的低频振荡中，某一个振荡模态分量可表示为

$$x(t) = Ae^{-\lambda t}\cos(\omega t + \theta) \tag{8-18}$$

式中，A 为初始幅值，λ 为衰减系数，ω 为振荡频率，θ 为初始相位。

其希尔伯特变换后的瞬时幅值为

$$a(t) = \sqrt{x(t)^2 + x_{\mathrm{H}}(t)^2} = Ae^{\lambda t} \tag{8-19}$$

进而，

$$\ln a(t) = \lambda t + \ln A \tag{8-20}$$

可以看出，$\ln a(t)$ 是关于时间的一次函数，为了精确求取衰减系数 λ，对 $\ln a(t)$ 进行一次函数的最小二乘拟合，拟合出的斜率即为 λ，拟合出的截距即为 $\ln A$。

另外，瞬时相位为

$$\varphi(t) = \omega t + \theta \tag{8-21}$$

为了精确求取角频率和初相，对相角进行一次函数的最小二乘拟合，拟合出的斜率即为角频率 ω，拟合出的截距即为初相 θ。

再者，根据有阻尼振荡环节的振荡特性：

$$x(t) = Ae^{-\xi\omega_0 t}\cos(\omega_0\sqrt{1-\xi^2}\,t + \theta) \tag{8-22}$$

与式（8-18）联立，可得

$$\begin{cases} \xi\omega_0 = \lambda \\ \omega_0\sqrt{1-\xi^2} = \omega \end{cases} \tag{8-23}$$

可得阻尼比：

$$\xi = \frac{\lambda}{\sqrt{\omega^2 + \lambda^2}}$$ (8-24)

由此，可得基于 HHT 的电力系统低频振荡模态提取流程如下：

1）将实测的风电有功功率进行 EMD，求取不同频段的功率波动数据。

2）将分解后的不同风电模态接入仿真系统，同时调整系统发电端的出力，使系统整体平衡。

3）求取系统中靠近风电接入点线路上的有功功率曲线。

4）将该有功功率曲线进行 EMD，求取不同频段的 IMF 分量，分别对其进行 HHT，求取各模态分量的瞬时幅值和瞬时相位。

5）对各模态的瞬时幅值和瞬时频率进行最小二乘法拟合，求取各模态的幅值、频率和阻尼比，进而判断系统是否发生了低频振荡。

8.1.3.2 案例分析

本节以 WSCC 3 机 9 节点电力系统为基础，在 RT – LAB 环境下搭建含风电的电力系统实时仿真平台，分析风电接入后对系统低频振荡的影响，如图 8-18、图 8-19 所示。

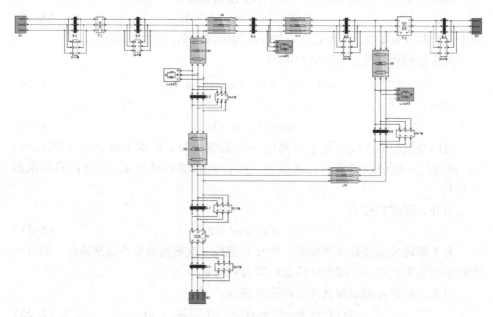

图 8-18　WSCC 3 机 9 节点电力系统仿真模型

WSCC 系统中含 3 个发电机组模型，均采用三阶模型，涵盖励磁、调速等功能，能够实现一次调频。风电模型按照实际的风电数据进行等效输出，其接入点

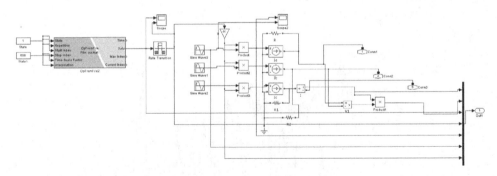

图 8-19　风电机组仿真模型

为发电节点 2。

　　将实际的风电有功功率进行 EMD 得到相应的 IMF 分量，以此作为风电模型的功率输出，进而测取离接入点较近且功率流动较大的线路 5 – 7 的有功功率曲线，将该功率曲线再进行 EMD 及 HHT，求取各模态分量的瞬时幅值与瞬时频率，通过拟合计算，求得相应的阻尼比，进而分析系统是否发生低频振荡。基于搭建的仿真平台，对比分析风电接入前后系统的响应，以及风电高、中、低不同波动频段对系统低频振荡的影响。

　　风电接入前，测取系统线路 5 – 7 上的有功功率曲线，如图 8-20 所示。该曲线近似为一条功率值为 76.3MW 的直线，不存在功率波动与系统振荡现象。

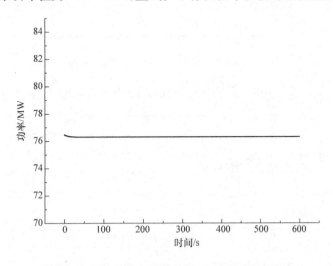

图 8-20　风电未接入时线路 5 – 7 的有功功率曲线

　　将某风电场的实测运行数据接入发电节点 2，风电场容量为 100MW，采样时长为 600s，采样率为 0.1s，如图 8-21 所示。

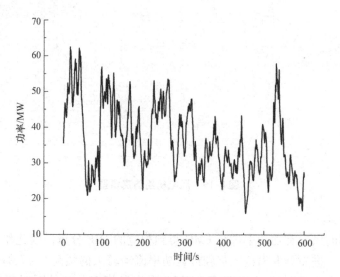

图 8-21　某风电场功率曲线

采用 EMD 将该风电功率波动分解为高、中、低三个频段，高频段频率大于 1Hz，中频段为 0.03 ~ 1Hz，低频段小于 0.01Hz。分解后的风电功率包括高频（h）、中频（m）和低频（l）三个 IMF 分量和一个残余分量（r），如图 8-22 所示。

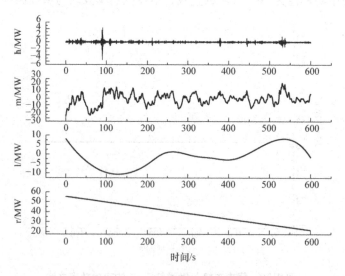

图 8-22　EMD 后的功率分量

将风电的高、中、低三个频段进行 HHT，从而求取各频段振荡模态的瞬时幅值和瞬时频率，经过拟合后的幅值和频率见表 8-2。从中也可以看出，中频段振荡模态的幅值大于高频段和低频段。

表 8-2　高、中、低三个频段振荡模态的幅值与频率

	高频段	中频段	低频段
幅值 A/MW	0.1973	11.1441	7.9013
频率 f/Hz	1.0879	0.1324	0.0025

将高、中、低三个频段的风电功率波动分量分别与残余分量相叠加，得到如图 8-23 所示的三组风电功率曲线。

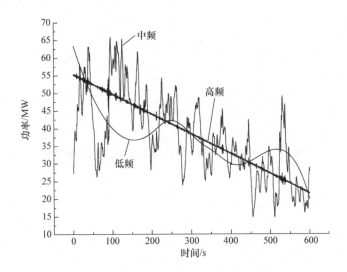

图 8-23　含残余分量的高中低三个频段功率曲线

将这三组风电功率分别接入系统节点 2，通过仿真求取线路 5 - 7 的有功功率曲线，如图 8-24、图 8-25 和图 8-26 所示，分析不同频段的波动对系统低频振荡的影响。

将所得的有功功率曲线进行 EMD 及 HHT 后，求取相应的阻尼比，见表 8-3。可见，高频段对应 IMF 分量的阻尼比为负，中频段对应的阻尼比有正有负，而低频段对应的阻尼比全为正。由此表明，高频段和中频段风电接入后会引起系统的低频振荡。此外，中频段对应的最小阻尼比为 - 0.07098，远大于高频段对应的 - 0.00069，因而中频段风电波动对系统的低频振荡影响更明显。

综上所述，大规模风电的接入有引起电力系统低频振荡的可能，且中频段功率波动对系统低频振荡的影响较大，所以重点平抑对系统影响较大的中频段，可以减小风电并网对系统带来的危害。对于特定的电力系统，由于风电场规模、风资源条件、接入点网架结构、系统运行状况等差异，风电功率波动的影响也会不同。本节主要侧重风电波动特征及其引起低频振荡的分析方法，为风电功率波动的平抑提供参考。

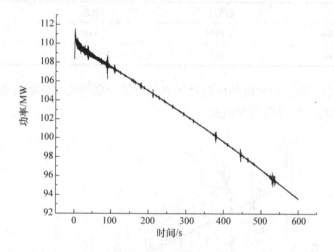

图 8-24　高频分量接入时线路 5 - 7 的有功功率曲线

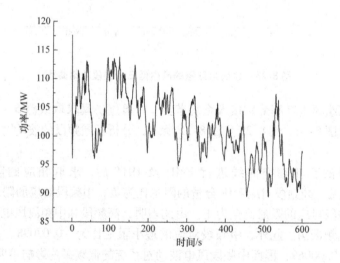

图 8-25　中频分量接入时线路 5 - 7 的有功功率曲线

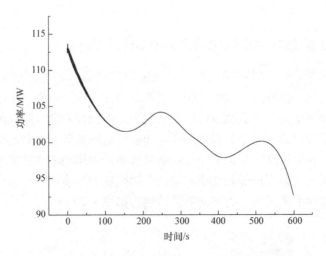

图 8-26　低频分量接入时线路 5－7 的有功功率曲线

表 8-3　高、中、低频对应的阻尼比

IMF	高频	中频	低频
1	－0.00031	0.000169	0.000351
2	－0.00019	0.000337	0.001296
3	－0.00026	0.000441	0.001899
4	－0.00031	0.000249	0.007537
5	－0.00052	0.003098	0.000051
6	－0.00056	－0.02357	
7	－0.00069	－0.00224	
8		－0.07098	
9		0.033107	

8.2　储能平滑风电有功功率波动

　　由上节分析可知，风电功率具有不同时间尺度的波动特征，周期分布从秒级到数分钟，甚至数小时。此外，不同的电力系统由于自身运行控制需求的差异，对风电波动率的限制要求也不同。因而，单一的储能技术难以在技术性能与经济性能上同时满足需求。为提高储能系统全寿命周期的经济性，多种性能互补的复合储能是有效的解决方案。本节重点分析多类型储能应用于风电波动平抑的策略

187

与方法。

8.2.1 多类型储能平抑风电功率波动的总体架构

如第 5 章所分析,以超级电容器、飞轮为代表的功率型储能具有功率密度大、响应速度快、循环寿命长的优势,但能量密度较低;以锂离子电池、铅酸电池为代表的能量型储能具有能量密度高的优势,但循环寿命有限。因而,可以采用两种性能互补的储能装置共同平抑风电场输出功率波动,充分发挥两者的互补优势。对于短时间尺度、小幅度的低频功率波动,采用功率型储能进行平抑;对于长时间尺度、大幅度的低频功率波动,采用能量型储能进行平抑[136,137]。

多类型储能平抑风电出力波动的总体架构如图 8-27 所示。

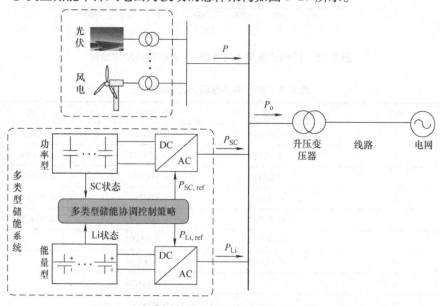

图 8-27　多类型储能平抑风电功率波动总体架构图

多类型储能平抑风电功率波动,在控制上的关键是不同类型储能的协调,即如何确定每一控制时刻每种储能装置需要补偿的功率。常用的方法是采用一阶滤波算法,将风电有功功率分解为高频和低频两部分,然后分别分配给功率型储能和能量型储能。一阶滤波算法简单,便于工程应用,但存在控制滞后的问题,容易造成风电功率的过度平抑,增大储能投资成本。

本节首先分析了一阶低通滤波算法在风电波动平抑中的应用,鉴于模型预测控制(MPC)良好的多约束处理能力和在线优化能力,重点研究了基于 MPC 的多类型储能协调控制策略。在 MPC 的控制原理基础上,建立了储能平抑风电波动的系统状态空间方程及 MPC 架构,并进行了对比分析。

8.2.2　基于一阶低通滤波器的储能控制

采用一阶低通滤波算法平抑风电功率波动的基本思路，是通过一阶低通滤波器将原始风电功率进行滤波处理，并调节滤波器的时间常数，使得低频部分达到风电并网波动率的限制要求。高频部分作为储能载荷，由功率型和能量型储能承担，当然，功率型储能和能量型储能的载荷分配可以再通过一个一阶低通滤波器实现。根据时间常数是否可调节，分为定时间常数滤波算法和可变时间常数滤波算法[138]。

8.2.2.1　一阶低通滤波算法原理

一阶低通滤波算法（Low – pass Filtering Algorithm，LFA）的核心是一阶低通滤波器模型，其等效电路如图 8-28 所示。

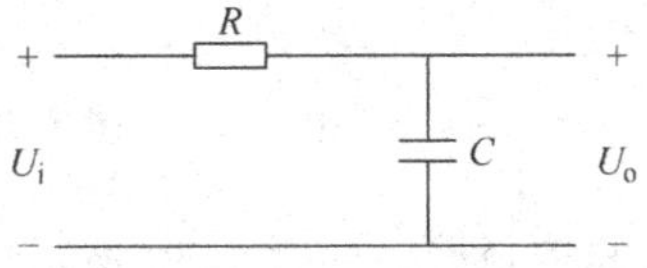

根据电压输入输出关系，可得

$$RC \frac{du_o(t)}{dt} + u_o(t) = u_i(t) \qquad (8\text{-}25)$$

进一步，可得 LFA 的传递函数：

图 8-28　一阶低通滤波电路

$$H(s) = \frac{U_o}{U_i} = \frac{1}{RCs + 1} = \frac{1}{\tau s + 1} \qquad (8\text{-}26)$$

式中，$\tau = RC$，是 LFA 的时间常数。

采用 z 变换，将式（8-26）离散化，可得

$$H(z) = \frac{1}{1 + \frac{\tau}{T_c} - \frac{\tau}{T_c}z^{-1}} \qquad (8\text{-}27)$$

假设 $X(k)$ 表示输入量，$Y(k)$ 表示输出量，可得 LFA 输出与输入的关系：

$$Y(k) = \frac{\tau}{\tau + T_c}Y(k-1) + \frac{T_c}{\tau + T_c}X(k) \qquad (8\text{-}28)$$

可见，在离散化的 LFA 表达式中，k 时刻的输出量 $Y(k)$ 不仅与 k 时刻的状态量有关，还与前一时刻的输出量 $Y(k-1)$ 有关。时间常数 τ 越大，$Y(k)$ 与 $Y(k-1)$ 差别越小，滤波器的滤波效果越好，但是滞后效应也越明显。

通过微分算子 $s = j\omega$，转化为复数域：

$$H(j\omega) = H(s)\big|_{s=j\omega} \frac{1}{\sqrt{\tau^2\omega^2 + 1}} e^{-j\arctan\omega\tau} \qquad (8\text{-}29)$$

LFA 的伯德图如图 8-29 所示。其中，截止频率 f_c 表示从该点开始信号幅值开始快速下降。$e^{-j\theta}$ 表示在截止频率 f_c 的相角滞后 $e^{-j\theta}$（$\theta = \arctan\omega\tau$），说明了 LFA 的滞后特性。可以看出，时间常数 τ 越大，滞后效应越明显。

8.2.2.2　定时间常数滤波算法

以风电场并网波动率要求为目标，通过固定时间常数 LFA 平抑风电功率波

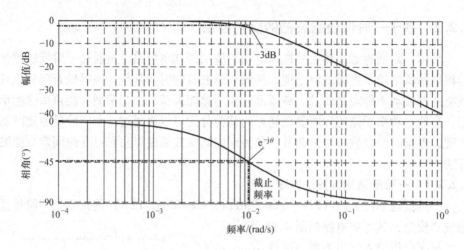

图8-29   一阶 LFA 伯德图（$\tau=100$）

动的控制策略如图 8-30 所示。

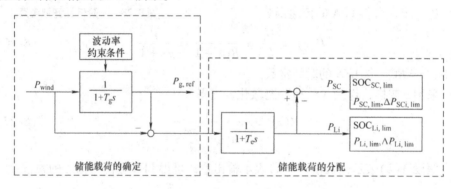

图8-30   定时间常数 LFA 实现风电平抑控制原理图

选取某风电场实际运行数据进行离线仿真，风电场额定容量为 10MW，采样时间为 30s，数据长度为 2870 个，持续时间为 00：00～24：00。设定平抑目标为风电功率波动率每分钟不超过 2%，图 8-31 为平抑前后风电并网功率，图8-32 和图 8-33 是平抑前后风电功率 1min 波动率对比。可以看出，平抑后风电场功率波动基本都被限制在 2% 以内，但波动率 90% 以上集中在 1% 以下，存在过度平抑，在实际工程中会增加储能配置容量和成本，这是固定时间常数 LFA 的一个不足之处。

8.2.2.3   变时间常数滤波算法

针对定时间常数算法的不足，设计变时间常数一阶 LFA，如图 8-34 所示。通过考虑风电并网波动率控制目标、储能荷电状态（SOC）等因素，动态调整滤

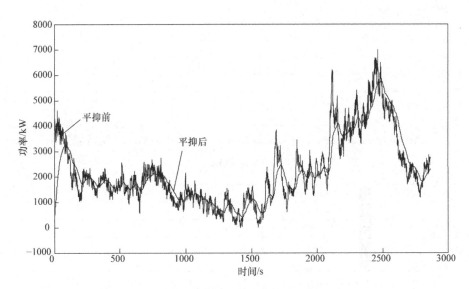

图 8-31　平抑前后风电场功率时域图

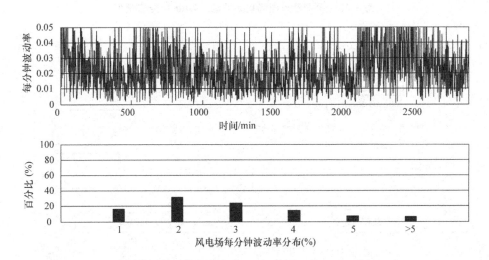

图 8-32　平抑前风电场功率波动（1min）分布情况

波时间常数，使其满足并网波动率要求，同时提高储能利用率，降低储能成本。

　　仍以上节中风电场的实际运行数据进行分析，图 8-35 为风电功率平抑前后 1min 波动率对比，可以看出，采用变时间常数滤波算法，可以满足风电并网波动率的控制要求。从图 8-36 可以看出，相对于固定时间常数 LFA，采用变时间常数 LFA，可以根据实际情况调整滤波器的时间常数，从而在风电波动率不大的情况下将并网波动率要求适当放宽，从而减少储能的载荷，降低储能总体配置容

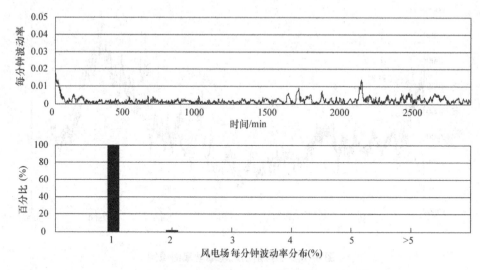

图 8-33　平抑后风电场功率波动（1min）分布情况

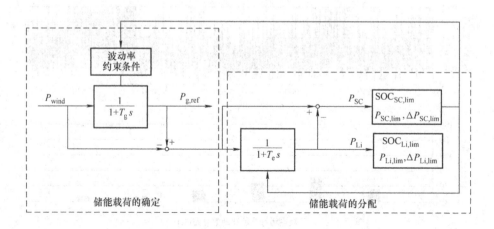

图 8-34　变时间常数 LFA 实现风电平抑控制原理图

量和成本。

　　同样，储能总载荷在功率型储能和能量型储能的分配中，也根据各储能单元的出力情况和 SOC 进行滤波器时间常数的自适应调整。图 8-37 为储能的载荷分配情况，图 8-38 为各储能单元的 SOC，可以看出，通过滤波器时间常数的调整，可以很好地将储能载荷分配给功率型储能和能量型储能，使各储能单元的 SOC 维持在合理状态。

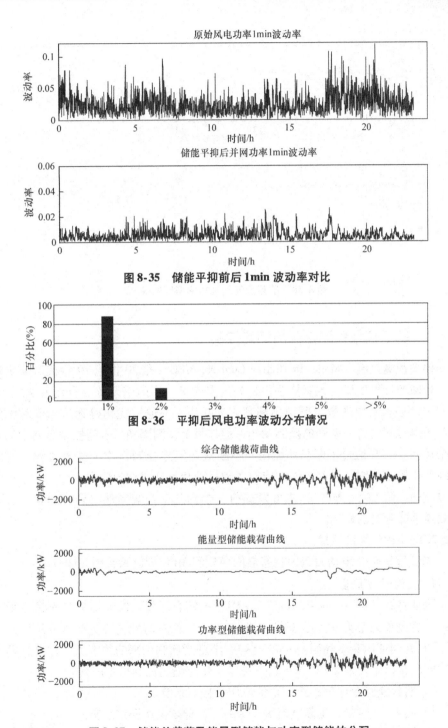

图 8-35　储能平抑前后 1min 波动率对比

图 8-36　平抑后风电功率波动分布情况

图 8-37　储能总载荷及能量型储能与功率型储能的分配

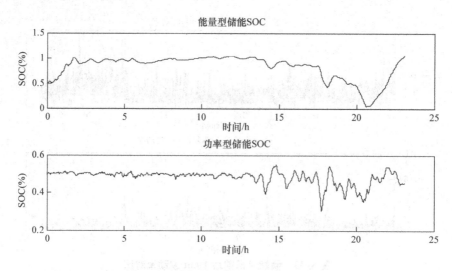

图 8-38　能量型储能和功率型储能 SOC

8.2.3　基于模型预测控制的储能控制

模型预测控制（Model Predictive Control，MPC）是 20 世纪 70 年代后期出现的一种新型计算机优化控制算法，是处理多变量、多约束系统的有效方法之一。MPC 利用被控对象的数学模型预测其未来输出，并通过优化得到从当前时刻到指定预测时间内的一系列的控制动作，但在每个预测周期只实施控制序列中的第一个控制。MPC 通过不断局部优化和不断滚动实施控制作用的交替过程，解决在线优化控制问题，具有较强的应对各种扰动和不确定性的能力。相比于带有延迟效应的一阶 LFA，MPC 算法可以提前一个到几个控制周期得到控制量，从而有效地消除延时的影响。

8.2.3.1　MPC 算法原理

MPC 算法包含滚动时域、状态空间模型和 MPC 传递函数等几部分。

1. 滚动时域原理

滚动时域（Receding Horizon）是 MPC 的核心思想。假设当前时刻状态量为 $x(k)$，控制输入量为 $u(k)$，输出量为 $y(k)$，则滚动时域主要包括以下几步：

1）在当前时刻 k 和当前状态 $x(k)$，考虑当前和未来的约束条件，通过解决优化问题，得到未来 $k+1$，$k+2$，$\cdots$，$k+M$ 时刻的控制指令序列。

2）将控制指令序列的第一个值应用于控制系统。

3）在 $k+1$ 时刻，更新状态为 $x(k+1)$，重复上述操作步骤。

滚动时域思想如图 8-39 所示。

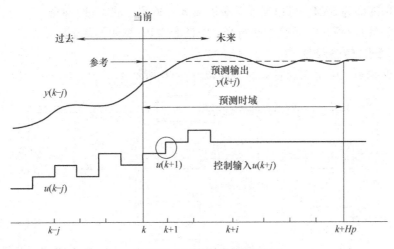

图 8-39　滚动时域示意图

2. 状态空间模型（State Space Model，SSM）

根据状态空间理论，可以建立状态空间方程：

$$x(k+1) = Ax(k) + B_1 u(k) + B_2 r(k) \tag{8-30}$$

$$y(k) = Cx(k) + D_1 u(k) + D_2 r(k) \tag{8-31}$$

式中，$r(k)$ 为干扰输入量。

联立式（8-30）和式（8-31），可得

$$y(k+1) = C(Ax(k) + B_1 u(k) + B_2 r(k)) + D_1 u(k+1) + D_2 r(k+1) \tag{8-32}$$

如此迭代，直到预测时域长度 M 步，可以得到矩阵方程：

$$
\begin{bmatrix} y(k) \\ y(k+1) \\ y(k+2) \\ \vdots \\ y(k+M) \end{bmatrix}
=
\begin{bmatrix} C \\ CA \\ CA^2 \\ \vdots \\ CA^M \end{bmatrix}
\begin{bmatrix} x(k) \end{bmatrix}
+
\begin{bmatrix}
D_1 & 0 & 0 & 0 & \cdots & 0 \\
CB_1 & D_1 & 0 & 0 & \cdots & 0 \\
CAB_1 & CB_1 & D_1 & 0 & \cdots & 0 \\
\vdots & \vdots & \vdots & \vdots & \vdots & \vdots \\
CA^{M-1}B_1 & CA^{M-2}B_1 & CA^{M-3}B_1 & \cdots & CB_1 & D_1
\end{bmatrix}
$$

$$
\begin{bmatrix} u(k) \\ u(k+1) \\ u(k+2) \\ \vdots \\ u(k+M) \end{bmatrix}
+
\begin{bmatrix}
D_2 & 0 & 0 & 0 & \cdots & 0 \\
CB_2 & D_2 & 0 & 0 & \cdots & 0 \\
CAB_2 & CB_2 & D_2 & 0 & \cdots & 0 \\
\vdots & \vdots & \vdots & \vdots & \vdots & \vdots \\
CA^{M-1}B_2 & CA^{M-2}B_2 & CA^{M-3}B_2 & \cdots & CB_2 & D_2
\end{bmatrix}
\begin{bmatrix} r(k) \\ r(k+1) \\ r(k+2) \\ \vdots \\ r(k+M) \end{bmatrix}
$$

$$\tag{8-33}$$

该矩阵即为 SSM，可以反映系统的输入、输出、状态量、控制量以及干扰量之间的关系，"预知"系统未来行为，SSM 是 MPC 算法的基础模型。

3. MPC 传递函数

根据 SSM，可得控制对象的结构如图 8-40 所示。

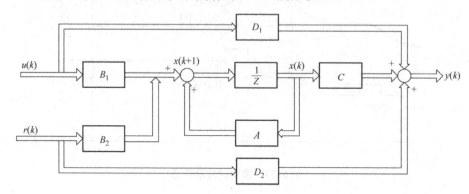

图 8-40　SSM 结构图

可以看出，k 时刻的输出量 $y(k)$ 仅与 k 时刻的状态量 $x(k)$，控制输入量 $u(k)$，以及干扰输入量为 $r(k)$ 有关，而与上一时刻的输出量 $y(k-1)$ 无关。

在建立 SSM 的基础上，通过在滚动时域中控制变量的增量控制，即可实现 MPC 算法。在任一时刻 k，只要知道了输出变量的初始预测值 $y_0(k+i|k)$，就可以根据未来的控制变量增量 Δu 计算未来的输出 $y_M(k+i|k)$，即

$$y_M(k+i|k) = y_0(k+i|k) + \sum_{j=1}^{\min(M,i)} a_{i-j+1} \times \Delta u(k+j-1) \quad i = 1, \cdots, N$$

(8-34)

假设系统在未来 $k+j$ 时刻的期望输出为 $R(k+j|k)$，则控制目标为未来输出与期望输出间的误差最小，即

$$J = \min \sum_{j=1}^{M} \left[R(k+i|k) - y_0(k+i|k) - a_{i-j+1} \times \Delta u(k+j-1) \right]^2 \quad i = 1, \cdots, N$$

(8-35)

可见，MPC 的本质是通过未来时刻的预测控制增量，补偿未来时刻的期望输出与未来时刻的预测输出之间的误差。而传统的 PID 控制是通过当前时刻的控制增量，补偿期望输出与当前实际输出间的误差。显然，MPC 比 PID 控制具有更好的预见性。

8.2.3.2　MPC 协调控制策略

图 8-41 为应用 MPC 算法平抑风电波动的原理图，首先将实际风电功率作为扰动量，将预测的并网功率和储能 SOC 作为状态量，储能功率指令作为控制量，

通过时域滚动与迭代，求取 M 步的风电并网功率，从而可以获得其并网的功率波动率。然后，构建储能优化模型，将储能的使用量最小作为目标函数，通过风电并网波动率限制，储能 SOC 和最大充放电功率等作为约束条件，从而可以得到储能的总功率参考值。

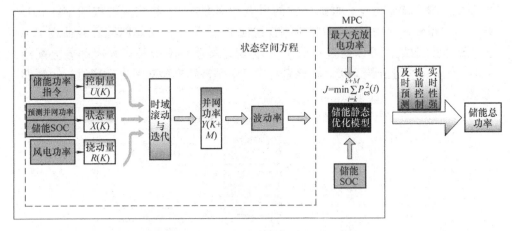

图 8-41　MPC 策略平抑风电波动原理图

图 8-42 为多类型储能间的协调控制，可以采用变时间常数一阶滤波算法进行能量型储能和功率型储能的载荷分配，并在实际控制中考虑功率型储能 SOC 的影响。对于大容量的能量型储能，还可以通过构建经济优化模型实现能量型储能单元间的载荷分配，并考虑各储能单元的 SOC、健康状态、运维成本等因素，使能量型储能系统的技术经济性最优。

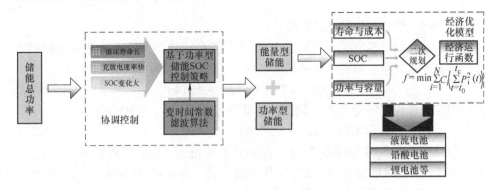

图 8-42　多类型储能间的协调控制原理图

1. 总体控制结构

基于 MPC 的控制系统整体结构如图 8-43 所示。其中，P_w 表示风电场输出功率，P_g 表示风储系统并网功率，P_{es} 表示储能综合载荷，P_{psd} 表示功率型储能载荷（Power – type Storage Device，PSD），P_{esd} 表示能量型储能载荷（Energy – type Storage Device，ESD），SOC_{es} 表示储能综合 SOC。

控制系统包含两层储能功率分配单元，第一层是基于 MPC 算法确定整体储能系统的综合载荷指令，根据已知的风电功率数据 P_w 和相应的波动率控制要求，可以得到并网功率 P_g 和储能综合载荷 P_{es}；第二层是储能综合载荷在 PSD 和 ESD 间的分配，可以通过一阶 LFA 实现，其基本原则是将高频部分分配给 PSD，低频部分分配给 ESD。在该系统中，采用持续模型对风电功率进行超短期预测。

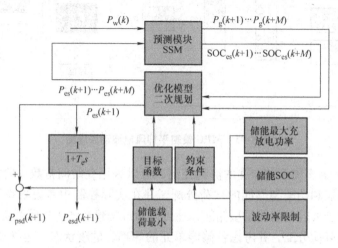

图 8-43　基于 MPC – LFA 的多类型储能协调控制结构图

2. 基于 MPC 的控制系统模型

结合实际问题需求，建立基于 MPC 的多类型储能平抑风电功率波动控制系统模型。风电功率、储能功率及并网功率三者间的关系为

$$P_g(k+1) = P_{es}(k) + P_w(k) \tag{8-36}$$

设定储能控制周期为 T_c，储能总容量为 C_{es}，储能综合 SOC 为

$$SOC(k+1) = SOC(k) - T_c \cdot P_{es}(k)/C_{es} \tag{8-37}$$

将并网功率 P_g 和储能综合 SOC 作为状态变量 x_1、x_2；储能功率指令 P_{es} 作为控制变量 u；风电场输出功率 P_w 作为扰动输入量；P_g 和 SOC 作为输出变量 y_1、y_2，可以得到状态空间方程：

$$\begin{bmatrix} x_1(k+1) \\ x_2(k+1) \end{bmatrix} = \begin{bmatrix} 0 & 0 \\ 0 & 1 \end{bmatrix} \begin{bmatrix} x_1(k) \\ x_2(k) \end{bmatrix} + \begin{bmatrix} 1 \\ -T_c \end{bmatrix} [u(k)] + \begin{bmatrix} 1 \\ 0 \end{bmatrix} [r(k)]$$

$$\begin{bmatrix} y_1(k) \\ y_2(k) \end{bmatrix} = \begin{bmatrix} 1 & 0 \\ 0 & 1 \end{bmatrix} \begin{bmatrix} x_1(k) \\ x_2(k) \end{bmatrix} \qquad (8\text{-}38)$$

对上式进行迭代推导，得到矩阵方程，利用二次规划法在每一个控制时域内进行优化，得到相应的控制指令 $u(k)$，$u(k+1)$，$u(k+2)$，$\cdots$，$u(k+M)$，再结合 LFA 实现储能载荷的二次分配。

为实现 MPC 方法，需要对优化模型进行标准化，控制变量的输出应遵从如下形式：

$$U^{\mathrm{OPT}} = \left[u^{\mathrm{OPT}}(k), u^{\mathrm{OPT}}(k+1), \cdots, u^{\mathrm{OPT}}(k+M) \right]^{\mathrm{T}} \qquad (8\text{-}39)$$

控制变量可以通过数值计算获得，即转化为解决静态优化问题：

$$U^{\mathrm{OPT}} = \arg \min U^{\mathrm{T}} W U + 2 U^{\mathrm{T}} V \qquad (8\text{-}40)$$

式中，W 为二次项 U^2 的系数矩阵，V 是一次项 U 的系数矩阵。

在实际控制中，目标函数遵从每个优化周期内储能使用量最小原则，即

$$J = \min \sum_{i=k}^{k+M} P_{\mathrm{es}}^2(i) \qquad (8\text{-}41)$$

相应的约束条件为

$$0 \leqslant P_{\mathrm{g}}(k) \leqslant P_{\mathrm{g\_max}}, \quad k = 1,2,\cdots,M \qquad (8\text{-}42)$$

$$0 \leqslant \mathrm{SOC}_{\mathrm{es}} \leqslant 1, \quad k = 1,2,\cdots,M \qquad (8\text{-}43)$$

$$P_{\mathrm{es\_min}} \leqslant P_{\mathrm{es}}(k) \leqslant P_{\mathrm{es\_max}}, \quad k = 1,2,\cdots,M \qquad (8\text{-}44)$$

$$\frac{\max\limits_{i=1,2,\cdots,n} P_{\mathrm{g}}(k-i) - \min\limits_{i=1,2,\cdots,n} P_{\mathrm{g}}(k-i)}{P_{\mathrm{wind\_rated}}} \leqslant \gamma, \quad k = 1,2,\cdots,M \qquad (8\text{-}45)$$

上述约束条件依次为并网功率约束、储能 SOC 约束、储能爬坡率限制和风储并网功率波动率限制，$P_{\mathrm{wind\_rated}}$ 为风电场的额定装机容量。

3. 储能载荷在 PSD 和 ESD 间的分配

采用 LFA 实现储能载荷在 PSD 与 ESD 之间再分配，经过 LFA 输出的功率分配给 ESD，剩余功率分配给 PSD。一阶低通滤波器的截止频率为

$$f_{\mathrm{c}} = 1/2\pi\tau \qquad (8\text{-}46)$$

截止频率 f_{c} 与时间常数 τ 成反比关系，如果时间常数 τ 较大，截止频率 f_{c} 就会较低，PSD 将会补偿更多的波动功率，而 ESD 补偿功率将会减小；反之亦然。

4. 控制算法流程图

上述基于 MPC 的多类型储能协调控制算法流程如图 8-44 所示。

5. 算例分析

选取某 100MW 风电场的实际运行数据进行仿真分析。系统采样时间间隔为 1s，持续时间为某日上午 7:00～8:00 的 1h，共 3600 个采样点。风电并网功率波

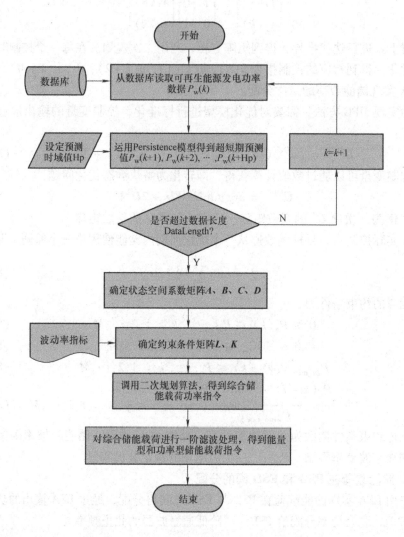

图 8-44　基于 MPC 的多类型储能协调控制流程图

动率限制为每分钟不超过 2%。采用上述 MPC – LFA 平抑风电场输出功率波动，同时完成能量型/功率型储能的载荷分配。

　　从图 8-45 可以看出，采用 MPC – LFA 和两级 LFA 两种储能控制策略，平抑后的并网功率波动率都显著减小。进一步比较两种控制方法的控制效果，采用 MPC – LFA 方法，并网功率与原始风电功率的时间延迟小，控制更即时。这是由于 MPC 在当前时刻考虑未来几步的状态，做到提前优化控制，可以一定程度上消除传统两级 LFA 的延迟效应，实现储能综合载荷的确定。

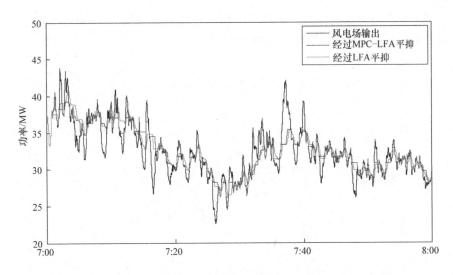

图 8-45　MPC–LFA 与两级 LFA 下的风电并网功率（彩图见插页）

图 8-46 所示为储能平抑前后的 1min 功率波动率，可以看出，经过 MPC–LFA 平抑后，风电并网功率波动率可以很好地控制在 2% 以下，达到了并网要求。

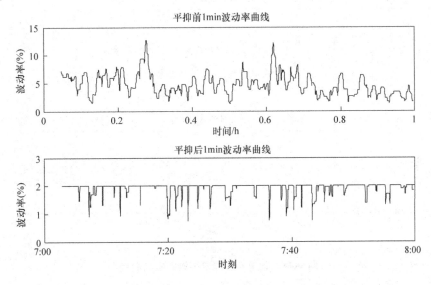

图 8-46　原始风电功率 1min 波动率和并网功率 1min 波动率

在 MPC 算法下，储能的综合载荷曲线如图 8-47 所示。通过 LFA，对储能的综合载荷进一步分配，得到高、低频段下的储能载荷，如图 8-48 所示。可以看出，风电功率波动的高频部分由功率型储能补偿，低频部分由能量型储能补偿，有利于充分发挥两种类型储能的技术经济性互补优势。

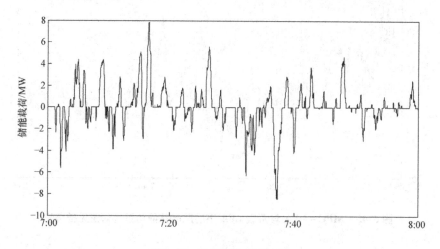

图 8-47　储能综合载荷曲线

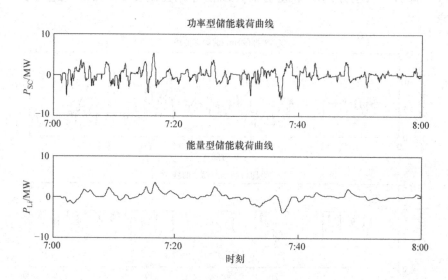

图 8-48　功率型和能量型储能载荷曲线

表 8-4 为两种控制策略下所需的最大储能功率和储能容量。可以看出，MPC - LFA 控制方法比 LFA 方法所需储能最大功率节省 4.1%，容量节省 23.5%。

表 8-4　不同控制策略下储能需求量对比

控制策略	LFA	MPC - LFA	节省（%）
功率/MW	8. 8234	8. 4635	4. 1
容量/MWh	0. 3545	0. 2713	23. 5

第 9 章
风储联合参与系统调频调压

随着风电和光伏等可再生能源的规模化发展，意味着未来电力系统中部分常规发电机组退出运行。而现有的光伏发电系统和风电机组（主流机型为变速恒频双馈型和直驱型），是通过电力电子变流器调节功率输出并与电网同步，且一般工作于最大功率跟踪方式，导致发电设备的运行与系统频率和电压解耦，无法在系统频率和电压变化时提供类似传统机组的调频调压等辅助服务。

在此情况下，如果缺失的这部分惯性响应、频率和电压调节能力得不到补充，将使电力系统整体惯性下降，频率和电压调节能力减弱，使得系统在机组脱网、线路故障、负荷突变等扰动下的频率和电压变化率增加、最低点降低、稳态偏差变大，发生频率和电压稳定性问题更频繁，给系统的运行调度带来新的问题。

不过，光伏和风电可以通过调节电力电子变流器的运行模式，为系统提供一定的有功/无功功率支撑，从而实现对系统频率和电压的调节。当然，由于其有功/无功功率的输出能力与其运行状态（光照强度或风力大小）直接相关，存在调频和调压容量可信度低的问题。因此，可以将储能与光伏或风电的自身调节能力有机结合，实现光伏或风电调频调压能力的提升，使其类似常规发电机组具备辅助服务功能。

9.1 风储联合参与系统调频

9.1.1 电力系统调频

频率反映了交流电力系统发电与用电之间的平衡，是电力系统的重要指标之一。一方面，频率不稳定可能引发电力系统频率崩溃、系统瓦解等事故；另一方面，当系统运行在低频工况时，由于异步电动机和变压器等设备的励磁电流增大，导致消耗的无功功率增加，使系统电压水平下降，也可能引发电压崩溃等事故。

电力系统的频率直接取决于同步发电机的转速，其关系为

$$f = \frac{np}{60} \tag{9-1}$$

式中，n 为同步发电机转速，p 为同步发电机极对数。

因此，要保持电力系统频率稳定，要求系统中所有发电机的转速保持稳定。机组转速取决于原动机输入功率和发电机输出功率相平衡的程度，并且受转子机械惯性的制约，当忽略转子机械阻尼的影响时，它们之间的关系为

$$\begin{cases} \dfrac{\mathrm{d}\delta}{\mathrm{d}t} = \omega - \omega_0 \\[2mm] \dfrac{\mathrm{d}\omega}{\mathrm{d}t} = \dfrac{\omega_0}{T_j}(P_t - P_e) \end{cases} \tag{9-2}$$

式中，ω 为发电机电角速度，ω_0 为同步电角速度，δ 为两种电角速度的夹角，T_j 为发电机组的惯性时间常数，P_t 为机械转矩，P_e 为电磁转矩。可以看出，发电机转子的运动状态由原动机的机械功率和发电机的电磁功率的差值决定。当两者差不为零时，必然会引起发电机转速的变化，进而会引起频率的变化。原动机的机械功率取决于其本身及调速系统的特性，虽然不是恒定不变的，但在机电暂态过程中可以认为其保持不变；发电机输出的电磁功率除了与其本身的电磁特性有关外，更决定于电力系统的负荷特性、网络结构和其他发电机运行工况等因素，是引起电力系统频率波动的主要原因。

电力系统的频率稳定性是指系统由于发生大扰动，如发电机停机、甩负荷等，而出现有功功率不平衡时，在自动调节装置的作用下，全系统频率或者解列后的子系统的频率能够保持在允许范围内或不会降低到危险值以下的能力。

电力系统遭受扰动后，频率调节主要分为以下 3 个阶段：

首先，在扰动后的初期，由系统所有运行机组的转子惯性动能来补偿。考虑到传统发电机组的转子转速与系统频率是相互耦合的，各机组转子将首先会主动响应系统频率的变化，瞬时释放/存储部分动能以抑制系统频率的变化。这一过程不需要任何调节，是自然完成的，它反映了电力系统的自然特性——惯性，也称为惯性响应（Inertia Response），体现为系统的等效惯性时间常数：

$$H = \frac{J\omega_n^2}{2S} \tag{9-3}$$

当转速为 ω 时，同步发电机组具有的旋转动能为

$$E_K = \frac{1}{2}J\omega^2 \tag{9-4}$$

当系统频率变化时，同步发电机转速随频率的变化而改变，此时发电机释放的动能为

$$\Delta P = \frac{\mathrm{d}E_K}{\mathrm{d}t} = \frac{1}{2}J \times 2\omega \frac{\mathrm{d}\omega}{\mathrm{d}t} = J\omega \frac{\mathrm{d}\omega}{\mathrm{d}t} \tag{9-5}$$

写成标幺值形式：

$$\Delta P^* = \frac{\Delta P}{S} = 2H \frac{\mathrm{d}\omega^*}{\mathrm{d}t} = 2H \frac{\mathrm{d}f}{\mathrm{d}t} \tag{9-6}$$

式中，J 为机组惯量，ω 为转子转速，S 为机组额定容量。传统机组的惯性常数 H 一般为 $2\sim9\mathrm{s}$，因机组类型而不同，火电机组较大，水电机组较小。

当扰动持续几秒钟后，若频率偏差超过一定阈值 f_d，仅靠惯性响应调节频率的效果不佳。此时，发电机组将启动机组调速器来消减系统频率偏差，在发电机功频特性及负荷本身调节特性的调节下，使频率上升或下降，这一过程称为一次调频（Primary Frequency Regulation, PFR）。但是，一次调频是有偏差的，不能使频率回到额定值。电力系统一次调频是由各发电机组根据本地的频率信息独立完成的，其有功功率的改变程度取决于系统的频率偏差值，体现为发电机组的下垂特性 R。

$$R = \frac{-\Delta f/f_r}{\Delta P/P_r} \tag{9-7}$$

式中，f_r 为系统额定频率，P_r 为机组额定功率，Δf 为频率偏差，ΔP 为功率偏差。系统中机组的 R 值通常为 $4\%\sim6\%$。

若频率变化持续时间较长，频率持续波动达到分钟级时，则自动发电控制（Automatic Generation Control, AGC）或者发电机组的调频器开始动作，对频率进一步调节，使其恢复到额定状态，频率的这一调整过程称为二次调频（Secondary Frequency Regulation, SFR）。

电力系统频率还存在三次调节，即主要考虑到季节因素、发电经济因素等，按照经济调度的原则重新分配机组出力。

随着风电的持续快速发展，风电在电力系统中的渗透率逐步提高。当前最常用的风电机型为双馈型和直驱型，一般运行在最大功率跟踪模式下，即任一风速时，输出的有功功率已经达到可利用风能效率的最大值。因而，与常规的火电或水电机组相比，风电机组在电力系统频率变化时，无法主动提供频率调节能力。

以风电接入总负荷为 1000MW 的某电力系统为例，风电的接入将同比例取代火电和水电的装机功率，设置负荷扰动 ΔP_L 为 60MW（0.06pu），风电渗透率 p 分别为 0、10%、20%、30%、40% 时系统的频率变化过程如图 9-1 所示，对其频率最低点、稳态频率偏差和频率变化率等指标对比分析见表 9-1。

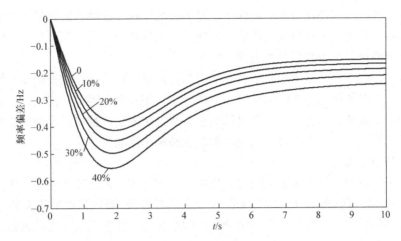

图9-1　不同渗透率下系统频率特性

表9-1　不同渗透率下频率特性指标对比

渗透率	最低频率/Hz	稳态频率偏差/Hz	频率变化率/（Hz/s）
0	49.62	−0.153	−0.298
10%	49.59	−0.169	−0.326
20%	49.55	−0.188	−0.361
30%	49.50	−0.213	−0.404
40%	49.45	−0.244	−0.458

　　可见，随着风电渗透率的增加，在系统遭受扰动后，最低频率降低，频率变化率增大，频率稳定问题变得突出。

　　以上分析过程和结果对光伏发电系统也类似。由此可见，在未来电力系统中，随着风电和光伏等可再生能源发电渗透率的提高，常规火电机组或水电机组的占比相对减小，意味着系统等效惯量的减小，以及调频备用容量的减少，导致扰动时电力系统频率指标变差，甚至在扰动消失后，频率也难以恢复到正常的水平。

9.1.2　风电机组调频

　　早期的风电机组大多采用笼型异步发电机，为定速运行，风电机组转子转速与系统频率耦合，转差率约为1%～2%。这种风电机组能够主动为系统提供惯性响应支持，但可以提供的容量较小，而且在后继的频率调节过程中基本没有贡献。

　　目前主流的双馈型风电机组和直驱型风电机组为变速型风电机组，由于电力

207

电子变流器的控制作用，前者的转子电磁转速可以在系统同步转速的±30%内波动，而后者的波动范围更大。因而，变速风电机组转子与系统频率解耦，无法在系统频率变化时主动提供惯性支撑。

不过，由于变速型风电机组具有较大的控制灵活性，通过调整控制目标和控制策略，可以使机组主动响应系统频率的变化，使其具备类似于传统机组的惯性响应和频率调节能力。目前，风电机组主要通过转子惯性控制、超速减载控制和变桨减载控制等方式，以参与系统惯性响应和频率调节[139]。

1. 惯性控制

转子惯性控制是在风电机组运行过程中，通过改变机组转子侧变流器的电流给定，控制转子速度发生临时性变化情况下短时释放/吸收风电机组旋转质体所存储的部分动能，以快速响应系统频率的暂态变化，提供类似于传统机组的转动惯量。

以双馈型风电机组为例，通过增加辅助频率控制环，实时检测系统的频率变化率$\mathrm{d}f/\mathrm{d}t$，并控制存储在风电机组桨叶中的动能以提供短时功率支撑，如图9-2所示[140-143]。增加了辅助频率控制环的风电机组，在对系统频率支撑方面有明显的效果，使系统的等效惯量增加，减小了系统在扰动后的频率偏差和频率变化率。

$$\Delta P = K_{\mathrm{df}} \frac{\mathrm{d}\Delta f}{\mathrm{d}t} + K_{\mathrm{pf}}\Delta f \tag{9-8}$$

式中，K_{df}为频率偏差的微分权重系数；K_{pf}为频率偏差的权重系数；Δf为系统频率偏差。图9-2中高通滤波器的作用是避免持久频率偏差对控制策略产生的影响。

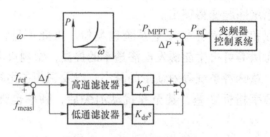

图9-2　综合惯量控制方法

GE公司开发的WindINERTIA控制系统，就是通过在风电机组的控制系统中加入惯性响应控制环节，在系统频率下降时临时增加5%~10%的额定容量输出，持续几秒[144]。

尽管变速风电机组通过控制可以提供类似于传统机组的虚拟惯量支撑，但在应用中存在以下几点不足：

1）受风电机组转速可调整范围的限制，在系统频率下降而风速较低时，难以通过降低转子转速增加机组功率输出；在系统频率升高而风速较高时，难以通过提高转子转速以降低机组输出功率。

2）控制效果与其运行状态有关，由于风速的随机性和波动性，难以保证可信度较高的惯性响应容量，即使是在同一个调频过程中，也会因为风速的变化而增加不确定性。

3）由于转子转速不能长时间维持在降速/升速状态，在惯性响应之后的风电机组转速恢复过程中，因吸收/释放部分能量，有可能会造成系统频率的二次降低/升高[141]。

2. 超速控制

风电机组的超速控制是控制风电机组转子超速运行，使其运行于非最大功率捕获状态的次优点，保留一部分的有功功率备用，用于惯性响应和一次调频，如图 9-3 所示。

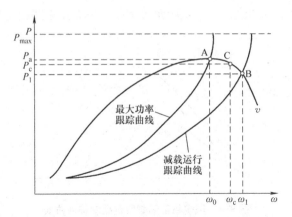

图 9-3　变速风电机组超速控制原理图

可见，在一定风速下，风电机组输出功率由其转速决定，通过调节风电机组转速可以改变其运行点。当处于 A 点时，风电机组的输出功率最大，对应着最大功率点处的转速为 ω_0，如果此时控制风电机组转速超过 A 点而至 B 点，则风电机组的输出功率减小，实现了减载，保留了一部分备用容量。如果需要增加风电机组的输出功率，可以控制风电机组转速下降，至图中的 C 点，在此过程中，一方面转速的下降可以直接释放一定的动能，另一方面机组运行点也在向增加发电的方向移动。而当转速下降至 A 点时，功率达到了最大，继续下降则会引起功率的进一步下降。因此，最大功率 A 点的左边为有功控制的不稳定区，要避免进入该区域。

风电机组的超速控制通过在风电机组控制系统中增加频率调节环节，其技术优势在于，参与系统一次频率调节的响应速度快，对风电机组本身机械应力影响不大。该技术不足之处在于，当风速达到额定以后，机组需要通过桨距角控制实现恒功率运行，因而超速发电仅适用于额定风速以下的运行工况。当然，超速控制在一定程度上降低了风电场的发电效益。

3. 变桨控制

风电机组的变桨控制是通过控制风电机组的桨距角，改变桨叶的迎风角度与输入的机械能量，使其处于最大功率点之下的某一运行点，从而留出一定的备用容量。在风况一定的情况下，桨距角越大，机组留有的有功备用也就越大。其控制特性曲线如图 9-4 所示。

如图 9-4 所示，风电机组桨距角增大，将使风电机组的功率－转速曲线整体下移，运行点从 1 点下降到 3 点，捕获的风能减少；反之，如果此时减小桨距角，风电机组所捕获的能量又可以相应增加[145]。在实际控制上，可以在直驱型风电机组桨距角的控制环节中考虑桨距角变化率限值[146]，或者根据功率降额需求和频率－有功下垂曲线，产生桨距角参考值，进而控制桨距角执行机构[147]。

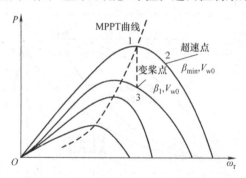

图 9-4　风电机组的桨距角控制特性曲线

桨距角控制的调节能力较强，调节范围较大，可以实现全风速下的功率控制。但由于其执行机构为机械部件，因而响应速度较慢；而且当桨距角变化过于频繁时，也容易加剧机组的机械磨损，缩短使用寿命，增加维护成本。一般情况下，变桨控制多用于额定风速以上的工况，而且在系统频率下降时的备用支撑较为有效。在这种情况下，风电机组参与系统频率调节的作用时间较为持久。

由以上分析可见，风电机组的惯性响应控制、超速控制和变桨控制等频率响应手段各有一定的适用范围和运行条件约束，见表 9-2。为满足系统对风电频率调节快速性和持续性的要求，可以将风电机组上述调频手段进行组合应用，以形成优势互补，提高风电调频能力和运行的经济效益。但是，风电机组的组合控制也不可避免受制于风速变化和机组运行状态的影响，在全风况下参与系统一次调频和惯性响应的容量可信度难以得到有效保证。

表 9-2　风电调频方式对比

调频方式	优势	不足
惯性控制	可全风况运行；功率增加值较大；响应速度快	持续时间较短；转子转速恢复过程会影响频率恢复；功率变化率受机械应力和变流器容量限制；受转速限幅限制，存在控制盲区
超速控制	风速较低时使用超速控制，响应速度较快	高风速时无法超速，存在控制盲区；风速波动影响备用容量的可信度；降额发电，风电场效益降低
变桨控制	风速较高时使用变桨控制，功率调节范围较大	响应速度较慢；频繁动作易引起机械疲劳；风速波动影响备用容量的可信度；降额发电，风电场效益降低

9.1.3　储能参与风电调频

在风电场配置一定容量的储能系统，利用其快速响应、精确控制、双向调节、灵活可控、不受机组运行状态约束的技术优势，可以作为风电参与系统频率调节的手段。

储能可以与风电机组直接结合实现运行过程优化。如飞轮储能与双馈型风电机组结合[148,149]，电池储能直接接入 STATCOM 的直流母线[150]，超级电容器储能接入多直驱型风电机组的公共直流母线[151]等，以平滑风电机组的有功输出和调频等辅助功能，但也会导致风电机组的结构与控制变得复杂。

然而，无论储能与风电机组结合，还是独立配置在风电场中，如果只依靠储能承担风电场全部的有功控制和调频需求，必然会造成储能容量配置大、成本高、经济效益差的问题。如果将风电自身调频手段与储能有机结合起来，利用储能的技术优势弥补前者在响应速度和容量可信度等方面的不足，可以使风电具备全风况下的惯性响应和频率调节能力，提高了系统的整体技术经济性[152]。

因此，本节提出在风电场层面配置储能，将转子控制（包括惯性控制和超速控制）、储能和变桨控制相结合的风储协调控制策略，如图 9-5 所示[153]。利用风电机组转子转速控制响应快速和灵活的优势，首先响应系统的频率变化；变桨控制在一定时间后较为持久地参与系统频率的调节；储能则及时弥补风电机组调频的盲区和由于风速变化而导致的备用容量缺失等问题，避免了转子转速控制提供能量有限、储能成本高和变桨控制响应时间慢、频繁动作降低其寿命等问题，在满足系统调频需求的同时，降低了储能成本和机组磨损。

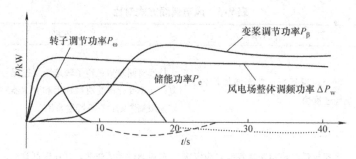

图 9-5　储能参与风电调频的效果

9.1.4　风储联合调频控制

1. 风电机组功率备用策略

考虑到调频的技术经济性，设定了 4 个风速定值，对应不同风速定值给出了不同的减载备用策略。设定调频备用容量为风电机组特定风速下最大发电功率一定占比的值，并设定使风电机组最大输出功率为额定功率 40% 时的风速为门槛风速。考虑到转子转速限制，从门槛风速到切出风速定值之间分为 3 个阶段，分别为低风速、中风速及高风速。其中，低风速的上限为超速控制可完全提供备用容量的风速；中风速的上限为采用最大功率点跟踪时，转速即达到最大转速时的风速。在不同风速定值下，对应的超速控制策略不同，超速控制功率备用曲线如图 9-6 所示。

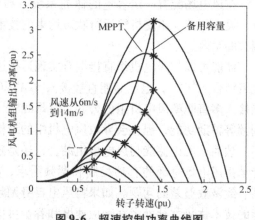

图 9-6　超速控制功率曲线图

当风速低于门槛风速时，风电机组可发出的功率较小，此时，超速备用功率较小，可提供调频容量过小，在此阶段，风电机组可按照最大功率跟踪运行。当风速处于低风速段时，超速控制即可提供一定的调频容量，此时，风电机组应运行于减载备用模式。当风速处于中风速段时，由于转速限制，超速到最大转速后无法进行超速，不足的备用容量由变桨控制提供。当处于高风速段时，调频备用容量主要由风电机组变桨控制提供。

在中高风速段，超速控制需要与变桨控制配合运行，桨距角与风能利用系数有关。在中高风速段，风电机组转速为最大转速，在确定的风速下，叶尖速比为一个定值，桨距角是风能利用系数的函数，其控制策略如图 9-7 所示。

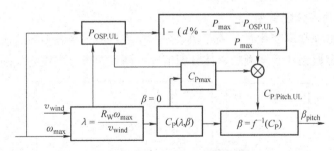

图 9-7 变桨控制调频备用策略

图 9-7 中，R_W 为风电机组半径，λ 为叶尖速比，C_P 为风能利用系数，$P_{OSP.UL}$ 为超速控制备用后风电机组发出的功率，$C_{P.Pitch.UL}$ 为需要通过变桨达到的风能利用系数。

在不同风速段，根据风电场工况和控制要求，可得到系统初始桨距角及转子转速，如图 9-8 所示。

图 9-8 中，$d'\%$ 表示通过超速备用后还需要提供的风电机组备用容量百分比。通过图 9-6、图 9-7、图 9-8 的系统减载备用方案，可得到系统正常运行时，风电机组转速、桨距角和风电机组初始有功及无功功率。

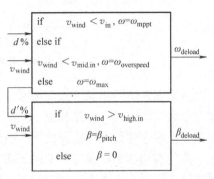

图 9-8 初始桨距角及转速获取

2. 调频需求功率判定策略

调频需求功率判定模块主要包括两个控制回路，第一个回路是通过比例控制实现频差响应，该控制为有差调节，类似于常规电源一次调频，如下式所示：

$$P_1^* = K_{pf}(f_{grid} - f_{ref}) = K_{pf}\Delta f \tag{9-9}$$

另一回路是通过 $d\Delta f / dt$ 比例控制实现频率变化率响应，类似于常规电源的惯量控制，如下式所示：

$$P_2^* = K_{df}d\Delta f / dt \tag{9-10}$$

由此，通过以上两个控制回路，检测系统频率变化，改变风电机组转子转速，释放或增加转子中的动能以改变有功输出，调频需求功率判定策略如图 9-9 所示。图中，f_{grid} 为电网实测频率，f_{ref} 为额定或参考频率。

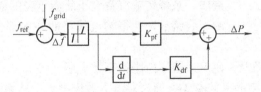

图 9-9 调频功率判定策略

3. 调频功率分配策略

当系统出现频率变化时，调频功率分配模块将根据系统频率需求及风电机组实时工况决定调频功率缺额的具体分配情况，调频功率分配策略如图 9-10 所示。

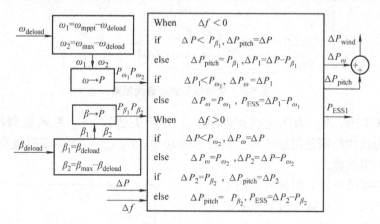

图 9-10 调频功率分配策略

当检测到系统频率低于额定频率时，需要风储系统提供一定的有功功率参与频率向上调节。此时，优先释放出系统减载备用的能量，当风电机组调节能力达到极限后，剩余部分由储能提供。当检测到系统频率高于额定频率时，需要风储吸收一定的有功功率以参与频率向下调节，此时可通过调节风电机组转速及桨距角减少风电机组输出功率，同时储能可以充电以吸收一定的有功功率，从而起到调频的作用。

9.2 风储联合参与系统调压

9.2.1 电力系统调压

电力系统电压稳定指的是电力系统在受到扰动后系统中所有母线都持续地保持可接受的电压的能力，反之如果出现渐进的、不可控的电压降落，则系统进入电压不稳定状态。造成电力系统电压质量下降或失稳的原因有许多，如

1）负荷大量增加，造成了系统传输容量大于所能承受的最大功率。

2）电网结构削弱，由于线路故障使得输电线路的某些部分被切除，导致线路无功损耗增大。

3）电源电压降低，使得系统不能维持正常电压。

电压与无功功率的平衡有关，通过对电力系统中无功功率的产生、消耗及传

输的控制，可以对系统中母线电压进行控制。常用的调压方式有以下几种：

1）改变发电机的励磁电流。发电机自动电压调节器（Automatic Voltage Regulator，AVR），通过调节励磁电流的大小，维持发电机端电压的恒定。即增大发电机的励磁电流，则提高发电机的电压；减小发电机的励磁电流，则降低发电机的电压。

同步发电机都装有自动励磁调节设备 AVR，自动调整发电机的机端电压、分配无功功率以及提高发电机同步运行的稳定性，发电机可以在其额定电压的95%～105%范围内保持额定功率运行。由于可以充分利用发电机本身的无功功率调节能力，不需要附加设备及投资，因而在各种调压手段中优先采取。

2）利用无功电压调节装置。包括：①并联电容器、并联电抗器、调相机及静止无功补偿装置（SVC）等。其中，调相机和 SVC 能够自动调节无功功率大小，以保证所连节点母线电压保持不变，同时也可与发电机共同作用维持电压恒定；②串联电容补偿器。

无功补偿设备的配置原则按照无功功率"分层分区，就地平衡"的原则。在无功功率不足的系统中，首要的问题是增加无功功率补偿设备，大量采用并联电容器作为无功补偿设备。在有特殊要求的场合下，采用静止补偿器与同步调相机。对于 500kV、330kV 及部分 220kV 线路，还要装设足够的感性无功补偿设备，以防止线路轻载时充电功率过剩引起的电网过电压。

3）通过调整变压器分接头改变系统无功功率分布。包括：①有载调压，带载下切换变压器分接头，调节范围可以达到额定电压的30%以上；②无载调压，在变压器停电时调整分接头档位以改变电压比，适用于季节性停电的变电站。

此外，也可采取改变电网的导线截面积、改变电网的接线方式、改变并列运行的变压器台数、输电线路串联电容补偿等进行调压。如增大导线截面积，可以减少电压损耗，或者通过切除或投入双回路中的一条线路，切除或投入变电所中一部分并列运行的变压器等方法，以改变电网的接线方式。

我国大多数风电场接入电网相对薄弱，风电机组启动与运行需要消耗大量无功功率，而风电机组自身无功电压调节能力不足，导致风电场接入点的电压波动，容易引起电网电压稳定性问题。风电汇集地区的机械式电压调整方式如投切电容器、电抗器等手段受限于调节速度和调节次数，导致接入点电压不合格，甚至越限，存在引发风电机组高、低电压连锁脱网的风险。

另一方面，风电场电压稳定和电压质量问题也会对风电机组的正常运行造成影响。双馈型风电机组定子直接与电网相连，转子绕组通过变流器与电网相连。双馈型风电机组变流器容量约等于发电机转差功率，一般为机组额定容量的20%～30%。在电网短路故障冲击作用下，电网电压的突然跌落会在转子绕组中感应出较大的暂态电压，进而产生很大的冲击电流，可能会毁坏转子侧变流器。

为解决电网电压跌落对风电机组的影响，可以采用撬棒控制等转子侧控制策略。但是，撬棒控制虽然在一定程度上实现了风电机组的低电压穿越，撬棒控制发生作用时，由于转子侧变流器被阻断，风电机组若正常工作，需要从电网中吸收一定的无功功率，给电网的电压恢复带来不利影响。

挖掘双馈型和直驱型风电机组无功调节能力，形成适合于风电高渗透率电力系统的调压方案，发挥风电对电网的无功支撑能力，具有重要的意义。

9.2.2 风电机组调压

风电机组的调压能力即风电机组发出无功功率的能力。从发电机运行方式看，风力发电机分为恒速恒频风力发电机和变速恒频风力发电机两种类型。

恒速恒频风力发电机采用笼型异步发电机，当发电机的转子转速小于同步转速时，该发电机从电网吸收有功功率；当发电机的转子转速大于同步转速时，将风电机组的机械能转换为电能，向电网输出有功功率。这种类型的风力发电机在运行时需从电网吸收无功功率来建立磁场，不能向系统发出无功功率，需要配有附加无功补偿装置，如电容器。

变速恒频风力发电机主流为双馈型，正常运行状态下，双馈型感应发电机（Double Fed Inductive Generator, DFIG）具有灵活的功率调节特性，包括最大功率跟踪、输出功率解耦控制、转子侧变流器有功功率双向流动等，通过调节转子电流实现有功、无功功率解耦控制，扩大无功调节范围，在一定程度上起到支撑风电场并网点电压水平的作用，但其无功调节能力并非稳定、可靠。其无功调节的极限范围随其有功出力的变化而变化，风功率具有极强的随机波动性，必然使其无功调节能力随之波动。

双馈型风电机组可以通过控制其转子侧与网侧变流器产生无功功率，其中转子侧输出无功功率主要依托于励磁电流产生，网侧变流器则通过改变功率因数产生。

双馈型风电机组定子侧输出的有功功率、无功功率为

$$P_s = -\frac{x_m}{X_{ss}}|\dot{U}_s|I_{qr}$$

$$Q_s = -\frac{|\dot{U}_s|^2}{X_{ss}} + \frac{x_m}{X_{ss}}|\dot{U}_s|I_{dr} \tag{9-11}$$

式中，P_s 为风电机组定子发出的有功功率，Q_s 为风电机组定子发出的无功功率，$|\dot{U}_s|$ 为机端电压；x_m 为励磁电抗；I_{qr}、I_{dr} 为转子电流的转矩分量与励磁分量；x_s 为定子侧电抗，$X_{ss} = x_s + x_m$ 为定子回路等效电抗。

定子发出的有功功率与双馈型机组机械功率 P_{mec} 有关。若忽略发电机定子、转子绕组的损耗，双馈型发电机机械功率、定转子输出有功功率之间的关系

满足：

$$P_{\text{mec}} = P_s - P_r \tag{9-12}$$

式中，P_r 为转子侧有功功率，其大小等于定子侧有功功率的转差功率，满足：

$$P_r = sP_s = sP_{\text{mec}}/(1-s) \tag{9-13}$$

式中，s 为转差率。

当机端电压一定时，定子侧无功功率的调节主要受转子电流励磁分量 I_{dr} 的影响，而转子电流则受转子绕组热极限电流及变流器最大电流限制。因此影响双馈型风电机组无功功率输出的主要因素为转子最大电流值。

由此可得到双馈型风电机组的功率极限圆方程：

$$P_s^2 + \left(Q_s + \frac{|\dot{U}_s|^2}{X_{\text{ss}}}\right)^2 = \frac{|\dot{U}_s|^2 x_{\text{m}}^2}{X_{\text{ss}}^2}(I_{\text{qr}}^2 + I_{\text{dr}}^2) \leqslant \frac{|\dot{U}_s|^2 x_{\text{m}}^2}{X_{\text{ss}}^2} I_{r\max}^2 \tag{9-14}$$

式中，$I_{r\max}$ 为转子最大电流值。

双馈型风电机组定子侧无功输出的上下极限为

$$Q_{s\min} = -\frac{|\dot{U}_s|^2}{X_{\text{ss}}} - \sqrt{\left(\frac{x_{\text{m}}}{X_{\text{ss}}}|\dot{U}_s|I_{r\max}\right)^2 - P_s^2}$$

$$Q_{s\max} = -\frac{|\dot{U}_s|^2}{X_{\text{ss}}} + \sqrt{\left(\frac{x_{\text{m}}}{X_{\text{ss}}}|\dot{U}_s|I_{r\max}\right)^2 - P_s^2} \tag{9-15}$$

显然，在给定风速时（此时风电机组定子侧发出的有功功率一定），定子发出与吸收无功功率的能力并不对称。

网侧变流器实际上为一个电压源型 PWM 整流器，交流侧具有受控电流源特性，可实现四象限运行。网侧变流器的功率设计一般按照风电系统的最大转差有功功率设计，并考虑线路损耗、开关损耗等。设定网侧变流器的最大功率为 $P_{c\max}$，则网侧变流器的无功功率能力应满足：

$$P_c^2 + Q_c^2 \leqslant P_{c\max}^2 \tag{9-16}$$

由此，可计算出网侧变流器的无功功率极限值为

$$Q_{c\min} = -\sqrt{P_{c\max}^2 - P_c^2}$$

$$Q_{c\max} = \sqrt{P_{c\max}^2 - P_c^2} \tag{9-17}$$

式中，$P_{c\max}$ 为网侧变流器的容量；P_c 为网侧变流器有功功率输出值，此输出功率与风电机组转差率 s 和风电机组的机械功率 P_{mec} 有关：

$$P_c = sP_{\text{mec}}/(1-s) \tag{9-18}$$

若忽略系统损耗，风电机组输入到电网的有功功率 P_g 与风电机组产生的机械功率 P_{mec} 相等。

双馈型风电机组的无功输出极限为

$$Q_{\text{g min}} = Q_{\text{c min}} + Q_{\text{s min}}$$

$$(9\text{-}19)$$

$$Q_{\text{g max}} = Q_{\text{c max}} + Q_{\text{s max}}$$

在不考虑网侧变流器无功调节输出的情况下，双馈型风电机组定子侧的 P – Q 特性曲线如图 9-11 中的虚线圆所示。由于双馈型风电机组的网侧变流器一般按最大转差功率设计，当机组有功出力较小时，网侧变流器的可调无功输出范围较大；当机组有功出力接近或处于额定状态时，网侧变流器无功输出则可忽略不计。因此，考虑网侧变流器无功输出的 P – Q 特性曲线如图 9-11 中的实线圆所示。

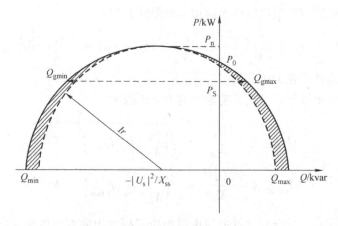

图 9-11 双馈型风电机组 P – Q 特性曲线

图 9-11 中，虚线圆为仅利用风电机组定子进行无功调节的范围，该功率圆以 $\left(-\dfrac{|\dot{U}_s|^2}{X_{\text{ss}}}, 0\right)$ 为圆心，以 $\dfrac{|\dot{U}_s| x_{\text{m}}}{X_{\text{ss}}} I_{\text{r max}}$ 为半径。实线圆为风电机组总体输出的无功功率范围，其由定子输出无功功率与网侧变流器输出无功功率相加得到。在图 9-11 中，P_0 与 P_{n} 均是通过计算得到的理论值，该有功功率值的获取仅考虑风电机组转子励磁因素。当有功功率为 P_0 时，风电机组将不再具有无功发出能力；当有功功率为 P_{n} 时，风电机组转子励磁电流达到最大。

可见，风电机组无功调节范围随有功输出变化而变化。当风速较低，风电机组有功出力较小，风电机组无功出力及可调范围较大；反之，当风速较高，风电机组有功出力增大，风电机组无功出力及可调范围减小。当风电机组有功出力处于 $[0, P_0]$ 范围内时，风电机组能发出一定的无功；当有功输出处于 $[P_0, P_{\text{n}}]$ 范围内时，风电机组不再具备发出无功的能力，其吸收的无功逐渐趋近于 $-\dfrac{|\dot{U}_s|^2}{X_{\text{ss}}}$。

当风电机组有功出力处于 $[P_0, P_{\text{n}}]$ 时，双馈型风电机组必须吸收一定的无功，原因在于：当风电机组有功输出接近额定值时，转子电流转矩分量 I_{qr} 较大，受转子电流最大值限制，转子电流励磁分量 I_{dr} 随之减小，其无功调节范围也随之减少。同时，双馈型风电机组必须从系统吸收一定量无功，维持足够转子电流励磁分量，以建立旋转磁场。需要注意的是，根据设计标准，风电机组的额定功率小于 P_0，即在正常运行时，风电机组有功输出处于 $[0，P_0]$ 段，双馈型风电机组具有一定的无功调节能力，且与有功大小有关。

9.2.3　风储联合调压控制

1. 调压需求功率判定策略

控制风储对系统电压进行调节，目的是保证并网点或送出线路末端母线电压在合理的范围内，图 9-12 给出了电压降示意图。

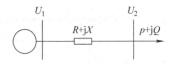

图 9-12　电压降示意图

电压降的纵分量：

$$\Delta U = \frac{PR + QX}{U} \qquad (9\text{-}20)$$

而在高压电网中，$R << X$，所以，$\Delta U \approx \dfrac{QX}{U}$。

假设线路末端电压的参考值为 U_{2ref}，则有

$$U_1 - U_{2ref} = \frac{Q_{ref}X}{U} = kQ_{ref} \qquad (9\text{-}21)$$

若检测到线路末端电压为 U_2，则有

$$U_1 - U_2 = \frac{QX}{U} = kQ \qquad (9\text{-}22)$$

为了将 U_2 调节成 U_{2ref}，需要控制 Q 为 Q_{ref}。此时，

$$U_2 - U_{2ref} = k(Q_{ref} - Q) = kQ_C \Rightarrow Q_C = \frac{U_2 - U_{2ref}}{k} \qquad (9\text{-}23)$$

需要补偿的容量即为 Q_C，控制框图如图9-13所示。其中，U_{grid} 为电网实测电压，U_{ref} 为系统参考电压。

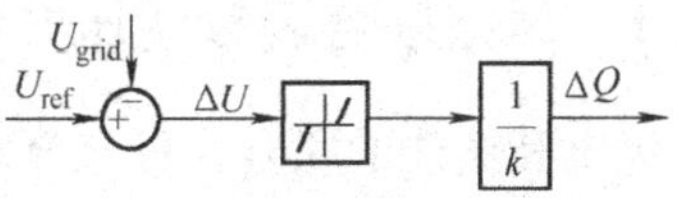

2. 调压功率分配策略

图 9-13　调压需求功率判定模块框图

当系统电压变化时，调压功率分配模块将根据系统调压需求及风电机组实时工况决定调压功率需求的具体分配情况。考虑到双馈型风电机组的无功功率包括定子侧的无功功率和网侧变流器的无功功率，为尽量减少变流器功耗，在分配无功功率时优先使用定子侧的无功功率。对于风储系统，在调压时尽可能利用风电机组自身的调压能力，在其无法完成调压任务时，再使用储能进行电压调节。调压功率分配策略如图 9-14 所示。

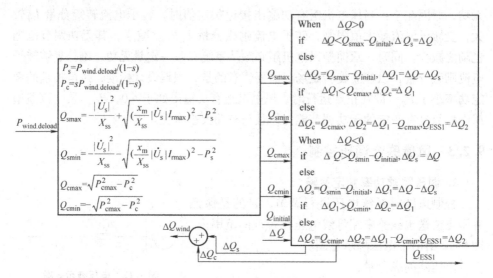

图 9-14　调压功率分配策略

当检测到系统电压变化时，首先判断风电机组最大无功功率调节范围，在确保风电机组变流器容量及转子电流不超限的同时，优先利用风电机组的无功调节能力进行无功功率调节，不足部分由储能进行补充调节。

9.3　风储联合参与系统调频调压

由以上分析可知，在风电场配置适量的储能，发挥储能快速充放电、灵活调控有功/无功功率的能力，并与风电自身的调频调压能力结合起来，可以有效提高风电场作为主要电源的调频调压特性。

9.3.1　风储联合调频调压方案

风电和储能的联合，可充分发挥风电机组超速控制响应快速、变桨控制调节能力强、调节范围广和储能设备灵活可控等优点，规避了风电机组超速控制能量有限、变桨控制响应时间长、频繁参与调节降低使用寿命、储能设备成本高等因素的影响，在满足系统调频需求的同时，提高了风储系统的整体经济效益，控制简单，易于应用工程实践。

风储联合参与系统调频调压在控制上可分为 3 个模块，包括调频模块、调压模块和协同控制模块，如图 9-15 所示。其中，调频模块由风电机组功率备用模块、调频需求功率判定单元与调频功率分配模块组成，根据系统频率状态或调度需求，确定风储联合系统的有功功率输出；调压模块由调压需求功率判定单元与调压功率分配模块组成，根据系统电压状态或调度需求，确定风储联合系统的无功功率输出；协同控制模块由风电机组有功/无功功率输出参考值确定模块、储能有功/无功功率输出参考值确定模块组成，根据风电机组和储能运行状态，确定相应的有功功率、无功功率输出。

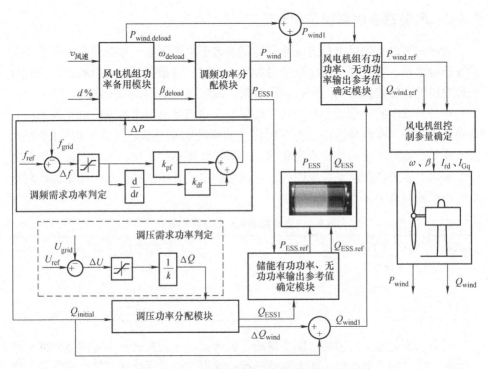

图 9-15　风储联合参与调频调压控制方案

图 9-15 中，$v_{风速}$为风电场风速；$d\%$为设定的风机备用容量百分比；Δf为检测的系统频率差值；ΔU为检测的系统电压差值；ΔP、ΔQ为系统频率、电压变化时对有功、无功的需求量；$P_{\text{wind.deload}}$、$\omega_{\text{wind.deload}}$、$\beta_{\text{wind.deload}}$分别为经过减载备用模块后风电机组发出的有功功率、对应的转子转速与桨距角；Q_{initial}为对应风速的风电机组无功功率初始值。

当检测到系统频率变化时，首先通过惯性控制，释放储备在风电机组转子中的超速备用容量，进行惯性响应。

随之，风电机组减载控制开始作用进行调频运行，包括超速控制及变桨控制。超速控制方法可以减小频繁变桨造成的机械磨损，控制速度快，其调节效能优于变桨控制。然而，当风速较高时，由于风电机组转子的转速限制，无法进行超速运行，需要采用变桨控制；当风速过低时（如接近切入风速），风电机组自身通过超速或变桨提供的调频能力有限，储能可以补充一定的调频容量。

当检测到系统电压变化时，通过调整风电机组励磁电流及网侧变流器功率因数可以使风电机组发出或吸收无功功率，参与系统调压。同样，受风电机组变流器容量及转子电流的限制，在系统无功需求较大时，储能可以补充一定的调压容量。

9.3.2　风储联合调频调压控制策略

考虑到风电受到风电机组变流器容量及转子电流限制，储能设备同样会受到配置容量限制，当系统出现电压或者频率变化时，应根据风储运行状态，合理分配风电机组和储能设备的调频、调压容量，以实现最优的调节效果。

电力系统的频率依赖于有功功率的平衡，是靠系统内所有发电机组发出的有功功率总和与所有负荷消耗（包括网损）的有功功率总和之间的平衡来维持的。由于系统内的有功负荷是时刻变化的，从而导致频率的变化，为了保证频率在允许范围内，需要及时调整系统内各运行机组输出的有功功率。我国国家标准对频率波动范围的规定见表9-3。

表9-3　国家标准关于频率波动分级

频率等级	波动范围
A 级	±0.05Hz
B 级	±0.5Hz
C 级	±1Hz

电力系统的电压质量是电能质量的重要指标之一，其波动常常因电网的一些扰动而发生，如负荷出现了较大容量的投切动作，或者系统状态发生变化等。我国国家标准对电压波动范围的规定见表9-4。

表9-4　国家标准关于电压波动分级

电压等级	波动范围
A 级	±5%
B 级	−10% ~ +7%
C 级	±10%

根据表9-3和表9-4给出的频率与电压波动范围，可得到如图9-16所示的电力系统运行状态分区。

图9-16按照横坐标频率和纵坐标电压，划分了5个区域，分别为死区、A区、B区、C区及区域外。当检测到系统状态处于死区时，则不需要使能风电和

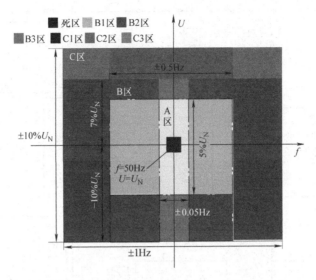

图9-16　电力系统运行状态分区图（彩图见插页）

储能参与频率和电压调节；当系统状态处于 A 区时，系统的电能质量较好，在对电能质量要求较高的场合，可以利用风储进行微量调节；当系统状态处于 B 区或者 C 区时，频率和电压质量需要提高，风储需要参与调频、调压；当系统状态处于 C 区以外时，频率和电压质量都很差，风储需要提供充分的调频、调压容量，但由于设备及运行状态限制，需要进行有功/无功功率、风电机组/储能间的协同。

　　显然，当电力系统状态不同时，对频率和电压的调节要求不同，为了方便分析，将风储联合调频调压分为 3 种控制模式，即频率优先模式、电压优先模式和无优先模式。

　　按照图 9-16 所示的电力系统状态分区，当检测到系统状态处于 B1 区和 C1 区时，系统调频需求较为明显；此时，应优先保证调频需求，风储主要满足有功功率需求，即处于频率优先模式，以 Case1 表示。当检测到系统状态处于 A 区、B3 区和 C3 区时，系统调压需求较为明显；此时，应优先保证调压需求，风储主要满足无功功率需求，即处于电压优先模式，以 Case3 表示。当检测到系统状态处于 B2、C2 和 C 区以外时，系统对调频调压均有需求；此时，风储的有功功率和无功功率分配优先级相同，可以根据实际情况按设定的比例分配有功与无功功率，即处于无优先模式，以 Case2 表示。

　　风储联合参与系统频率电压调节的协调控制策略如图 9-17 和图 9-18 所示。其中，图 9-17 为风电机组有功/无功功率参考值确定模块，图 9-18 为储能有功/无功功率参考值确定模块。

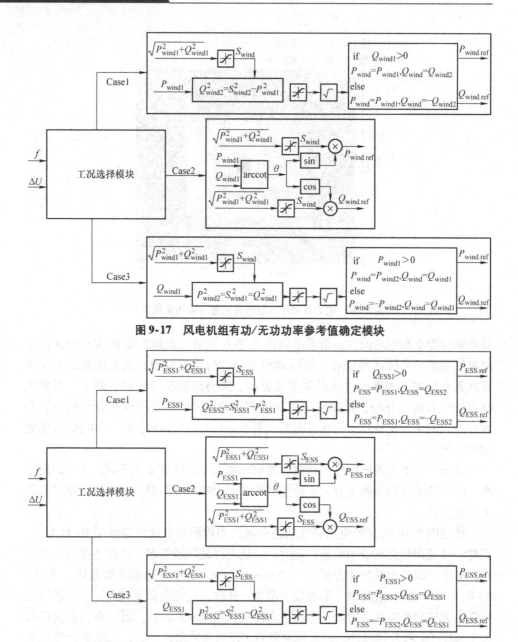

图 9-17　风电机组有功/无功功率参考值确定模块

图 9-18　储能有功/无功功率参考值确定模块

9.3.3　风储联合调频调压案例

搭建实时仿真平台，验证风储联合调频调压方案的有效性。算例以美国西部

WSCC 3 机 9 节点电力系统为基础，配置风储联合系统，系统主要参数：

基准值取 $S_B = 100\text{MVA}$，$U_B = 230\text{kV}$，设置系统频率为 50Hz。

发电机参数：

G1：247.5MVA，16.5kV，功率因数为 1，水轮机组（凸极），180r/min，$x_d = 0.146$，$x'_d = 0.0608$，$x_q = 0.0969$，$x'_q = 0.0969$，$x_1 = 0.0336$，$T'_{d0} = 8.96\text{s}$，$T'_{q0} = 0\text{s}$，$H = 23.64\text{s}$，$D = 0$。

G2：192MVA，18kV，功率因数为 0.85，汽轮机组（隐极），3600r/min，$x_d = 0.8958$，$x'_d = 0.1198$，$x_q = 0.8645$，$x'_q = 0.1969$，$x_1 = 0.0521$，$T'_{d0} = 6\text{s}$，$T'_{q0} = 0.535\text{s}$，$H = 6.4\text{s}$，$D = 0$。

G3：128MVA，13.8kV，功率因数为 0.85，汽轮机组（隐极），3600r/min，$x_d = 1.3125$，$x'_d = 0.1813$，$x_q = 1.2578$，$x'_q = 0.25$，$x_1 = 0.0742$，$T'_{d0} = 5.89\text{s}$，$T'_{q0} = 0.6\text{s}$，$H = 3.01\text{s}$，$D = 0$。

变压器参数：

T1：16.5/230kV，$X_T = 0.0576$；T2：18/230kV，$X_T = 0.0625$；T3：13.8/230kV，$X_T = 0.0586$。

线路参数：

Line1：$Z = 0.01 + j0.085$，$B/2 = j0.088$；Line2：$Z = 0.032 + j0.161$，$B/2 = j0.153$；Line3：$Z = 0.017 + j0.092$，$B/2 = j0.079$；Line4：$Z = 0.039 + j0.17$，$B/2 = j0.179$；Line5：$Z = 0.0085 + j0.072$，$B/2 = j0.0745$；Line6：$Z = 0.0119 + j0.1008$，$B/2 = j0.1045$。

负荷 LumpA：（125 + j50）MVA，LumpB：（90 + j30）MVA，LumpC：（100 + j35）MVA。

将发电机 G1 设为系统的平衡节点 Slack，设置电压幅值为 1.04pu，电压参考相角为 0°；将 G2 和 G3 设为 PV 节点，分别设置有功出力为 1.63pu 和 0.85pu，设置电压幅值都为 1.025pu。

1）修正后的发电机电抗 $x = x_B \dfrac{S_r}{S_B}$，S_r 为发电机额定容量。

2）修正后的发电机惯性 $H = H_B \dfrac{S_B}{S_r}$。

3）修正后的变压器电抗 $x = x_B \dfrac{S_r}{S_B}$，S_r 为变压器额定容量。

风电机组与储能安装在 BUS 8 处，单台风电机组容量为 2.2MW，共 70 台，单台储能容量为 2.2MW，共 30 台，仿真系统如图9-19所示。

9.3.3.1　负荷突变

选取控制条件较为复杂的中风速进行仿真（风速 10m/s），BUS 8 处同时发

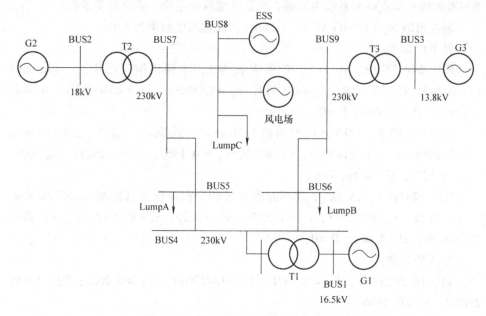

图 9-19　风储联合调频调压仿真系统图

生 30MW 有功负荷突增和 30Mvar 无功负荷突增,观测风储参与系统频率和电压调节的效果,结果如图 9-20 所示。设置了 3 个运行方案进行对比,方案 1 为风电机组与储能均不参与频率电压调节的情况(黑色曲线),方案 2 为仅风电机组参与频率电压调节的情况(红色曲线),方案 3 为风储联合参与频率电压调节的情况(蓝色曲线)。

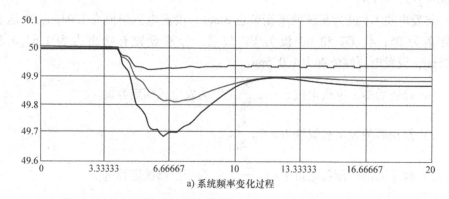

a) 系统频率变化过程

图 9-20　负荷突变时风储联合调频调压过程(彩图见插页)

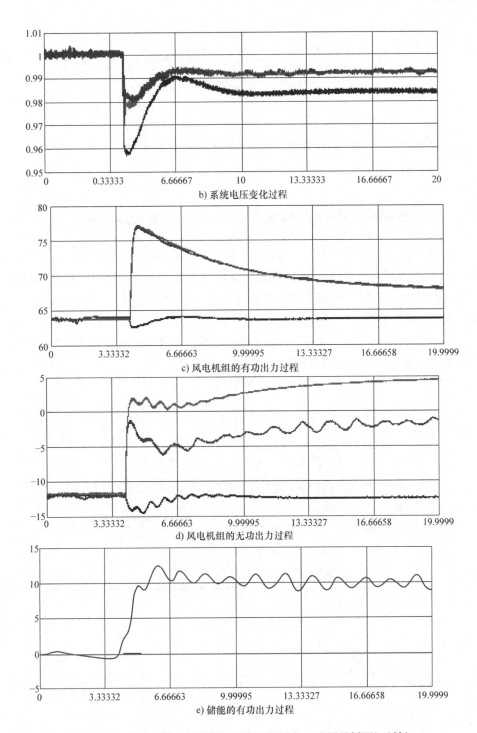

b) 系统电压变化过程

c) 风电机组的有功出力过程

d) 风电机组的无功出力过程

e) 储能的有功出力过程

图 9-20　负荷突变时风储联合调频调压过程（彩图见插页）（续）

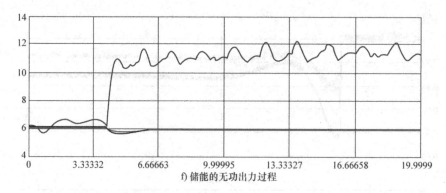

f) 储能的无功出力过程

图 9-20　负荷突变时风储联合调频调压过程（彩图见插页）（续）

可以看出，当有功负荷和无功负荷突增时，系统的调频需求较大，此时，优先进行频率调节，由图 9-20 可以看出，调频效果较为明显。同时，由于风储有功出力尚未达到上限，风储系统在调频的同时，也较好地进行了调压运行。

9.3.3.2　短路故障

同样，选取中风速（10m/s）场景进行仿真，对 BUS 9 处设置典型的单相金属性接地故障，结果如图 9-21 所示。

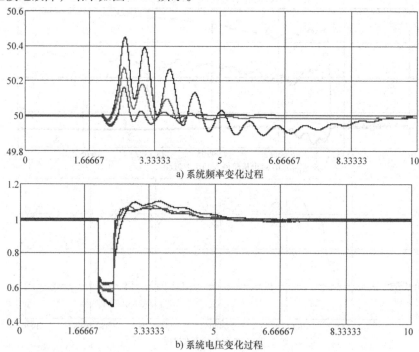

a) 系统频率变化过程

b) 系统电压变化过程

图 9-21　BUS 9 处发生单相金属性接地故障时风储联合调频调压过程（彩图见插页）

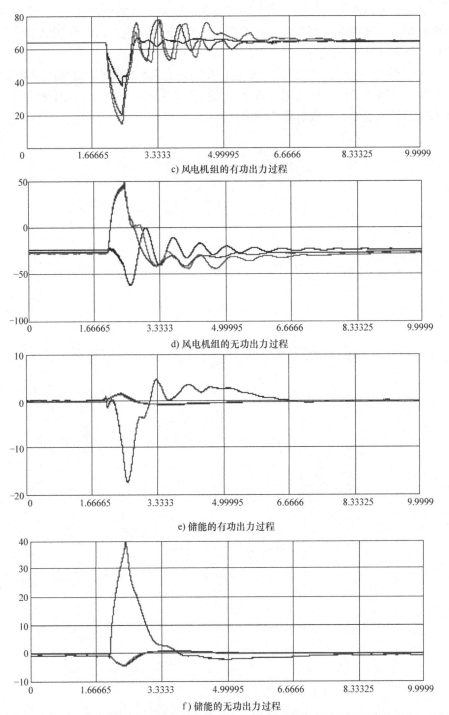

c) 风电机组的有功出力过程

d) 风电机组的无功出力过程

e) 储能的有功出力过程

f) 储能的无功出力过程

图 9-21 BUS 9 处发生单相金属性接地故障时风储联合调频调压过程（彩图见插页）（续）

　　方案 1 为风电机组与储能均不参与频率电压调节（黑色曲线），方案 2 为仅风电机组参与频率电压调节（红色曲线），方案 3 为风电机组与储能联合参与频率电压调节（蓝色曲线）。

　　由图 9-21 可以看出，当系统发生单相金属性接地故障时，对调压需求较大，此时协调控制方案优先保证调压需求。风储通过快速的无功出力很好地支持了系统的故障过渡过程，实现快速故障恢复。

第 *10* 章
基于储能的虚拟电厂

随着储能在电力系统各环节中越来越多的部署，为虚拟电厂提供了新的参与主体和调控手段，使得虚拟电厂在响应速度、调节精度和容量可信度等方面性能得到提升，更具市场竞争力。本章分析了虚拟电厂的构成、模型，以及考虑储能和可再生能源分布式发电的优化调度方法。

10.1　虚拟电厂概述

面对风电、光伏等分布式可再生能源的规模化接入，以及其出力随机、波动性等特点，传统电力系统在结构、形态以及运行模式上也必然会随之发生变革以适应新需求。结合当今先进的网络通信、实时监测、大数据处理等技术手段，虚拟电厂（Virtual Power Plant，VPP）出现并得到了快速发展[154]。

简单来说，VPP 是一个聚合了电源、储能和可调负荷的有机结合体。电源可以包含传统的火电、水电以及光伏、风电等多种可再生能源；储能包括各种电池储能、抽水蓄能[155]。用户可以加入 VPP 中参与需求侧响应（Demand Response，DR）计划，包括基于价格和基于激励的需求侧响应。电源、储能、负荷三者之间通过先进的通信技术与控制中心连接，实现控制中心与各单元之间的双向通信。图 10-1 是虚拟电厂的典型架构。

储能的快速发展也给辅助市场带来了新的资源，基于储能的 VPP 有能力也有需求同时参与到能量市场和辅助市场中。可调负荷，通过 VPP 参与需求侧响应，获得相应的回报，这也是 VPP 之所以能参与到多类电力市场中的主要原因。而通信和控制技术的进步，突破了早期 VPP 参与需求侧响应计划的规模限制，在 VPP 容量、响应速度和调控精度等方面都有了长足进步。

VPP 作为一种能有效管理分散型电力资源的技术手段，从聚合的资源类型上来说，与微电网有一些相似之处，但两者存在着很大的区别，见表 10-1。

在运营模式上，微电网侧重于"自治"，其自上而下的结构更多采用的是能源就地使用的方式，实现正常时并网运行，故障时孤岛运行。而 VPP 在设计理

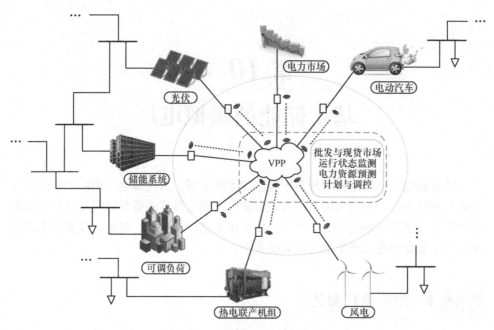

图 10-1　虚拟电厂的典型架构

念上强调的是"参与",通过吸引并聚合各种分布式资源,形成一个整体以参与电网调度或者电力市场交易。

在物理结构上,微电网是依靠各种电力元件与电力线路的整合,需要在实际物理层面上对电网进行结构上的拓展,因此微电网的覆盖范围会受限于地理位置。而 VPP 则是以通信技术与软件技术为基础,其聚合范围以及参与市场的交互范围只取决于通信的覆盖范围和可靠度。然后通过智能计量系统对范围内的分布式资源进行远程监控,采集到的信息通过通信网络进行交互。故 VPP 不需要对原有电网结构进行拓展,且覆盖范围远大于微电网。

在运行特性上,微电网相对于外部大电网为一个可控的功率元件,通过公共连接点处的开关控制,在正常时可以运行在"并网模式",而在故障时可以运行在"孤岛模式"。而 VPP 一般只能运行于"并网模式",所以其与电网系统相互作用的性能指标要求要更加严格。

表 10-1　微电网与 VPP 对比

	微电网	VPP
运营模式	强调"自治",能源就地使用	强调"参与",聚合资源更多地参与调度与交易
物理结构	依靠电力元件与电力线路的整合,需要拓展原电网结构	以通信与软件为基础,无须拓展原电网结构
运行特性	"并网模式"和"孤岛模式"	只运行于"并网模式",性能指标更严格

随着近年来分布式能源在世界范围内的不断兴建，对于 VPP 的研究与应用也越来越受到关注。欧洲对于新能源尤其是风能的利用尤为重视，所以在 VPP 的研究上，欧洲各国相对而言起步更早[156]。

在欧盟 2001—2005 年第 5 框架计划中，德国、荷兰、西班牙等 5 个国家的 11 家公司共同提出了 VFCPP 项目。该项目综合协调管理 31 个分散且独立的居民燃料电池热电联产系统，并以此为基础构成 VPP。在聚合所有燃料电池，确定具体的系统负荷运行曲线后，VPP 控制中心通过与现场能量管理器实时通信，制定相应的优化调度计划，协调控制每一个机组的供热和供电，并对每一条预定负荷曲线实现无延时跟踪，同时还能优化 VPP 内部各单元的运行计划，降低生产成本和负荷峰谷差，提高系统整体运行效益。

在紧随其后的欧盟第 6 框架计划，来自英国、西班牙、法国等 8 个国家的 20 个研究机构和组织参考 VFCPP 提出了 FENIX 项目。该项目在概念上提供了一套能够聚合大量分布式资源，进行统筹协调管理的电力系统技术体系和商业框架，从而帮助欧盟供电系统实现高性价比、高安全度、可持续发展的综合目标。

2014 年 9 月，德国 Younicos 公司受德国电网委托，为其提供 5MW/5MWh 的锂离子电池储能系统，建立了德国第一个工业用电池储能项目，并参与到"一次储备"电力市场中，为电网提供频率调节、电压支撑和黑启动服务。同时，Younicos 公司还通过动力电池梯次利用进行储能的方式，拥有大量的分布式储能设施。依托于其拥有的大量储能资源，于 2018 年提出了一种对外租赁储能设施的"储能即服务"新业务模式，这项业务便是利用 VPP 技术，以储能系统为核心，整合诸多用户的分布式资源，进行统筹管理，更进一步还能参与一次调频等辅助服务市场中[157]。

2016 年，英国国家电网发布了 200MW 的快速调频响应服务采购计划，规定了调频资源应当在 0.5s 内响应电网频率波动，通过精确调控将电网频率维持在 50Hz 附近，同时还规定了参与竞标的储能系统最小容量为 1MW，储能容量应当保证可以 100% 提供服务，并且充放电时间不少于 15min。最终 8 个中标方的项目规模在 10 ~ 49MW 之间，项目在利用 VPP 技术参与调频服务的同时，还参加了备用市场为电网提供备用容量服务。

2018 年底，英国可再生能源开发商 Anesco 公司与电池储能集成运营商 Limejump 公司合作，在英国建造了 185MW 的储能系列项目[158]。Limejump 公司基于大数据技术开发的 VPP 平台负责管理这一项目，充分利用分布式发电与电池储能的灵活性，使其实现功率快速响应，参与英国国家电网公司的平衡机制市场。

我国近年来也有一批 VPP 投入使用。2017 年 5 月，针对风电、光伏等大量清洁能源的大规模消纳，江苏省电力公司建立了首套"源网荷智能电网"系统，这是世界最大规模的 VPP[159]。通过这套 VPP 系统，可以使大量分散不可控用电设备，转化为毫秒级到秒级的可控资源，1370 家企业用户可以随时停电、不影响企业正常生产生活的用电容量达到了 376 万 kW。而在 2018 年 6 月，这套"大规模源网荷友好互动系统"将储能纳入管理调控范围，升级为"大规模源网荷储友好互动系统"，有效利用电网侧和用户侧的储能电站资源，增强了电力系统的功率调节能力和安全性。与此同时，我国也率先开展了 VPP 相关标准制定工作，虚拟电厂《用例》和《架构与功能要求》已于 2018 年 3 月正式在国际电工委员会立项。

由此可见，风电、光伏、储能等分布式电源的规模化发展，以及电力市场的改革推进，成为 VPP 不断推广应用的强大动力，相应的示范与应用系统逐步增多。针对以上需求的 VPP 技术框架及优化调控策略成为重要的支撑技术，这也是本章的分析重点。

10.2 虚拟电厂资源模型

VPP 依靠先进的通信控制硬件和智能计算软件，将地理位置分散的分布式资源进行有效聚合，可参与聚合的资源种类非常多，包括各种分布式电源、储能系统、可调负荷等。

在各种分布式电源中，典型的主要有风电和光伏，为不可控电源，其发电主要取决于风速和光照条件等。同时，还有一些可控分布式电源，包括各种部署于用户侧的冷热电联产机组（CCHP）、燃料电池等，其可调可控的特点提高了 VPP 的调控性能。

储能是 VPP 非常重要的调控手段和资源，保证 VPP 对控制区域内多种分布式资源的整合并提供快速精准的功率响应能力。随着储能技术的不断发展和快速部署，VPP 消纳、整合、管理电力资源的能力将会越来越强，也正是因为如此，国内外很多的 VPP 项目均是依托于大规模储能系统开展的。储能大多以电池储能系统为主，而随着电动汽车的大量出现，通过对电动汽车的有序充放电管理，也可以作为分布式储能资源参与 VPP 调控，给 VPP 增加了灵活调控手段。

本节针对 VPP 调控需求，对 VPP 涉及的各类主要电力资源进行建模。

10.2.1 可控电源模型

VPP 内的可控分布式发电机组（Distributed Generator，DG）以燃气轮机和小型柴油机为主，其出力可控，拥有快速起动和爬坡能力，可以跟踪响应负荷变化、提供备用容量。

DG 成本包含运行成本和起停成本[170]：

$$C_t^{\mathrm{dg}} = \sum_{i=1}^{n_{\mathrm{dg}}} \left[\left(K_i P_{i,t}^{\mathrm{dg}} + K_i^{\mathrm{f}} \mu_{i,t}^{\mathrm{o}} \right) + \left(\lambda_i^{\mathrm{su}} \mu_{i,t}^{\mathrm{su}} + \lambda_i^{\mathrm{sd}} \mu_{i,t}^{\mathrm{sd}} \right) \right] \tag{10-1}$$

式中，n_i 为 DG 单元数；$P_{i,t}^{\mathrm{dg}}$ 为 t 时段第 i 个 DG 单元的输出功率，为决策变量；K_i、K_i^{f} 为第 i 个 DG 单元的燃料成本和固定成本；λ_i^{su}、λ_i^{sd} 分别为起、停成本；$\mu_{i,t}^{\mathrm{o}}$、$\mu_{i,t}^{\mathrm{su}}$、$\mu_{i,t}^{\mathrm{sd}}$ 为 3 个布尔变量，分别表示 t 时段第 i 个 DG 单元是否工作、起动或是停机（是为 1，否为 0）。DG 的运行成本与输出功率的关系可以表示为特征参数表达式：

$$C(P_{\mathrm{dg}}) = \alpha_{\mathrm{dg}} P_{\mathrm{dg}}^2 + \beta_{\mathrm{dg}} P_{\mathrm{dg}} \tag{10-2}$$

式中，α_{dg}、β_{dg} 为 DG 成本的特征参数，可以通过功率成本的特征曲线拟合得到[160,161]。

10.2.2　不可控电源模型

1. 风电模型

风电机组的输出功率主要取决于风速，而其功率不确定性也来源于风速的不确定性。自然风的模型通常可用威布尔分布函数描述：

$$f(v) = \frac{k}{c} \left(\frac{v}{c} \right)^{k-1} \exp\left[-\left(\frac{v}{c} \right)^k \right] \tag{10-3}$$

式中，v 为风速；$k > 0$，为形状参数；$c > 0$，为比例参数[17]。

风电输出功率与风速的关系可表示为

$$P_{\mathrm{w}} = \begin{cases} 0, & 0 \leqslant v \leqslant v_{\mathrm{ci}} \text{ 或 } v \geqslant v_{\mathrm{co}} \\ av^3 + b, & v_{\mathrm{ci}} < v < v_{\mathrm{r}} \\ P_{\mathrm{w}}^{\mathrm{n}}, & v_{\mathrm{r}} \leqslant v < v_{\mathrm{co}} \end{cases} \tag{10-4}$$

式中，v_{ci} 为切入风速，v_{co} 为切出风速，v_{r} 为额定风速，$P_{\mathrm{w}}^{\mathrm{n}}$ 为风电机组额定功率。a 和 b 为风电功率的特征参数，由功率 – 风速特征曲线拟合得到。

2. 光伏发电模型

与风电类似，光伏发电输出功率及其不确定性取决于太阳辐射强度。太阳辐射强度一般由 Beta 分布函数表达：

$$f(I) = \frac{1}{I_{\max}} \frac{\Gamma(\alpha + \beta)}{\Gamma(\alpha)\Gamma(\beta)} \left(\frac{I}{I_{\max}} \right)^{\alpha-1} \left(1 - \frac{I}{I_{\max}} \right)^{\beta-1} \tag{10-5}$$

式中，I 为太阳辐射强度；$\alpha > 0$，$\beta > 0$，分别为 Beta 分布的两个参数；Γ 为伽马函数[162]。

光伏发电功率与太阳辐射强度近似成正比，所以可将其同样写成类似的 Beta 分布函数：

$$f(P_{pv}) = \frac{1}{P_{pv}^n} \frac{\Gamma(\alpha + \beta)}{\Gamma(\alpha)\Gamma(\beta)} \left(\frac{P_{pv}}{P_{pv}^n}\right)^{\alpha-1} \left(1 - \frac{P_{pv}}{P_{pv}^n}\right)^{\beta-1} \qquad (10\text{-}6)$$

式中，P_{pv}^n 为光伏发电系统的额定功率。

10.2.3 可中断负荷模型

可中断负荷是通过用户与调度之间签订合约，按照需求侧响应（DR）机制，在规定时间内或条件下提供负荷中断服务获得中断补偿，而调度则可以通过切除指定负荷量维持系统稳定运行。VPP 的 DR 成本实际就是 VPP 向用户支付的可中断负荷补偿费用。考虑到不同中断负荷量对用户的影响程度不同，一般会为负荷中断设置等级，中断重要程度越高的负荷所获得的补偿金额也越高，所以中断补偿价格与中断等级挂钩：

$$C_t^{DR} = \sum_{m=1}^{n_m} \lambda_m^{curt} L_{m,t}^{curt} \qquad (10\text{-}7)$$

式中，n_m 为中断等级数；λ_m^{curt} 为第 m 级中断负荷的补偿价格；$L_{m,t}^{curt}$ 为 t 时段第 m 级中断负荷量，是决策变量。

当中断等级分得足够细时，表征补偿价格的曲线会由离散的多段函数变为连续递增的二次函数，如图 10-2 所示[162]。

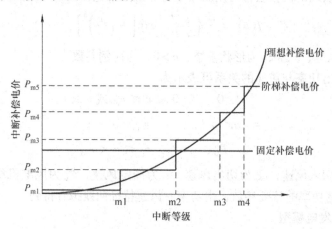

图 10-2　可中断负荷补偿价格曲线

所以，DR 的成本可以表达为

$$C(P_{dr}) = \alpha_{dr}P_{dr}^2 + \beta_{dr}P_{dr} \qquad (10\text{-}8)$$

式中，α_{dr}、β_{dr} 为可控负荷补偿参数。

10.2.4 储能系统模型

以电化学电池为主的储能系统，其成本主要为充放电过程对电池寿命的损耗，在不考虑电池老化对其效率等性能的影响时，其成本与充放电功率近似呈线性关系：

$$C_t^{str} = \sum_v^{n_{str}} [a_v^{es}(P_{v,t}^{esc} + P_{v,t}^{esd}) + b_v^{es}] \tag{10-9}$$

式中，n_{str} 为储能单元数，$P_{v,t}^{esc}$、$P_{v,t}^{esd}$ 为 t 时段第 v 个储能单元的充、放电功率，a_v^{es}、b_v^{es} 为成本系数，可由成本曲线测算或由经验给出。

考虑到储能电池充电和放电成本近似相同，可将其同样表达为

$$C(P_{str}) = \alpha_{str} | P_{str} | + \beta_{str} \tag{10-10}$$

式中，α_{str}、β_{str} 为储能的成本参数[160]。

10.2.5　其他资源

依托于先进的通信技术与控制技术，以及有效的市场机制，未来 VPP 的可调控资源可以不断拓展。各类新型分布式发电技术或供能技术，如燃料电池、新型储能、地源/空气源热泵、电动汽车有序充电及 V2G、热电耦合的综合能源系统等，为 VPP 提供了丰富可调控资源。统一、开放、扩展性好的 VPP 通信与控制架构，以及高效的能量模型，将为这些资源的接入与调控提供重要基础。

10.3　考虑不确定性的 VPP 优化调度

电力市场一般包含能量市场（Energy Market，EM）和辅助市场，能量市场包含合同市场、日前市场和实时平衡市场等，而辅助市场包含调频市场（Frequency Regulation Market，FRM）与旋转备用市场（Spinning Reserve Market，SRM）等。VPP 具备参与上述电力市场的技术条件，而优化调控问题则对不同的市场功能，在策略上有较大不同。

参考文献 [163] 提出了计及需求侧响应的 VPP 优化调度模型，通过整合电源出力与需求侧响应，提高 VPP 参与日前电力市场的收益。参考文献 [164] 在此基础上，将电动汽车整合到 VPP 的竞标模型中，分析 VPP 同时参与合同市场、日前市场和平衡市场的协调优化策略。更进一步，一些研究将 VPP 参与的市场类型延伸到了辅助市场。参考文献 [165] 通过基于分时电价的需求侧响应，建立了 VPP 同时参与能量市场与调峰市场的优化调度模型，并分析了参与调峰市场后的 VPP 经济性。参考文献 [166] 建立了含燃油发电、储能系统和可中断负荷的 VPP 参与备用市场的优化调度模型。

VPP 运行过程中的不确定性因素是 VPP 调度要处理的主要问题，如风电与光伏等可再生能源出力的不确定性、电价的变化等。典型的算法有点估计法、随

机规划法、鲁棒优化法等，其中鲁棒优化法无须知道不确定参数的概率分布，即可快速计算优化结果，广泛应用于电力优化调度、需求侧响应计划、电力市场竞标策略等问题中。参考文献［167］针对含热电联产机组的 VPP，建立了相应的鲁棒优化模型，解决 VPP 同时参与能量市场和备用市场时的调度问题。然而，鲁棒优化法得到的结果一般为系统最恶劣的情况，结果过于保守。

近年来有研究将鲁棒优化法与随机优化法进行结合，通过求取最恶劣场景的分布概率，再求取最优结果，从而形成经济性更高的两阶段分布鲁棒优化方法。参考文献［168］基于分布鲁棒线性优化理论，提出了计及风电出力不确定性的电力系统静态安全校正控制方法，参考文献［169］利用两阶段分布鲁棒优化法搭建了考虑风电不确定性的优化模型。本节将两阶段分布鲁棒优化算法运用到 VPP 的优化调度中，建立了 $\max - \min - \max$ 两阶段分布鲁棒优化调度模型。

10.3.1 两阶段分布鲁棒优化模型

基于以上建立的 VPP 资源模型，将用电负荷及能量市场（EM）、旋转备用市场（SRM）和调频市场（FRM）电价不确定性考虑到模型中，以 VPP 净利润最大为优化目标，结合蒙特卡罗法生成的模拟场景，筛选出 K 个离散场景及每个离散场景的初始概率，建立目标函数：

$$\max P = \left\{ \sum_{t=1}^{T} C_t^{\mathrm{m}} - C_t^{\mathrm{dg}} - C_t^{\mathrm{dr}} - C_t^{\mathrm{str}} + \min_{\{p_k\} \in \Omega} \right.$$

$$\left. \left[\sum_{k=1}^{K} p_k \max \left(\sum_{i=1}^{n_{\mathrm{dg}}} c_{i,t}^{\mathrm{dg}} \Delta P_{i,t,k}^{\mathrm{dg}} + \sum_{i=1}^{n_{\mathrm{dr}}} c_{i,t}^{\mathrm{dr}} \Delta P_{i,t,k}^{\mathrm{dr}} + \sum_{i=1}^{n_{\mathrm{str}}} c_{i,t}^{\mathrm{str}} \Delta P_{i,t,k}^{\mathrm{str}} \right) \right] \right\}$$

(10-11)

式中，Ω 为运行场景的可行域，$\{p_k\}$ 为每个离散场景的概率值，$c_{i,t}^{\mathrm{dg}}$、$c_{i,t}^{\mathrm{dr}}$、$c_{i,t}^{\mathrm{str}}$ 分别为分布式电源、需求侧响应资源及储能在 k 场景 t 时段的调整惩罚系数，$\Delta P_{i,t,k}^{\mathrm{dg}}$、$\Delta P_{i,t,k}^{\mathrm{dr}}$、$\Delta P_{i,t,k}^{\mathrm{str}}$ 分别为对应资源在 k 场景 t 时段的出力调整量。

可以看出，式（10-11）是一个 $\max - \min - \max$ 的三层两阶段优化问题，前一部分的确定性模型表征 VPP 日前经济调度情况，而后一部分则表示在考虑参数不确定性情况下，VPP 各单元进行的出力调整而产生的总利润变化。所选择数据可以使用蒙特卡罗法生成，或者提取相关历史数据，然后筛选出设定数量的离散场景，并由此获得每个离散场景的初始概率值。

一般来说，传统鲁棒优化法会将不确定参数优化至参数波动范围的极值点，以保证优化目标对不确定集合内的所有元素都能满足约束可行性，但这样的结果过于保守。而采用两阶段分布鲁棒优化法，通过内层的 $\min - \max$ 求取决策变量 $\{p_k\}$，寻找所有离散场景最恶劣的概率分布情况，求得该情况下的利润最小值。这样，可以综合发挥鲁棒优化算法处理不确定性参数的能力，以及历史数据提供的参考作用。

约束条件：

1）分布式电源（DG）约束条件：

$$\mu_{i,t}^{o} - \mu_{i,t-1}^{o} \leqslant \mu_{i,t}^{su} \tag{10-12}$$

$$\mu_{i,t-1}^{o} - \mu_{i,t}^{o} \leqslant \mu_{i,t}^{sd} \tag{10-13}$$

$$P_{i,t}^{dg} \geqslant P_{i}^{min} \mu_{i,t}^{o} \tag{10-14}$$

$$P_{i,t}^{dg} + R_{i,t}^{dg} + F_{i,t}^{dg} \leqslant P_{i}^{max} \mu_{i,t}^{o} \tag{10-15}$$

$$R_{i,t}^{dg} + F_{i,t}^{dg} \leqslant r_{i}^{u} t^{r} \tag{10-16}$$

$$-r_{i}^{d} \leqslant P_{i,t}^{dg} - P_{i,t-1}^{dg} \leqslant r_{i}^{u} \tag{10-17}$$

$$t_{i}^{u} \mu_{t}^{su} \leqslant \sum_{h=t}^{t+t_{i}^{u}-1} \mu_{i,t}^{o} \quad (\forall t \leqslant T - t_{i}^{u} + 1) \tag{10-18}$$

$$t_{i}^{d} \mu_{t}^{sd} \leqslant \sum_{h=t}^{t+t_{i}^{d}-1} (1 - \mu_{i,t}^{o})(\forall t \leqslant T - t_{i}^{d} + 1) \tag{10-19}$$

$$\sum_{t=1}^{t_{i}^{u}-t_{i}^{ui}} (1 - \mu_{i,t}^{o}) = 0 \tag{10-20}$$

$$\sum_{t=1}^{t_{i}^{d}-t_{i}^{di}} \mu_{i,t}^{o} = 0 \tag{10-21}$$

式中，P_{i}^{min} 和 P_{i}^{max} 分别为第 i 个 DG 单元的最小、最大输出功率；$R_{i,t}^{dg}$、$F_{i,t}^{dg}$ 分别为 t 时段第 i 个 DG 单元参与 EM 和 FRM 的容量，为决策变量；r_{i}^{u}、r_{i}^{d} 分别为第 i 个 DG 单元的向上和向下爬坡率；t_{i}^{u}、t_{i}^{d} 分别为最小开机运行和关机停运时间；t^{r} 为备用服务时间。

2）需求侧响应（DR）约束条件：

可中断负荷通过切除负荷达到增加 VPP 虚拟出力的效果，可以用于参与备用市场，提供备用容量。

$$L_{t}^{curt} = \sum_{m=1}^{n_{m}} L_{m,t}^{curt} \tag{10-22}$$

$$0 \leqslant L_{m,t}^{curt} \leqslant k_{m}^{curt} R_{t}^{el} \tag{10-23}$$

$$0 \leqslant L_{t}^{curt} + R_{t}^{el} \leqslant \sum_{m}^{n_{m}} k_{m}^{curt} P_{t}^{el} \tag{10-24}$$

式中，k_{m}^{curt} 为第 m 级负荷中断水平系数；P_{t}^{el} 为 t 时段电负荷；R_{t}^{el} 为 t 时段可中断负荷备用容量，为决策变量；L_{t}^{curt} 为 t 时段中断负荷。

3）储能系统约束：

$$0 \leqslant P_{v,t}^{esc} \leqslant P_{v}^{cmax} \tag{10-25}$$

$$0 \leqslant P_{v,t}^{esd} \leqslant P_{v}^{dmax} \tag{10-26}$$

$$S_{v}^{min} \leqslant S_{v,t}^{es} \leqslant S_{v}^{max} \tag{10-27}$$

$$S_{v,t}^{es} = S_{v,t-1}^{es} + \eta_{v}^{esc} P_{v,t}^{esc} - \frac{P_{v,t}^{esd}}{\eta_{v}^{esd}} \tag{10-28}$$

$$S_{v,0}^{es} = S_{v}^{esi} \tag{10-29}$$

$$S_{v,24}^{es} = S_v^{esf} \tag{10-30}$$

式中，P_v^{cmax}、P_v^{dmax} 分别为第 v 个储能单元的最大充、放电功率；$S_{v,t}^{es}$ 为 t 时段第 v 个储能单元的荷电量；S_v^{min}、S_v^{max} 分别为第 v 个储能单元荷电量的上下限；η_v^{esc}、η_v^{esd} 为充放电效率；S_v^{esi}、S_v^{esf} 为每日的起始和终止时段的荷电量。

4）电功率平衡约束：

$$\sum_i^{n_i} P_{i,t}^{dg} + \sum_v^{n_v} P_{v,t}^{esd} = P_t^{el} + P_t^{em} - L_t^{curt} + \sum_v^{n_v} P_{v,t}^{esc} \tag{10-31}$$

5）市场容量约束：

$$R_t^{srm} = \sum_i^{n_i} R_{i,t}^{dg} + R_t^{el} \tag{10-32}$$

$$F_t^{frm} = \sum_i^{n_i} F_{i,t}^{dg} + \sum_v^{n_v} F_{v,t}^{str} \tag{10-33}$$

式中，$F_{v,t}^{str}$ 为 t 时段第 v 个储能单元参与调频市场的容量。

两阶段分布鲁棒优化模型需要寻找最恶劣场景的概率分布值，为了使所求概率分布值与实际运行数据更相符，构建以初始概率分布值为中心，以 1 – 范数和 ∞ – 范数为基础的约束条件，对离散的场景概率分布值进行约束。

$$\Omega = \{p_k\} \begin{vmatrix} p_k \geqslant 0, k = 1,2,\cdots,K \\ \sum_{k=1}^K p_k = 1 \\ \sum_{k=1}^K |p_k - p_k^0| \leqslant \lambda_1 \\ \max_{1 \leqslant k \leqslant K} |p_k - p_k^0| \leqslant \lambda_\infty \end{vmatrix} \tag{10-34}$$

式中，p_k^0 为初始运行数据得到的第 k 个离散场景的初始概率。下面两个不等式分别为 1 – 范数和 ∞ – 范数形成的约束条件，λ_1 和 λ_∞ 为对应的概率允许偏差。$\{p_k\}$ 满足置信度：

$$\begin{cases} Pr\{\sum_{k=1}^K |p_k - p_k^0| \leqslant \lambda_1\} \geqslant 1 - 2Ke^{-\frac{2M\lambda_1}{K}} = \alpha_1 \\ Pr\{\max_{1 \leqslant k \leqslant K} |p_k - p_k^0| \leqslant \lambda_\infty\} \geqslant 1 - 2Ke^{-2M\lambda_\infty} = \alpha_\infty \end{cases} \tag{10-35}$$

式中，α_1 和 α_∞ 为对应概率分布置信度[171]。

由于两个范数约束均为绝对值约束，所以需要通过引入 0 – 1 辅助变量 s_k^+ 和 s_k^- 将其线性化：

$$s_k^+ + s_k^- \leqslant 1 \tag{10-36}$$

$$0 \leqslant p_k^+ \leqslant s_k^+ \lambda_1 \tag{10-37}$$

$$0 \leqslant p_k^- \leqslant s_k^- \lambda_1 \tag{10-38}$$

$$p_k = p_k^0 + p_k^+ - p_k^- \tag{10-39}$$

式中，p_k^+ 和 p_k^- 分别为概率值 p_k 相对于初始概率值 p_k^0 的正负偏移量。

从而，原本的 1 – 范数绝对值约束为

$$\sum_{k=1}^{K} (p_k^+ + p_k^-) \leqslant \lambda_1 \tag{10-40}$$

同理，对 ∞ – 范数绝对值约束进行处理：

$$p_k^+ + p_k^- \leqslant \lambda_\infty \tag{10-41}$$

10.3.2　求解算法

10.3.1 节构建的两阶段分布鲁棒优化模型，第一阶段针对 VPP 中的分布式电源启停计划、需求侧响应资源安排计划及储能出力值等决策变量进行日前决策，第二阶段则根据多场景负荷值、市场电价求取电源出力、需求侧响应及储能出力调整值。

求解两阶段分布鲁棒优化模型，需要采用分解算法对两阶段规划问题进行分解，采用列与约束生成（Column – and – Constraint Generation，CCG）算法，将模型问题分解为主问题（MP）和子问题（SP）进行反复迭代求解。主问题是在设定已知恶劣概率分布之后，求解满足约束条件的利润最大值，进行日前调度，为式（10-11）提供上界值：

$$\max_{x \in X, y_0 \in Y(x,\varphi_0), y_k^{(m)} \in Y(x,\varphi_k), Z} P = a^{\mathrm{T}} x + b^{\mathrm{T}} y_0 + c^{\mathrm{T}} \varphi_0 + Z \tag{10-42}$$

$$Z \leqslant \sum_{k=1}^{K} p_k^{(m)} (b^{\mathrm{T}} y_k^{(m)} + c^{\mathrm{T}} \varphi_k) \tag{10-43}$$

式中，x 为第一阶段决策变量，y_k 为第 k 个场景下第二阶段变量，y_0 为日前预测场景下第二阶段变量，φ_0 为负荷及电价预测值，φ_k 为第 k 个场景下负荷及电价预测值，m 为迭代次数。

内层子问题是在外层主问题第一阶段决策变量 x 给定的情况下，优化求解最恶劣的概率分布情况，然后返回主问题进行迭代，同时为式（10-11）提供下界值：

$$L(x^*) = \min_{\{p_k\} \in \Omega} \left[\sum_{k=1}^{k} p_k \max_{y_k \in Y(x^*,\varphi_k)} (b^{\mathrm{T}} y_k + c^{\mathrm{T}} \varphi_k) \right] \tag{10-44}$$

因为在内层 max 问题中，各个场景是相对独立的，所以可以采用并行求解的方法进行运算，从而两阶段模型可以通过式（10-42）和式（10-44）进行不断迭代，直至达到指定精度。具体流程为

1）给定一组不确定参数 φ 的取值作为初始最恶劣场景，设定最终优化结果的利润下界 LB $= -\infty$，上界 UB $= +\infty$，迭代次数 m。

2）假定最恶劣场景 φ_m^*，求解主问题式（10-42），将主问题目标函数值 P_m^*

作为新的上界，UB = P_m^*。

3）将主问题的解 x_m^* 代入式 (10-44)，求解子问题得到目标函数值 $L_m^*(x_m^*)$ 和相应的最恶劣场景下不确定参数取值 φ_{m+1}^*，并将下界更新为 LB = $\max(P_m^*, L_m^*(x_m^*))$。

4）设定收敛误差阈值 ε，当 UB − LB ≤ ε 时，停止迭代，返回最优解 x_m^* 和 y_m^*。

上述方法建立的优化模型是一个混合整数线性规划问题，采用 GAMS/CPLEX 求解器对该问题进行求解。图 10-3 给出了两阶段鲁棒优化法的求解流程图。

10.3.3 虚拟电厂案例

改进 IEEE 30 节点电力系统模型进行 VPP 案例分析，系统拓扑结构如图 10-4 所示，G1 和 G2 为系统内的两台发电机组，节点 5 为需求侧响应端，最多可以提供 50MWh 的可中断负荷；节点 6 为总容量 40MW 的电池储能电站；节点 7、8、9、28 为分布式发电系统；以上单元共同组成了一个 VPP 系统，表 10-2 给出了系统的主要参数，表 10-3

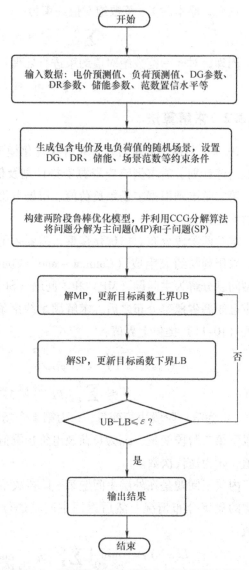

图 10-3　两阶段分布鲁棒优化模型求解流程图

给出合同电量、负荷预测值，各类电力市场分时电价及电负荷生成 500 组模拟场景作为历史数据，失负荷罚金为 4000 美元/MWh，调度周期为 24h。

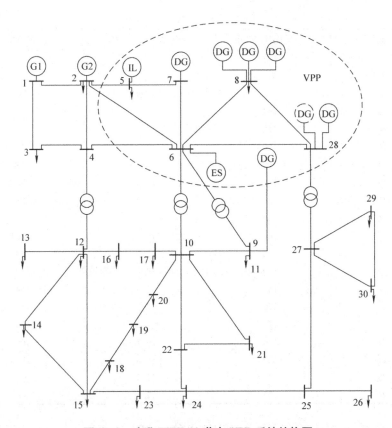

图 10-4　改进 IEEE 30 节点 VPP 系统结构图

表 10-2　VPP 功率单元参数

参数/机组	分布式发电机组	储能电站
最大出力/MW	50	±40
最小出力/MW	10	0
爬坡率/（MW/h）	20	/
二次项/（美元/MW²h）	0.0175	0
一次项/（美元/MWh）	2.00	0.50
常数项/（美元/h）	0	0

表 10-3　调度周期内合同电量与预测负荷

时刻/h	合同电量/MWh	合同备用电量/MWh	预测负荷/MW
1	126	12.6	84
2	128	12.9	86
3	133	13.3	90
4	135	13.5	91

（续）

时刻/h	合同电量/MWh	合同备用电量/MWh	预测负荷/MW
5	143	13.5	91
6	160	14.3	95
7	174	15.8	105
8	182	17.4	116
9	178	18.2	125
10	178	17.1	120
11	162	16.2	108
12	149	14.9	99
13	136	13.7	90
14	147	14.7	98
15	161	16.3	108
16	170	17.2	114
17	179	18.1	120
18	185	18.5	124
19	176	17.9	118
20	173	17.5	113
21	160	16.2	106
22	147	14.8	98
23	134	13.5	89
24	125	12.6	83

采用蒙特卡罗法对 EM 电价、SRM 电价、FRM 电价及电负荷 4 个不确定性参数进行模拟，生成 500 组数据，并建立 20 个场景。以这 20 个场景为基础，求解优化目标式（10-11），通过设置 1 -范数和 ∞ -范数获得各离散场景最恶劣的概率分布情况。

范数约束由置信水平 α_1 和 α_∞ 决定，其大小决定了离散场景的不确定程度，直接影响了最终决策的保守程度和经济性。通过设置不同置信水平，对 VPP 利润计算结果进行分析，见表 10-4。

表 10-4　不同置信水平下的 VPP 利润

VPP 利润/美元	$\alpha_\infty = 0.1$	$\alpha_\infty = 0.5$	$\alpha_\infty = 0.9$
$\alpha_1 = 0.1$	26142	25491	24165
$\alpha_1 = 0.5$	25293	24623	22489
$\alpha_1 = 0.9$	23916	22973	18493

可以看出，随着置信水平的提高，VPP 整体利润在不断减小。这是因为随着置信水平的提高，模型包含的参数不确定性不断增大，VPP 系统将变得更加保

守，经济性将会下降。且当两个置信水平都取 0.9 时，范数约束近乎平凡，利润会大幅下降。

如图 10-5 所示，在 $\alpha_1 = 0.5$ 的情况下，对比 $\alpha_\infty = 0.1$、$\alpha_\infty = 0.5$、$\alpha_\infty = 0.9$ 三种情况下 VPP 的 EM 竞标量，y 轴正方向代表 VPP 向 EM 售电。可以看出，随着置信水平的提高，决策方案逐渐趋于保守，VPP 需要减少向 EM 售电或是从 EM 购买更多电量对储能进行充电，以保证系统内部负荷平衡，同时多余电能维持向 SRM 和 FRM 提供辅助服务，获取更大利润。因此，在实际生产过程中，通过对置信水平的设置，可以获得不同鲁棒性和经济性的优化结果。

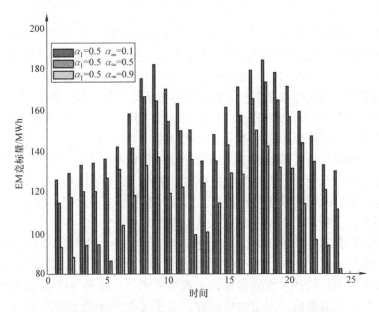

图 10-5　不同置信水平对 VPP 参与 EM 竞标量的影响

为了对比两阶段分布鲁棒优化法与传统鲁棒优化法和随机规划法的优劣，通过第一阶段求出日前调度的 VPP 决策变量及利润，采用蒙特卡罗法生成 1000 个随机场景，然后针对每个场景进行利润期望调整值分析。其中两阶段分布鲁棒优化法的两个范数置信水平均取 0.5，3 种方法的结果见表 10-5。

表 10-5　3 种方法结果对比

	第一阶段决策变量 利润/美元	期望利润均值 /美元	期望利润最大值 /美元
随机规划法	18714	22147	29285
两阶段鲁棒法	15438	24825	33731
传统鲁棒法	10689	20771	32386

可以看出，两阶段分布鲁棒优化法在求解 VPP 参与辅助市场的优化调度模型时，其第一阶段决策变量利润是介于随机规划法和传统鲁棒优化法之间的，这说明两阶段分布鲁棒优化法比随机规划法的鲁棒性更强，而同时又比只考虑最恶劣情况的传统鲁棒优化法经济。此外，在 1000 个随机场景中，两阶段分布鲁棒优化法无论是期望利润均值还是利润最大值均为最高，说明在概率分布平均性能指标和最恶劣概率分布性能指标上，两阶段分布鲁棒优化法均优于其他两者，经济性更好。综上，两阶段分布鲁棒优化法结合了传统鲁棒法和随机规划法的优点，同时又平衡了两者的缺点，在经济性和鲁棒性上更加均衡，最终的优化调度结果更佳。

当然，在现货市场条件下 VPP 的运作机制与传统分布式发电有较大不同，分布式发电在参与电力市场调度时，会直接与调度中心交换数据并响应调度，但 VPP 内部的电力资源在参与调度时并不直接由调度中心管辖，而是通过 VPP 控制中心与调度中心进行数据交换。按照现货市场的运行规范，由于网架和线路阻塞等因素，每个电网的物理节点电价都会有所不同，所以 VPP 内部的分布式发电和储能单元应该按照所在物理节点的电价进行计算。然而，现有多数关于 VPP 的研究中，通常只为其参与的电力市场设置一条电价曲线，相当于 VPP 的所有电能都是通过一个母线节点与电网进行功率交换，这与实际现货市场的运行机制以及分布式发电的运行状态存在差异。因而，需要综合考虑网架信息、线路阻塞等多种因素，完善 VPP 的运营模式和优化调度策略。

以上仅仅针对 VPP 的架构、模型和调度策略进行了介绍与分析，而 VPP 所涉及的问题远不止这些，包括 VPP 内部资源的有效聚合与通信技术，提升 VPP 参与多类电力市场的技术性能指标；大数据技术可以提高 VPP 负荷预测、电价预测以及可再生能源出力预测的准确性，对于解决 VPP 优化调度过程中不确定性参数问题的改善作用；区块链技术可以对 VPP 内外部多主体间的交易进行实名制证书控制，使交易更透明、交易成本更低；针对未来同区域内多 VPP 互存，覆盖范围相互重叠时优化调控的合作博弈问题等。

参 考 文 献

［1］ Ferreira A C, Souza L M, Watanabe E H. Improving Power Quality With a Variable Speed Syn-chronous Condenser ［C］. International Conference on Power Electronics. IET, 2002：456 – 461.

［2］ Valentin A Boicea. Energy Storage Technologies：The Past and the Present ［J］. Proceedings of the IEEE, 2014, 102 (11)：1777 – 1794.

［3］ 程时杰，李刚，孙海顺，等. 储能技术在电气工程领域中的应用与展望 ［J］. 电网与清洁能源，2009, 25 (2)：1 – 8.

［4］ 刘云仁. 辅助服务市场 ［R］. 2019.

［5］ Prabha Kundur. 电力系统稳定与控制（影印版）［M］. 北京：中国电力出版社，2002.

［6］《电力系统调频与自动发电控制》编委会. 电力系统调频与自动发电控制 ［M］. 北京：中国电力出版社，2006.

［7］ 黄际元，李欣然，黄继军，等. 不同类型储能电源参与电网调频的效果比较研究 ［J］. 电工电能新技术，2015 (3)：49 – 53.

［8］ 黄亚唯. 储能电源参与电力系统调频的需求场景及其控制策略研究 ［D］. 长沙：湖南大学，2015.

［9］ Lin J, Damato G, Hand P. Energy Storage：A Cheaper, Faster and Cleaner Alternative to Con-ventional Frequency Regulation ［R］. Strategen, CESA, 2011：1 – 15.

［10］ 陈大宇，张粒子，王澍，等. 储能在美国调频市场中的发展及启示 ［J］. 电力系统自动化，2013, 37 (1)：9 – 13.

［11］ 李欣然，黄际元，陈远扬，等. 大规模储能电源参与电网调频研究综述 ［J］. 电力系统保护与控制，2016, 44 (7)：145 – 153.

［12］ 邓威，谢煜东，黄际元，等. 多类型储能一次调频特性研究 ［J］. 湖南电力，2015 (1)：1 – 4.

［13］ 高明杰，惠东，高宗和，等. 国家风光储输示范工程介绍及其典型运行模式分析 ［J］. 电力系统自动化，2013, 37 (1)：59 – 64.

［14］ 周国鹏. 应用于风电功率波动平抑的多类型储能协调控制技术研究 ［D］. 北京：中国科学院大学，2014.

［15］ 孙玉树，唐西胜，孙晓哲，等. 基于 MPC – HHT 的多类型储能协调控制策略研究 ［J］. 中国电机工程学报，2018, 38 (9)：2580 – 2588.

［16］ 袁小明，程时杰，文劲宇. 储能技术在解决大规模风电并网问题中的应用前景分析 ［J］. 电力系统自动化，2013, 37 (1)：14 – 18.

［17］ North American Electric Reliability Corporation. Accommodating High Levels of Variable Gener-ation ［R］. Washington, DC, USA：North American Electric Reliability Corporation, 2009.

［18］ 袁小明. 长线路弱电网情况下大型风电场的联网技术 ［J］. 电工技术学报，2007, 22 (7)：29 – 36.

[19] 胡娟, 杨水丽, 侯朝勇, 等. 规模化储能技术典型示范应用的现状分析与启示 [J]. 电网技术, 2015 (4): 879 – 885.

[20] 许守平, 李相俊, 惠东. 大规模储能系统发展现状及示范应用综述 [J]. 电网与清洁能源, 2013, 29 (8): 94 – 100.

[21] 国家电网公司 "电网新技术前景研究" 项目咨询组. 大规模储能技术在电力系统中的应用前景分析 [J]. 电力系统自动化, 2013, 37 (1): 3 – 8.

[22] 江全元, 龚裕仲. 储能技术辅助风电并网控制的应用综述 [J]. 电网技术, 2015, 39 (12): 3360 – 3368.

[23] 张文亮, 丘明, 来小康. 储能技术在电力系统中的应用 [J]. 电网技术, 2008, 32 (7): 1 – 9.

[24] 沈荣根. 抽水蓄能供水工程的设计与实践 [J]. 中国给水排水, 2003, 19 (10): 87 – 89.

[25] 程时杰, 李刚, 孙海顺, 等. 储能技术在电气工程领域中的应用与展望 [J]. 电网与清洁能源, 2009, 25 (2): 1 – 8.

[26] 中国能源研究会储能专委会, 中关村储能产业技术联盟. 储能产业研究白皮书 [R]. 2019.

[27] 北极星电力新闻中心. 到 2020 年我国抽水蓄能电站运行总容量将达 4000 万千瓦 [R/OL]. (2018 – 03 – 09). http://news. bjx. com. cn/html/20180309/884445. shtml.

[28] Swider D J. Compressed Air Energy Storage in an Electricity System With Significant Wind Power Generation [J]. IEEE Trans on Energy Conversion, 2007, 22 (1): 95 – 102.

[29] Lee S S, Kim Y M, Park J K, et al. Compressed Air Energy Storage Units for Power Generation and DSM in Korea [C]. IEEE Power Engineering Society General Meeting, Tampa, USA, 2007: 1 – 6.

[30] Ivan Calero, Claudio A Cañizares, Kankar Bhattacharya. Compressed Air Energy Storage Modeling for Power System Studies [J]. IEEE Trans on Power Systems, 2019, 34 (5): 3359 – 3371.

[31] 中国科学院工程热物理研究所. 储能研发中心科研进展介绍 [EB/OL]. (2018 – 04 – 10). http://www. etp. ac. cn/jgsz/yjxt/kybm/kybm6/201109/t20110923_3353929. html.

[32] 吴宇平, 戴晓兵, 马军旗, 等. 锂离子电池——应用与实践 [M]. 北京: 化学工业出版社, 2004.

[33] Pinheiro J M S, Dornellas C R R, Schilling M T, et al. Probing the New IEEE Reliability Test System (RTS – 96): HL – II assessment [J]. IEEE Trans on Power Systems, 1998, 13 (1): 171 – 176.

[34] 国家电网公司. 上海市电力公司、上海电气 (集团) 公司、中科院上海硅酸盐研究所钠硫电池合资项目签约仪式隆重举行 [EB/OL]. (2011 – 10 – 14) [2012 – 09 – 28]. http://www. cec. org. cn/zdlhuiyuandongtai/dianwang/2011 – 10 – 14/71394. html.

[35] 中国电力网. 上海市电力公司三个钠硫电池储能项目通过验收 [EB/OL]. (2013 – 01 – 09) [2013 – 04 – 05]. http://www. chinasmartgrid. com. cn/news/20130109/412489. Shtml.

［36］张华民，周汉涛，赵平，等．储能技术的研究开发现状及展望［J］．能源工程，2005（3）：1-7.

［37］张维煜，朱烷秋．飞轮储能关键技术及其发展现状［J］．电工技术学报，2011（7）：141-146.

［38］邓自刚，王家素，王素玉，等．高温超导飞轮储能技术发展现状［J］．电工技术学报，2008，23（12）：1-10.

［39］李德海，卫海岗，戴兴建．飞轮储能技术原理、应用及其研究进展［J］．机械工程师，2002（4）：5-7.

［40］唐西胜，刘文军，周龙，等．飞轮阵列储能系统的研究［J］．储能科学与技术，2013，2（3）：208-221.

［41］中国能源研究会储能专委会，中关村储能产业技术联盟．储能产业发展蓝皮书［M］．北京：中国石化出版社，2019.

［42］GTR 磁能科技有限责任公司．GTR飞轮在轨道交通中的运用［R］．2019.

［43］唐西胜．超级电容器储能应用于分布式发电系统的能量管理及稳定性研究［D］．北京：中国科学院电工研究所，2006.

［44］曹彬，蒋晓华．超导储能在改善电能质量方面的应用［J］．科技导报，2008，26（1）：47-52.

［45］Yves Brunet. 储能技术及应用［M］．唐西胜，等译．北京：机械工业出版社，2018.

［46］中国化工学会储能工程专业委员会．储能技术及应用［M］．北京：化学工业出版社，2018.

［47］丁明，张征凯，毕锐．面向分布式发电系统的 CIM 扩展［J］．电力系统自动化，2008，32（20）：83-87，96.

［48］黄胜利．微电网运行模式的无缝切换技术研究［D］．北京：中国科学院电工研究所，2009.

［49］Leon M Tolbert, Thomas G Habetler. Novel Multilevel Inverter Carrier – based PWM Method ［J］. IEEE Trans on Industry Applications, 1999, 35 (5): 1098 –1107.

［50］孙孝峰，顾和荣，王立乔，等．高频开关型逆变器及其并联并网技术［M］．北京：机械工业出版社，2011.

［51］Richard Zhang, Himamshu Prasad V, Dushan Boroyevich, et al. Three – Dimensional Space Vector Modulation for Four – Leg Voltage – Source Converters ［J］. IEEE Trans on Power Electronics, 2002, 17 (3): 314 –326.

［52］杨宏．四桥臂三相逆变器的控制和实现［D］．南京：南京航空航天大学，2004.

［53］张崇魏，张兴．PWM 整流器及其控制［M］．北京：机械工业出版社，2003.

［54］李勋，朱鹏程，杨荫福，等．基于双环控制的三相 SVPWM 逆变器研究［J］．电力电子技术，2003，37（5）：30-32.

［55］Alexis B Rey, José M Ruiz, Santiago de Pablo, et al. A New Current Source Control Strategy for VSI – PWM Inverters ［R/OL］. http：//www. dte. eis. uva. es/Datos/Congresos/Ipec2000. pdf

［56］ Krause P C, Wasynczuk O, Sudhoff S D. Analysis of Electric Machinery and Drive Systems ［M］. third edition. Piscataway：John Wiley & Sons, 2013.

［57］ 胡枭. 孤岛微电网的储能并联控制技术研究 ［D］. 北京：中国科学院电工研究所, 2014.

［58］ Chandorkar M C, Divan D M, Adapa R. Control of Parallel Connected Inverters in Standalone AC Supply Systems ［J］. IEEE Trans on Industry Applications, 1993, 29 (1)：136–143.

［59］ Tuladhar A, Jin K, Unger T, et al. Parallel Operation of Single Phase Inverter Modules with No Control Interconnections ［C］. Applied Power Electronics Conference and Exposition, 1997. APEC′97 Conference Proceedings 1997, Twelfth Annual. IEEE, 1997：94–100.

［60］ Peas Lopes J A, Moreira C L, Madureira A G. Defining Control Strategies for Microgrids Islanded Operation ［J］. IEEE Trans on Power Systems, 2006, 21 (2)：916–924.

［61］ 程军照, 李澍森, 吴在军, 等. 微电网下垂控制中虚拟电抗的功率解耦机理分析 ［J］. 电力系统自动化, 2012, 36 (7)：27–32.

［62］ 刘文军. 飞轮储能系统先进控制方法研究 ［D］. 北京：中国科学院电工研究所, 2014.

［63］ 周龙. 飞轮储能系统的设计分析及控制方法研究 ［D］. 北京：中国科学院电工研究所, 2009.

［64］ 刘文军, 周龙, 唐西胜, 等. 基于改进型滑模观测器的飞轮储能系统控制方法 ［J］. 中国电机工程学报, 2014, 34 (1)：71–78.

［65］ Gao L. Design and optimization of Fuel Cell/Battery/Supercapacitor Hybrid Power Sources for Electric Vehicles ［D］. Columbia：University of South Carolina, 2003.

［66］ Dougal R A, Liu S, White R E. Power and Life Extension of Battery–Ultracapacitor Hybrids ［J］. IEEE Trans on Components and Packaging Technologies, 2002, 25 (1)：120–131.

［67］ Gao L, Dougal R A, Liu S. Power Enhancement of an Actively Controlled Battery/Ultracapacitor Hybrid ［J］. IEEE Trans on Power Electronics, 2005, 20 (1)：236–243.

［68］ Zheng J P, Jow T R, Ding M S. Hybrid Power Sources for Pulsed Current Applications ［J］. IEEE Trans on Aerospace and Electronic Systems, Jan 2001, 37 (1)：288–292.

［69］ Pay S, Baghzouz Y. Effectiveness of Battery–Supercapacitor Combination in Electric Vehicles ［C］. IEEE Bologna PowerTech Conference, 2003.

［70］ Schupbach R M, Balda J C, Zolot M, et al. Design Methodology of a Combined Battery–Ultracapacitor Energy Storage Unit for Vehicle Power Management ［C］. Power Electronics Specialist Conference 2003, IEEE 34th Annual, 2003：88–93.

［71］ 王晓峰. 用于 GSM 移动通讯的碳纳米管超级电容器复合电源的研制 ［J］. 高技术通讯, 2005 (3)：56–59.

［72］ 王晓峰, 王大志, 梁吉, 等. 双电层电容器及其复合电源系统的研制 ［J］. 电子学报, 2002 (8)：1100–1103.

［73］ 张宜楠, 胡树清, 杜志忠. 高比功率复合电源 ［J］. 电源技术, 2002, 26 (5)：341–343.

［74］ Akiyama K, Nozaki Y, Kudo M, et al. Ni–MH Batteries and EDLCs Hybrid Stand–Alone

Photovoltaic Power System for Digital Access Equipment［C］. Telecommunications Energy Conference 2000. INTELEC. Twenty – second International, 2000：387 – 393.

［75］Nozaki Y, Akiyama K, Kawaguchi H, et al. An Improved Method for Controlling an EDLC – Battery Hybrid Stand – Alone Photovoltaic Power System［C］. Applied Power Electronics Conference and Exposition, 2000. Fifteenth Annual IEEE, 2000：781 – 786.

［76］Nozaki Y, Akiyama K, Kawaguchi H, et al. Evaluation of an EDLC – Battery Hybrid Stand – Alone Photovoltaic Power System［C］. Photovoltaic Specialists Conference, 2000：1634 – 1637.

［77］唐西胜, 齐智平. 独立光伏系统中超级电容器蓄电池有源混合储能方案的研究［J］. 电工电能新技术, 2007, 25（3）：37 – 41, 67.

［78］唐西胜, 武鑫, 齐智平. 超级电容器蓄电池混合储能独立光伏系统研究［J］. 太阳能学报, 2007, 28（2）：178 – 183.

［79］唐西胜, 李海冬, 齐智平, 等. 有源式超级电容器 – 蓄电池混合储能系统的研究［J］. 高技术通讯, 2006, 16（12）：1273 – 1277.

［80］唐西胜, 齐智平. 超级电容器蓄电池混合电源［J］. 电源技术, 2006, 30（11）：933 – 936.

［81］张国驹, 唐西胜, 齐智平. 超级电容器与蓄电池混合储能系统在微网中的应用［J］. 电力系统自动化, 2010, 34（12）：1 – 5.

［82］张国驹. 超级电容器/蓄电池混合储能系统的优化设计与控制方法研究［D］. 北京：中国科学院电工研究所, 2011.

［83］张国驹, 唐西胜, 齐智平. 平抑间歇式电源功率波动的混合储能系统设计［J］. 电力系统自动化, 2011, 35（20）：24 – 28, 93.

［84］Zubieta L, Bonert R. Characterization of Double – Layer Capacitors for Power Electronics Applications［J］. IEEE Trans on Industry Applications, 2000, 36（1）：199 – 205.

［85］Haiping Xu, Li Kong, Xuhui Wen. Fuel Cell Power System and High Power DC – DC Converter［J］. IEEE Trans on Power Electronics, 2004, 19（5）：1250 – 1255.

［86］程学旗, 靳小龙, 王元卓, 等. 大数据系统和分析技术综述［J］. 软件学报, 2014, 25（9）：1889 – 1908.

［87］Dean J, Ghemawat S. MapReduce：A Flexible Data Processing Tool［J］. Communications of the ACM, 2010, 53（1）：72 – 77.

［88］White T. Hadoop：The Definitive Guide［M］. Sebastopol：O'Reilly Media, Inc., 2012.

［89］Storm. http：//storm. incubator. apache. org/.

［90］Hive. https：//hive. apache. org/.

［91］MongoDB. http：//www. mongodb. org.

［92］金和平, 郭创新, 许奕斌, 等. 能源大数据的系统构想及应用研究［J］. 水电与抽水蓄能, 2019, 5（1）：1 – 13.

［93］Torres R S, Falcao A X, Gonc M A, et al. A Genetic Programming Framework for Content – Based Image Retrieval［J］. Pattern Recognition, 2009, 42（2）：283 – 292.

［94］朱永利，尹金良．组合核相关支持向量机在电力变压器故障诊断中的应用［J］．中国电机工程学报，2013，33（22）：68 - 74.

［95］Dominik F, Thiemo G, Bernhard S. Swiftrule: Mining Comprehensible Classification Rules for Time Series Analysis［J］．IEEE Trans on knowledge and data engineering, 2011, 23（5）: 774 - 787.

［96］严英杰，盛戈皞，陈玉峰，等．基于大数据分析的输变电设备状态数据异常检测方法［J］．中国电机工程学报，2015，35（01）：52 - 59.

［97］蔡雨．基于大数据挖掘的火电机组能耗特性分析及诊断研究［D］．杭州：浙江大学，2018.

［98］王杨，于海涛，张旭，等．电力大数据基础平台建设与应用实践［M］．北京：中国电力出版社，2016.

［99］Hernández J, Gyuk I, Christensen C. DOE Global Energy Storage Database——A Platform for Large Scale Data Analytics and System Performance Metrics［C］．2016 IEEE International Conference on Power System Technology（POWERCON），2016：1 - 6.

［100］GESDB. http：//www. energystorageexchange. org/.

［101］韦海燕，陈孝杰，吕治强，等．灰色神经网络模型在线估算锂离子电池 SOH［J］．电网技术，2017，41（12）：4038 - 4044.

［102］北京双登慧峰聚能科技有限公司．北京双登慧峰聚能产品手册［Z］．2018.

［103］双登集团股份有限公司．铅碳电池技术充放电策略（LLC - 1000）［Z］．2018.

［104］胡信国，王殿龙，戴长松．铅碳电池［M］．北京：化学工业出版社，2015.

［105］陶占良，陈军．铅碳电池储能技术［J］．储能科学与技术，2015，4（6）：546 - 555.

［106］李芳．K - means 算法的 k 值自适应优化方法研究［D］．合肥：安徽大学，2015.

［107］殷俊．K - means 聚类算法的优化及在图片去重中的应用［D］．武汉：华中科技大学，2016.

［108］Banerjee S, Choudhary A, Pal S. Empirical Evaluation of K - Means, Bisecting K - Means, Fuzzy C - Means and Genetic K - Means Clustering Algorithms［C］．2015 IEEE International WIE Conference on Electrical and Computer Engineering（WIECON - ECE），2015：168 - 172.

［109］Ester Martin, Kriegel Hans - Peter, Sander, Jörg, et al. A Density - Based Algorithm for Discovering Clusters in Large Spatial Databases with Noise［C］．Proceedings of the Second International Conference on Knowledge Discovery and Data Mining（KDD - 96），1996：226 - 231.

［110］李海君．新能源汽车用锂动力电池热管理系统研究［D］．镇江：江苏大学，2018.

［111］邓涛，罗卫兴．电动汽车动力电池 SOH 估计方法探讨［J］．现代制造工程，2018（5）：43 - 49.

［112］Lasseter R H. Microgrids［C］．IEEE Power Engineering Society Winter Meeting, 2002：305 - 308.

［113］Lasseter R H. Certs microgrid［C］．IEEE International Conference on System of Systems Engineering, 2007: 1 - 5.

[114] 鲁宗相,王彩霞,闵勇,等. 微电网研究综述 [J]. 电力系统自动化,2007,31 (19): 100 - 107.

[115] Katiraei F, Iravani M R, Lehn P W. Micro - Grid Autonomous Operation During and Subsequent to Islanding Process [J]. IEEE Trans on Power Delivery, 2005, 20 (1): 248 - 257.

[116] 王成山,郑海峰,谢莹华,等. 计及分布式发电的配电系统随机潮流计算 [J]. 电力系统自动化,2005,29 (24): 39 - 44.

[117] Faridaddin K. Dynamic Analysis and Control of Distributed Energy Resources in A Micro - Grid [D]. Toronto: University of Toronto, 2005.

[118] Pecas L, Moreira C L, Madureira A G. Defining Control Strategies for Microgrids Islanded Operation [J]. IEEE Trans on Power Systems, 2006, 21 (2): 916 - 924.

[119] Barton J P, Infield D G. Energy Storage and Its Use with Intermittent Renewable Energy [J]. IEEE Trans on Energy Conversion, 2004, 19 (2): 441 - 448.

[120] Ribeiro P F, Johnson B K, Crow M L, et al. Energy Storage Systems for Advanced Power Applications [J]. Proceedings of the IEEE, 2001, 89 (21): 1744 - 1756.

[121] 程华,徐政. 分布式发电中的储能技术 [J]. 高压电器,2003,39 (3): 53 - 56.

[122] 霍群海. 微电网中逆变型微源控制策略研究 [D]. 北京:中国科学院电工研究所,2011.

[123] 霍群海,孔力,唐西胜. 微源逆变器不平衡非线性混合负载的控制 [J]. 中国电机工程学报,2010,30 (15): 10 - 15.

[124] Hsu P, Behnke M. A Three - Phase Synchronous Frame Controller for Unbalanced Load [C]. IEEE Power Electronics Specialists Conference, 1998.

[125] 李宁宁,张国驹,唐西胜,等. 基于分裂电容的超级电容器储能系统研究 [J]. 电力电子技术,2011,45 (9): 18 - 20, 60.

[126] IEEE Standards Coordinating Committee 21. IEEE 1547 for Interconnecting Distributed Resources with Electric Power Systems [S]. IEEE - SA Standards Board, 2008.

[127] 唐西胜,邓卫,李宁宁,等. 基于储能的可再生能源微网运行控制技术 [J]. 电力自动化设备,2012,32 (3): 99 - 103, 108.

[128] 郝浩,李宏. 逆变电源并联技术研究 [J]. 电源技术应用,2009,12 (2): 16 - 18.

[129] Prodanovic M, Green T C, Mansir H. A Survey of Control Methods for Three - Phase Inverters in Parallel Connection [C]. Eighth International Conference on Power Electronics and Variable Speed Drives, 2000.

[130] Tuladhar A, Jin H, Unger T, et al. Control of Parallel Inverters in Distributed AC Power Systems With Consideration of Line Impedance Effect [J]. IEEE Trans on Industry Applications, 2000, 36 (1): 131 - 138.

[131] Xiao Hu, Xisheng Tang, Ningning Li, et al. Virtual Impedance Based Parallel Operation of Multi - Converters in Low Voltage Microgrids [C]. International Symposium on Instrumentation & Measurement, 2014.

[132] Xisheng Tang, Xiao Hu, Ningning Li, et al. A Novel Frequency and Voltage Control Method for Islanded Microgrid based on Hybrid Energy Storages [J]. IEEE Trans on Smart Grid, 2016, 7 (1): 410 –419.

[133] Jiang Q, Hong H. Wavelet – Based Capacity Configuration and Coordinated Control of Hybrid Energy Storage System for Smoothing Out Wind Power Fluctuations [J]. IEEE Trans on Power Systems, 2013, 28 (2): 1363 –1372.

[134] 孙玉树，唐西胜，田春筝，等. 基于 EMD 的复合储能不同控制策略对比分析 [J]. 电力建设, 2017 (3): 77 –84.

[135] 唐西胜，孙玉树，齐智平. 基于 HHT 的风电功率波动及其对电力系统低频振荡的影响分析 [J]. 电网技术, 2015, 39 (8): 2115 –2121.

[136] 孙玉树，李星，唐西胜，等. 应用于微网的多类型储能多级控制策略 [J]. 高电压技术, 2017 (01): 181 –188.

[137] 孙玉树，唐西胜，孙晓哲，等. 风电波动平抑的储能容量配置方法研究 [J]. 中国电机工程学报, 2017 (S1): 88 –97.

[138] Jiang Q, Wang H. Two – Time – Scale Coordination Control for a Battery Energy Storage System to Mitigate Wind Power Fluctuations [J]. IEEE Trans on Energy Conversion, 2013, 28 (1): 52 –61.

[139] 唐西胜，苗福丰，齐智平，等. 风力发电的调频技术研究综述 [J]. 中国电机工程学报, 2014, 34 (25): 4304 –4314.

[140] Ullah N R, Thiringer T, Karlsson D. Temporary Primary Frequency Control Support by Variable Speed wind Turbines – Potential and Applications [J]. IEEE Trans on Power Systems, 2008, 23 (2): 601 –612.

[141] Lalor G, Mullane A, O'Malley M. Frequency Control and Wind Turbine Technologies [J]. IEEE Trans on Power Systems, 2005, 20 (4): 1905 –1913.

[142] Morren J, Haan S W H, Kling W L, et al. Wind Turbines Emulating Inertia and Supporting Primary Frequency Control [J]. IEEE Trans on Power Systems, 2006, 21 (1): 433 –434.

[143] 曹张洁. 双馈感应发电机组参与系统一次调频的控制策略研究 [D]. 成都：西南交通大学, 2009.

[144] Miller N W, Clark K, Shao M. Frequency Responsive Wind Plant Controls: Impacts on Grid Performance [C]. 2011 IEEE in Power and Energy Society General Meeting, 2011: 1 –8.

[145] 张昭遂，孙元章，李国杰，等. 超速与变桨协调的双馈风电机组频率控制 [J]. 电力系统自动化, 2011, 35 (17): 20 –25.

[146] Wu Ziping. Gao Wenzhong, Wang Jianhui, et al. A Coordinated Primary Frequency Regulation from Permanent Magnet Synchronous wind Turbine Generation [C]. IEEE in Power Electronics and Machines in Wind Applications (PEMWA), 2012: 1 –6.

[147] 薛迎成，邰能灵，宋凯，等. 变速风力发电机提供调频备用容量研究 [J]. 电力自动化设备, 2010 (8): 75 –80.

[148] Xiang Rong, Wang Xiaoru, Tan Jin. Operation Control of Flywheel Energy Storage System with

Wind Farm［C］. 2011 30th Chinese in Control Conference（CCC），2011：6208 – 6212.

［149］孙春顺，王耀南，李欣然. 飞轮辅助的风力发电系统功率和频率综合控制［J］. 中国电机工程学报，2008，（29）：111 – 116.

［150］Abed N，Teleke S，Castaneda J. Planning and Operation of Dynamic Energy Storage for Improved Integration of Wind Energy［C］. 2011 IEEE in Power and Energy Society General Meeting，2011：1 – 7.

［151］Muyeen S，Hasanien H，Tamura J. Reduction of Frequency Fluctuation for Wind Farm Connected Power Systems by an Adaptive Artificial Neural Network Controlled Energy Capacitor System［J］. IET Renewable Power Generation，2012，6（4）：226 – 235.

［152］Thatte A，Fan Z，Le X. Coordination of Wind Farms and Flywheels for Energy Balancing and Frequency Regulation［C］. IEEE Power and Energy Society General Meeting，2011：1 – 7.

［153］唐西胜，苗福丰，齐智平，等. 一种风储集群的协调控制方法：201210477712.3［P］. 2013 – 04 – 10.

［154］夏榆杭，刘俊勇. 基于分布式发电的虚拟发电厂研究综述［J］. 电力自动化设备，2016，36（4）：100 – 106，115.

［155］卫志农，余爽，孙国强，等. 虚拟电厂的概念与发展［J］. 电力系统自动化，2013，37（13）：1 – 9.

［156］卫志农，余爽，孙国强，等. 虚拟电厂欧洲研究项目述评［J］. 电力系统自动化，2013，37（21）：196 – 202.

［157］Aggreko. Microgrid and Storage Solutions［EB/OL］. https：//www. aggreko. com/en – us/microgrid – and – storage – solutions.

［158］Limejump. Balancing Mechanism［EB/OL］. https：//limejump. com/balancing – mechanism/.

［159］国家发展和改革委员会. 国家电网建设"源网荷储"友好互动系统提升电网运行管理能力［EB/OL］.（2018 – 09 – 27）. http：//www. ndrc. gov. cn/fzgggz/jjyx/mtzhgl/201809/ t20180927_ 899181. html.

［160］Mashhour E，Moghaddas – Tafreshi S M. Bidding Strategy of Virtual Power Plant for Participating in Energy and Spinning Reserve Markets – Part I：Problem Formulation［J］. IEEE Trans on Power Systems，2011，26（2）：949 – 956.

［161］Mashhour E，Moghaddas – Tafreshi S M. Bidding Strategy of Virtual Power Plant for Participating in Energy and Spinning Reserve Markets – Part II：Numerical Analysis［J］. IEEE Trans on Power Systems，2011，26（2）：957 – 964.

［162］刘然. 虚拟电厂的优化调度研究［D］. 北京：华北电力大学，2018.

［163］夏榆杭，刘俊勇，冯超，等. 计及需求响应的虚拟发电厂优化调度模型［J］. 电网技术，2016，40（6）：1666 – 1674.

［164］周亦洲，孙国强，黄文进，等. 计及电动汽车和需求响应的多类电力市场下虚拟电厂竞标模型［J］. 电网技术，2017，41（6）：1759 – 1767.

［165］袁桂丽，陈少梁，刘颖，等. 基于分时电价的虚拟电厂经济性优化调度［J］. 电网技

术，2016，40（3）：826 - 832.

[166] Ortega - Vazquez M A, Kirschen D S. Optimizing the Spinning Reserve Requirements Using a Cost/Benefit Analysis [J]. IEEE Trans on Power Systems，2007，22（1）：24 - 33.

[167] 孙国强，周亦洲，卫志农，等. 能量和旋转备用市场下虚拟电厂热电联合调度鲁棒优化模型 [J]. 中国电机工程学报，2017，37（11）：3118 - 3128，3367.

[168] 张尚，顾雪平，王涛. 基于分布鲁棒优化的含风电系统静态安全校正控制方法 [J]. 电力自动化设备，2019，39（2）：58 - 64.

[169] 张刘冬，袁宇波，孙大雁，等. 基于两阶段分布鲁棒区间优化的风储联合运行调度模型 [J]. 电力自动化设备，2018，38（12）：59 - 66，93.

[170] 郭红霞，白洁，刘磊，等. 统一电能交易市场下的虚拟电厂优化调度模型 [J]. 电工技术学报，2015，30（23）：136 - 145.

[171] Ding T, Yang Q, Yang Y, et al. A Data - Driven Stochastic Reactive Power Optimization Considering Uncertainties in Active Distribution Networks and Decomposition Method [J]. IEEE Trans on Smart Grid，2018，9（5）：4994 - 5004.

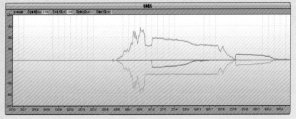

图 1-5

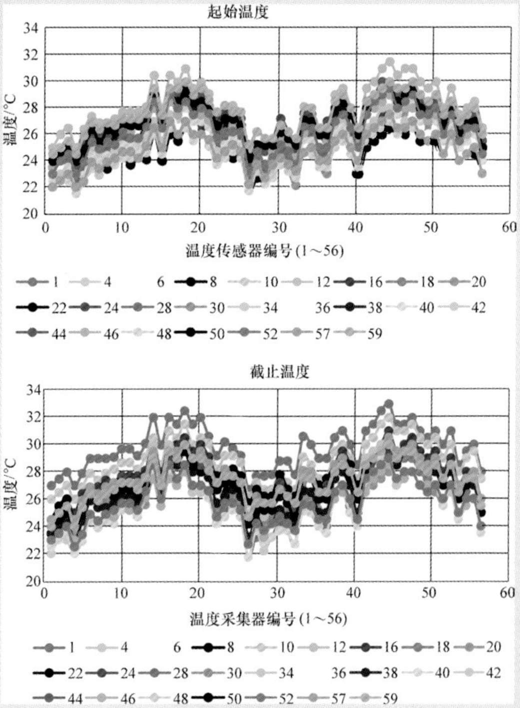

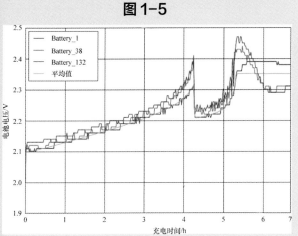

图 6-19

图 6-20

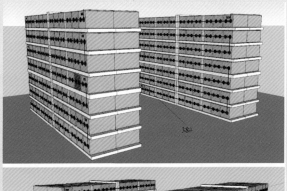

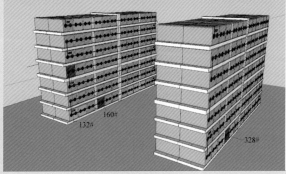

图 6-22

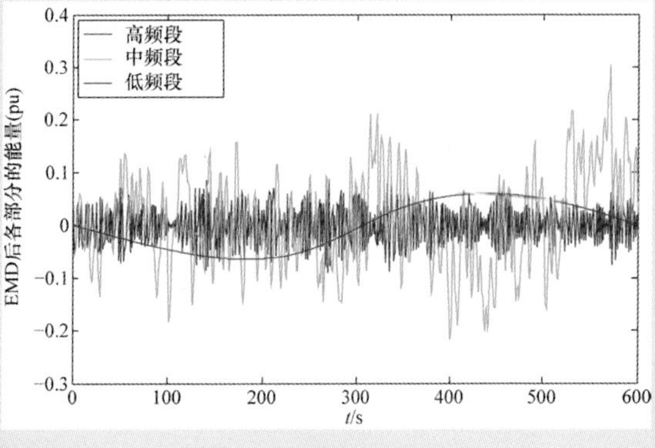

图 8-13

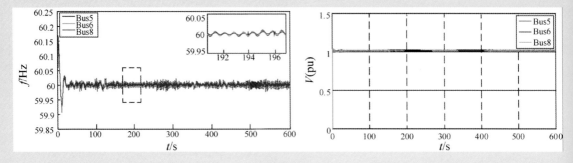

图 8-15

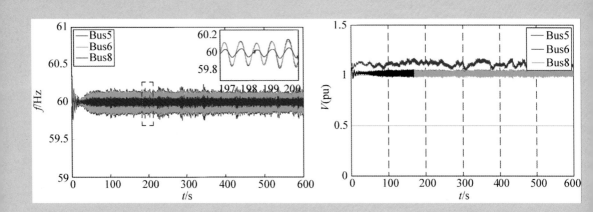

图 8-16

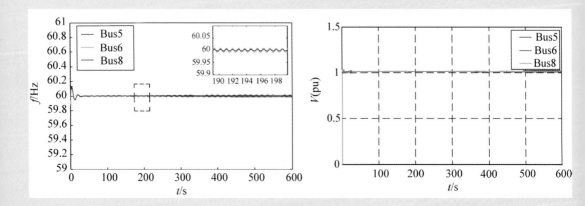

图 8-17

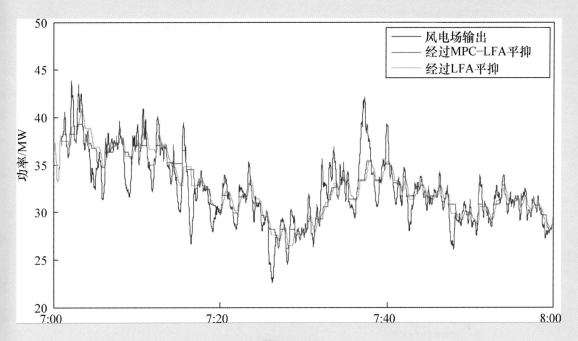

图 8-45

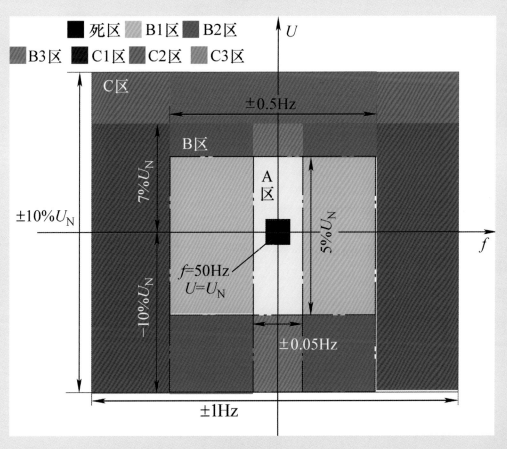

图 9-16

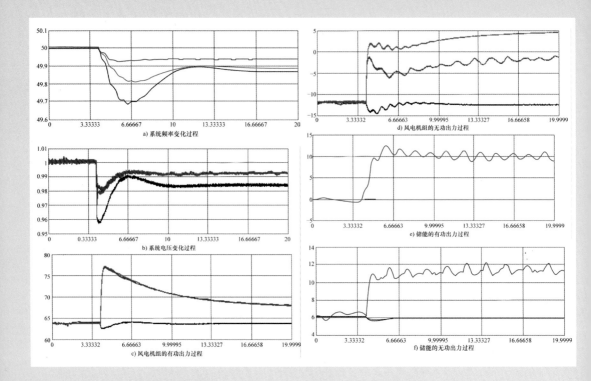

a) 系统频率变化过程
b) 系统电压变化过程
c) 风电机组的有功出力过程
d) 风电机组的无功出力过程
e) 储能的有功出力过程
f) 储能的无功出力过程

图 9-20

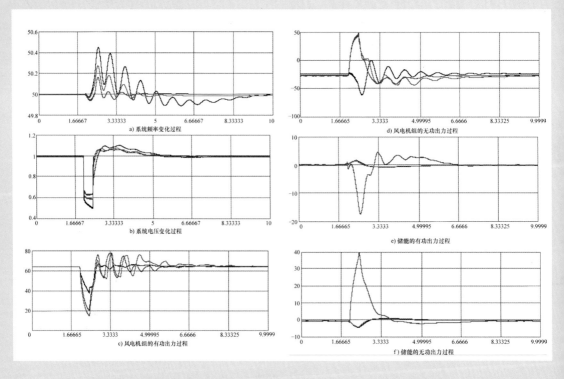

a) 系统频率变化过程
b) 系统电压变化过程
c) 风电机组的有功出力过程
d) 风电机组的无功出力过程
e) 储能的有功出力过程
f) 储能的无功出力过程

图 9-21